世纪英才中职示范校建设课改系列规划教材（电工电子类）

空调器维修技术基本功

李 朋 主 编

人民邮电出版社

北 京

图书在版编目（ＣＩＰ）数据

空调器维修技术基本功 / 李朋主编. -- 北京：人
民邮电出版社，2011.12
世纪英才中职示范校建设课改系列规划教材. 电工电
子类
ISBN 978-7-115-26310-0

Ⅰ．①空… Ⅱ．①李… Ⅲ．①空气调节器－维修－中
等专业学校－教材 Ⅳ．①TM925.120.7

中国版本图书馆CIP数据核字(2011)第194805号

内 容 提 要

本书是专门为学习空调器维修和安装的人员编写的。本书采用任务驱动项目教学，基本技能和基本知识相结合，理论实践一体化，循序渐进，便于读者由浅入深地学习空调器维修及安装必备的基本功。主要内容包括：空调器结构与工作原理、空调器控制系统、空调器制冷系统、空调器安装、空调器常见故障分析与检修等。本书系统全面地总结了空调器各种典型、常见以及疑难故障的分析、判断以及排除方法和技巧。

本书可以作为中等职业学校相关专业以及培训班的教材或教学辅助用书，也可以作为空调安装工、维修工以及家电维修人员的培训教材及自学用书。

世纪英才中职示范校建设课改系列规则教材（电工电子类）

空调器维修技术基本功

♦ 主　编　李　朋
　　责任编辑　丁金炎
　　执行编辑　郝彩红

♦ 人民邮电出版社出版发行　　北京市崇文区夕照寺街 14 号
　　邮编　100061　 电子邮件　315@ptpress.com.cn
　　网址　http://www.ptpress.com.cn
　　北京隆昌伟业印刷有限公司印刷

♦ 开本：787×1092　1/16
　　印张：13
　　字数：320 千字　　　　　　2011 年 12 月第 1 版
　　印数：1 – 3 000 册　　　　2011 年 12 月北京第 1 次印刷

ISBN 978-7-115-26310-0

定价：26.00 元

读者服务热线：(010)67132746　印装质量热线：(010)67129223
反盗版热线：(010)67171154
广告经营许可证：京崇工商广字第 0021 号

随着空调器在日常家庭的日益普及，空调器维修在目前的电器维修行业炙手可热，但是专业熟练的维修工却是凤毛麟角，主要原因在于，一般的维修工没有经过系统专业的基本技能和理论的训练学习，没有注重职业素质的塑造培养。

本书是针对中等职业技术学校相关专业量身定做的空调器维修技术学习教材，采用任务驱动项目教学，系统地介绍空调器维修所需的基本技能和基本知识，便于读者熟练掌握和应用空调器维修技术基本功。全书共 8 个项目，每个项目内设置若干学习任务，在任务完成过程中以练促学，以技能激发学习理论，使学生能自主有兴趣地学习知识与技能。

作者本身是理论与实践一体化的践行者，具有丰富的实际空调器维修和教学经验，因此本书的特点是：简单易学，技能技巧设计实用，理论讲解具体，没有枯燥的理论灌输，有的是根据理论对故障进行科学的分析。本书在谋篇布局上不同于常见的其他书籍，而是有两道主线：从空调器维修所需的基本电钳工技能开始，到空调器整机结构、控制系统、制冷系统、空调器安装技术学习；从拆机壳熟悉空调器开始，到电路维修、制冷系统维修、空调器综合故障的分析与检修学习。学习本书可以使读者对空调器常见的故障进行熟练维修，达到国家职业标准——制冷设备维修工中级技能鉴定水平，不仅能很好地就业，而且具有自己创业的本领。

《空调器维修技术基本功》属于技能训练实习教学教材，理论实践一体化，在课时安排上满足国家技能鉴定学习时间要求，学习时间 10 周，9 周学习新课内容，1 周用于复习和考试，按每天 6 课时，每周 30 课时，共 300 课时制订教学计划，现场讲授与实习操作课时可按 1:2 进行，具体课时在每个项目开始的"项目学习目标"内已设定，可以作为教学的参考。

本书在编写过程中，杨承毅老师多次和本人探讨，对教材的布局、内容等做出了有益的指导，提出很多建议，在此深表感谢，同时本人所在单位对本人的写作工作也给予了鼓励和肯定，在此也感谢江苏省江阴职业技术教育中心校的领导。

由于编者水平有限，书中不足之处在所难免，恳请读者批评指正。

编　者

Contents

目　录

项目一　空调器维修电钳工基本技能的学与练

项目情境创设

空调器应用广泛随处可见，本课程是学习空调器维修技术基本功，那么维修空调器应该从何学起呢？

项目一是空调器安装与维修所需要的电钳工基本功，是学习空调器维修技术最好的起点。在本项目中我们将学习"铜管的加工"、"气焊设备的使用"、"维修表阀的操作"和"空调器工作电压、电流的测量"等内容，理解和掌握空调器维修技术所需电钳工的基本技能和基本知识，有助于为维修空调器的实际操作做好基础技能准备。

项目学习目标

	学 习 目 标	学 习 方 式	学 时
技能目标	① 铜管的理直、弯曲，切割及管口处理，扩压喇叭口、杯形口 ② 气焊设备安装，焊枪的操作，焊接和拆焊，便携式气焊使用 ③ 单表阀操作、双表阀操作、空调器的压力测量 ④ 万用表使用，钳形电流表使用，空调器供电，空调器电压、电流的测量	实习操作	40
知识目标	① 空调器配管连接形式，管道加工的工具 ② 气焊设备构成 ③ 表阀的控制特点，压力和温度有关知识 ④ 万用表、钳形电流表介绍，空调器供电	现场讲授	20

项目基本功

任务一　铜管的加工

基本技能

一、铜管理直与弯曲

空调器新机安装前的配管都是盘圆的铜卷方式，安装时需要放开理直。空调器安装时由于环境的不同，要对连接的配管进行弯曲或盘圆等，操作铜管一般是直接使用双手弯曲，不借助其他工具。铜管理直与弯曲见表1-1。

表1-1　　　　　　　　　　　　　铜管理直与弯曲

技能标题	操作流程	说　明
放铜管理直	① 取一卷ϕ6mm铜管，立起铜卷放在水平地面上成滚动状，找到管头，用手理出管头一段 ② 用手将管头压住贴紧地面固定，逆着铜管的盘圆方向，轻轻滚动铜卷，放出需要的长度，如图1-1所示 ③ 双手稍用力将放出的铜管理直 图1-1　管头固定放铜管　　图1-2　脚踩放铜管　　图1-3　错误放铜管	一个人操作时，可以用脚轻轻踩住铜管，边滚动放管边踩着走，即可完成，如图1-2所示。注意轻轻踩住铜管，不要踩扁 严禁用手拉着管头沿铜卷圆心轴方向硬拉，如图1-3所示，如此将导致铜管扭曲损坏
铜管弯曲和铜管盘圆	① 割取ϕ6mm铜管1m，弯成一个圆环。将圆环理直，再弯曲半径变小的连续两个圆环 先在管道1/2处做好标记，弯一个圆，再继续弯第二个圆。做标记是为了防止两个圆铜管长度不好把握 ② 割取ϕ10mm铜管1m，弯一个圆，这里要多用点力	弯曲铜管操作的手法如图1-4所示，采用双手对握，双手不能间隔距离过大，否则会引起铜管过分弯曲或弯折损坏。弯管不仅需要一定的力度，还需要技能 管道不能弯扁、弯折，弯曲的部位是圆弧，没弯曲的部分要保持平直

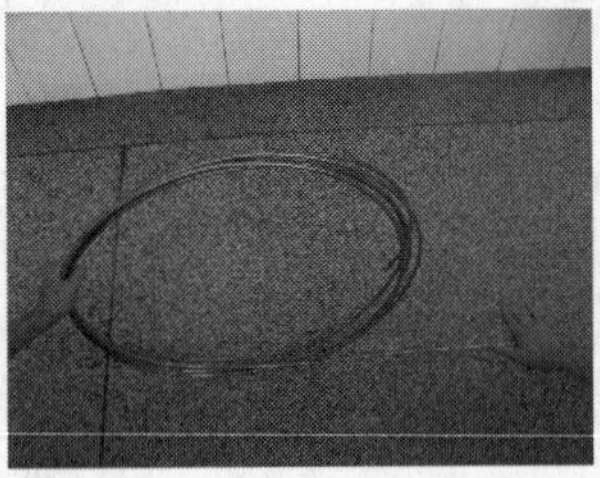

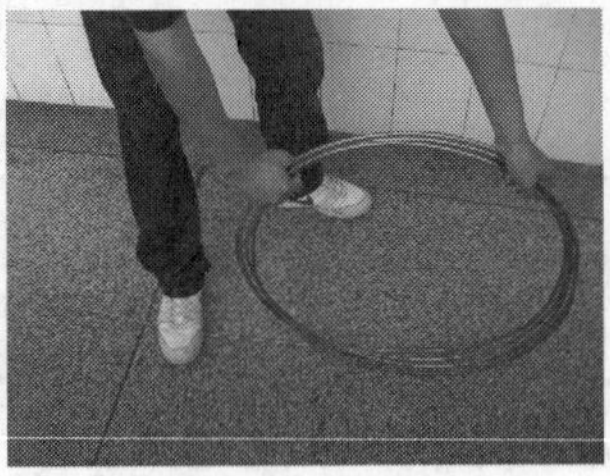

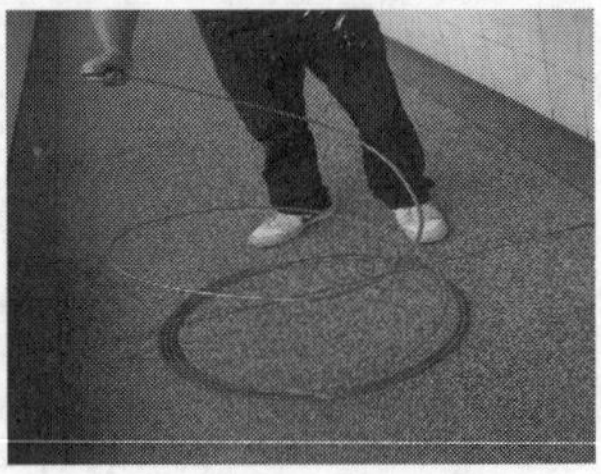

技能标题	操作流程	说　明
铜管弯曲和铜管盘圆	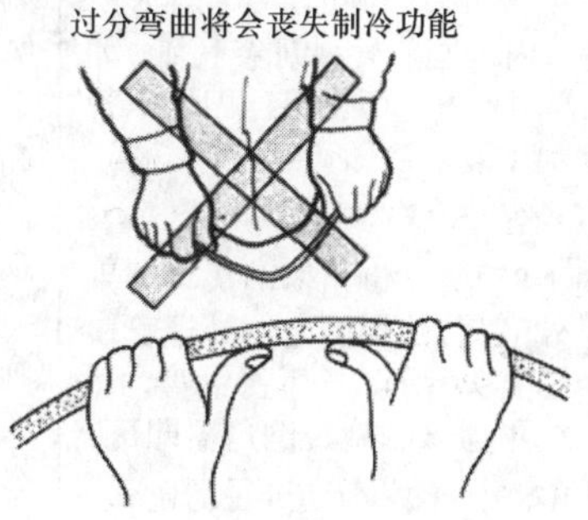 过分弯曲将会丧失制冷功能 图 1-4　弯管的手法	

二、铜管切割与管口处理

铜管切割与管口处理见表 1-2。

表 1-2　　　　　　　　　　　　铜管切割与管口处理

技能标题	操作流程	说　明
铜管切割	① 在铜卷上理直一段铜管，量出规定的长度，做好记号 ② 将割刀在铜管的记号位置卡好，将进刀的旋钮稍旋进一点，开始转动割刀。连续转动 2 周，进一次刀，进刀量不要过深，当感到快要切断时，停止切割 ③ 将进刀的旋钮反向转动，取下割刀，稍用力折断铜管。折断而不切断，是避免管口边缘内陷过多，收口过厚，影响后续的管口处理 图 1-5　切割铜管基本操作	铜管切割的操作如图 1-5 所示 切割铜管时，要保证铜管是直的，不能有弧度或弯曲，否则会割出螺旋线造成铜管表面损坏，同时也割不断铜管 割刀的进刀量每次不宜过大，尤其是第一刀，否则会压扁铜管，使割刀不能运转 若是需要割断一小段铜管，手拿不住铜管，可使用扩管器的夹具夹着铜管进行切割

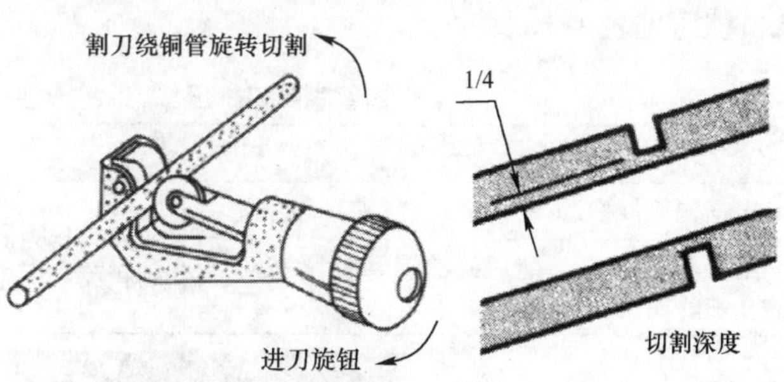

续表

技能标题	操作流程	说　明
管口处理	① 使用三角刮刀处理管口 通常在割刀上带有三角刮刀，如图 1-6 所示。刮刀在管口内来回旋转，剔除毛刺，如图 1-7 所示。若刮不好，可使用锉刀挫平管口再刮，挫、刮重复多次即可 ② 使用倒角器处理管口 倒角器如图 1-8 所示，倒角器两头可分别处理管口的里外毛刺。使用倒角器处理管口具体的操作如图 1-9 所示，一手持铜管，一手持倒角器，稍用力来回旋转倒角器即可 最后利用倒角器另一端将管道外径刮光滑	处理管口的目的是剔除切割时形成的毛刺和内陷收口的边缘，以便做出高质量的喇叭口 刮掉的铜屑不能落在铜管内，管口要倾斜朝下，否则铜屑会引起空调器管路在制冷剂循环时形成堵塞故障，若被吸到压缩机内，则损坏压缩机 刮刀旋转时，不要划到管道的内表面，否则做成的喇叭口会漏气 倒角器和铜管保持同轴相对旋转，不要倾斜旋转

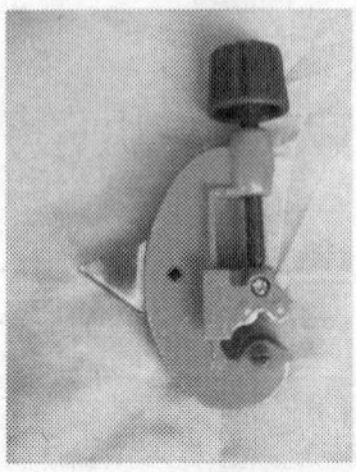

图 1-6　割刀与刮刀

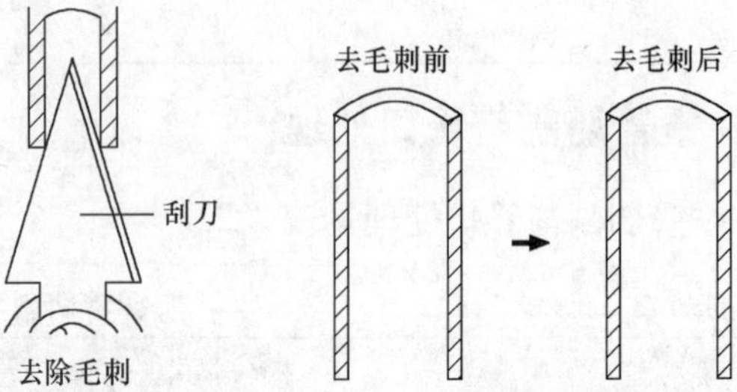

图 1-7　管口处理

图 1-8　倒角器

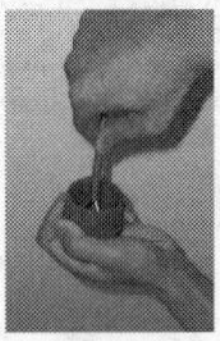

图 1-9　倒角器处理管口

三、铜管喇叭口扩压

铜管喇叭口扩压见表 1-3。

表 1-3　　　　　　　　　　　铜管喇叭口扩压

技能标题	操作流程	说　明
选择夹具	根据铜管规格选择公制或英制夹具	夹具作为固定铜管使用，在工具箱内有公制和英制两个可供选择
	用夹具将管口已处理好的铜管夹紧在对应的孔中，如图 1-10 所示	
夹持铜管	 图 1-10　夹具固定铜管	

技能标题	操作流程	说　明
铜管留高	① 在夹具带有倒角的一面，调节铜管的长度，具体的长度可参照图1-11。图1-11中喇叭口的长度 L 基本固定，高度 A 因管径 D 大小而有所不同 ② 用夹具夹紧铜管，固定好，两边的夹具平面要保持水平，否则喇叭口会变形，铜管要夹紧以免打滑	扩压面要使用夹具的倒角面，铜管留高要符合要求，过高会压弯或扩裂管口，过低则喇叭口小 实际操作中很多新手不注意夹具的倒角面，将管口夹到夹具没有倒角的一面，扩出的喇叭口就不是压制的

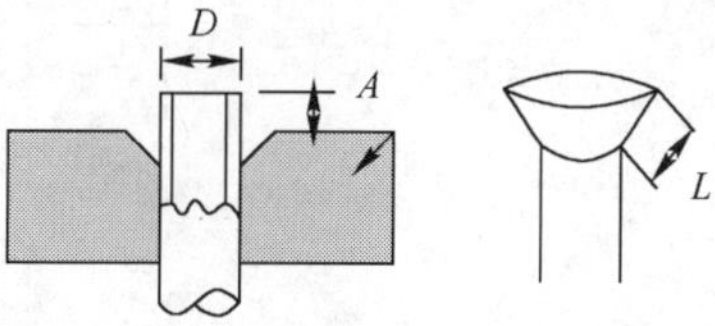

ϕD(mm)	A(mm)	L(mm)
$\phi 6.35$	$0.5 \sim 1.3$	$1.4 \sim 1.7$
$\phi 9.53$	$0.7 \sim 1.6$	$1.8 \sim 2.0$
$\phi 12.70$	$1.0 \sim 1.8$	$1.9 \sim 2.2$

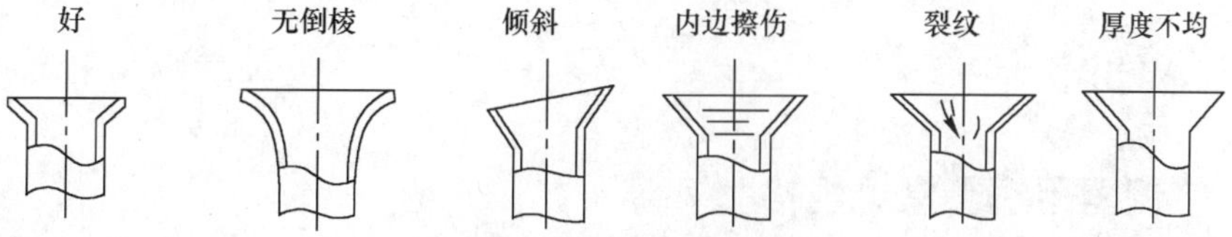

好　　无倒棱　　倾斜　　内边擦伤　　裂纹　　厚度不均

图 1-11　喇叭口制作要求

安装扩压架	选择喇叭口扩压头并拧在扩压架上，在夹具上装好扩压架，调节螺杆的长度，将扩压头对准铜管的中心	扩压头和扩压器的连接螺丝是反丝，旋转时要注意 扩压架要放正，夹具要卡好
扩压喇叭口	缓慢用力转动扩压架的手柄，扩压头开始运动扩压铜管。扩压过程中，当手感觉挤压用力时，手柄操作可后退1/4圈，再继续加压压制，直到在倒角作用下喇叭口成形为止。扩压喇叭口如图1-12所示	扩压要用力到位，喇叭口在颈部要有一圈明显的倒棱，不是弧形 扩压头可涂一层冷冻油，提高喇叭口内表面光洁度

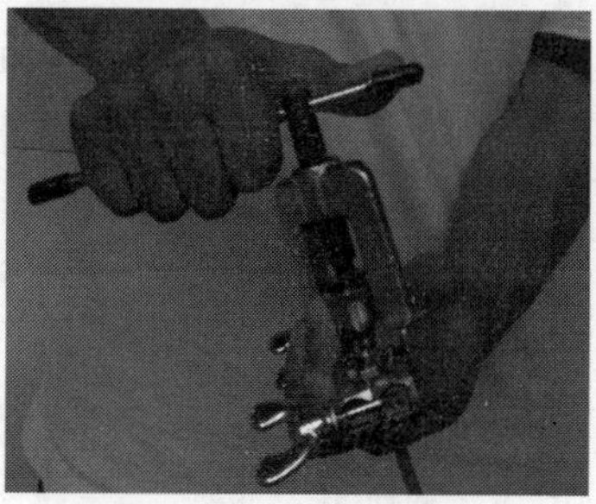

图 1-12　扩压喇叭口

取出喇叭口	倒转扩压手柄，取下扩压架，拆开夹具，取出喇叭口	喇叭口制作要求如图1-11所示

四、铜管杯形口扩压

铜管杯形口扩压见表1-4。

表 1-4　　　　　　　　　　　　　铜管杯形口扩压

技能标题	操作流程	说　　明
选择和更换扩压头	根据铜管规格选择粗细合适的杯形口扩压头，使铜管之间的间隙不要过大，如图1-13 所示，换下喇叭口的扩压头	更换扩压头时注意连接扩压头和螺杆的钢珠不要丢失 杯形口扩压头有多个，每个可以扩压两种规格的管径，要正确选择
扩压	扩压过程和制作喇叭口操作流程一致 杯形口的深度一般取口径的 0.7～1.3倍，如图 1-14 所示	杯形口一次扩压若高度不够，可以松开夹具增加铜管高度再压一次

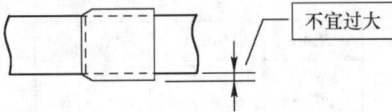

图 1-13　选择扩压头粗细要求

图 1-14　杯形口的管径和深度

📺 基本知识

一、空调器用铜管常见规格

空调器制冷系统是由管路和有关制冷部件构成的，一般空调器的管路主要是铜管。

铜管以管口直径为标称规格，用符号"ϕ"表示，例如"$\phi 6.35\ mm$"表示外径 6.35mm。常用的空调器铜管规格一般有"$\phi 6.35\ mm$、$\phi 9.75\ mm$、$\phi 12.5\ mm$、$\phi 18.9$"等，通常说成"$\phi 6\ mm$、$\phi 10\ mm$、$\phi 12mm$、$\phi 19$"。

空调器用铜管管壁一般为 0.7 mm，加厚型的为 0.8 mm。

铜管规格使用"mm"称为"公制"单位，通常还用"英制"单位"英寸"，一般使用分数形式表示，例如"1/4"表示"$\phi 6\ mm$"，"3/8"表示"$\phi 10\ mm$"等。

二、空调器配管及连接形式

分体式空调器内外机之间通过两根铜管连接进行制冷循环，这两根铜管称为空调器的配管。空调器的两根配管是一粗一细，在空调器的包装上有管径的规格，每根配管都裹有保温护套。

空调器的两根配管，粗的称为气管，细的称为液管，名称是由配管内流动的制冷剂物态决定的。

空调器配管使用喇叭口和制冷系统连接，每根配管的两端分别连接室内机和室外机，两根配管有 4 个连接喇叭口。

1．空调器室内机喇叭口的连接形式

空调器室内机喇叭口是连接头结构，使用配管上的螺母（铜纳子），将喇叭口拧紧到连接管道的连接头上，如图 1-15 所示。

2．空调器室外机喇叭口的连接形式

空调器室外机是通过截止阀和配管的喇叭口连接在一起，和两根配管连接的截止阀称作气阀和液阀，通常液阀体积比气阀体积稍小，如图 1-16 所示，喇叭口和截止阀接口通过螺母

（铜纳子）拧紧连接。

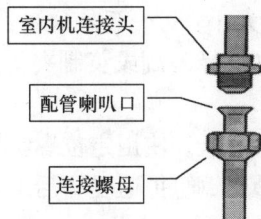

图 1-15　室内机喇叭口连接形式

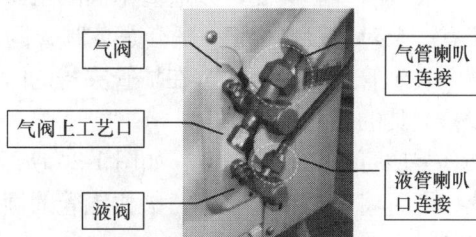

图 1-16　室外机喇叭口连接形式

喇叭口连接处泄漏制冷剂是空调器常见的故障。当喇叭口质量不高，或连接时出现失误等，都会使喇叭口泄漏，所以制作喇叭口和连接喇叭口对空调器安装与维修来说是很重要的操作。喇叭口损坏，要使用割刀割掉，重做喇叭口再连接使用。实际空调器维修重做喇叭口时，切记要先把纳子套上，再做喇叭口。

三、铜管的焊接形式

相同管径的铜管焊接时，需要将一个管口做成杯形口，另一根铜管可以插入杯形口内，再进行焊接，如图 1-17 所示。粗细管焊接直接套插。

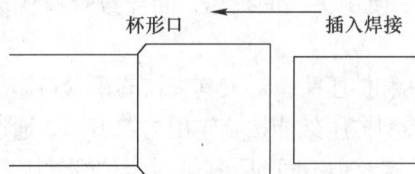

图 1-17　杯形口的插入焊接形式

四、扩管器

扩管器的作用主要是将铜管管口扩压成喇叭口或杯形口。

市场上常见的扩管器有两种，根据扩制头和扩制铜管是否同心，分为同心型和偏心型，如图 1-18、图 1-19 所示。偏心型扩管器只有一个喇叭口的扩压头，不能扩压杯形口，包装盒内还含有割刀、倒角器等。同心型扩管器包装内含有多个扩压杯形口的扩压头，一个喇叭口的扩压头。

图 1-18　偏心型扩管器

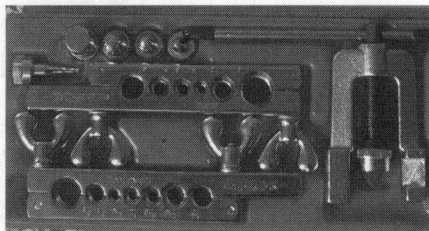

图 1-19　同心型扩管器

1. 铜管夹具

铜管夹具在扩制管口时，夹持固定铜管。

（1）夹具的圆孔

每个夹具有多个圆孔，以适应不同的粗细铜管。一般扩管器配有两套夹具，夹具的每一个圆孔有一个对应数字标记，一套是英制管径，上标分数表示英寸大小；另一套是公制管径，上标数字表示管径多少毫米。在扩管夹持的时候，要根据管径粗细选择公制或英制夹具。

（2）夹具的夹持

夹具整体可以从一边张开，如图 1-20 所示，便于铜管放置，再合上，使用定位螺丝将两半对紧，即可将铜管牢固夹住，夹住铜管的圆孔内表面有横向牙槽，铜管扩压受力后不会在孔中滑动。

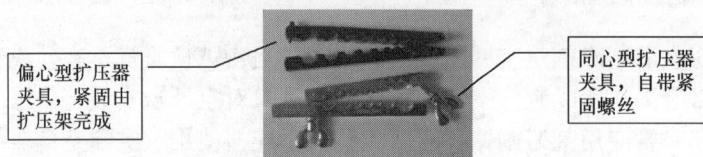

图 1-20　夹具的张开状态

（3）夹具的倒角

夹具两半合起的平面，在一面上有 45°倒角（如图 1-11 所示），倒角有深浅两个规格，是形成喇叭口和杯形口倒棱的压力面，扩压管口时将制作的管头保留在这一面上。实际操作过程中，可能没有注意倒角面，使用另一面扩压，而导致管口成形角度不合要求或扩裂管口。

2．扩压架

扩压架上有螺纹传力的手柄和扩压头，对夹具夹持的铜管口施压，扩压头和夹具的倒角使管口受挤压成形，完成扩压。同心型扩压架能按旋转用力的方向，通过斜面开口固定在夹具上（如图 1-12 所示）。偏心型扩压架对应大小不同的孔径通过定位螺丝固定在夹具上，如图 1-21 所示。

3．扩压头

偏心扩管器只有一个和螺杆一体的偏心扩压头，专门制作喇叭口。

同心扩管器有多个扩压头，扩压头和螺杆之间可以拆卸，用于更换扩压头。扩压头中只有一个是喇叭口的，其他扩压头都是杯形口的，可适用不同的粗细管道。

扩压架螺杆旋转运动过程中，扩压头不随之旋转，而是通过连接处传力的钢珠，将旋转向前转变为直线向前，使扩压头压向铜管。扩压头和铜管只有挤压，并没有进行旋转摩擦。

喇叭口和杯形口的扩压头如图 1-22 所示，扩压头是通过螺纹和螺杆连接在一起的，中间有传力和换向的钢珠，螺纹是反丝，防止螺杆旋转松掉扩压头。更换扩压头时若钢珠丢失，则扩压头会随螺杆一起转动，磨坏被扩压铜管的内表面，并且扩压头会松动摇晃，使喇叭口歪斜、压制不均匀等，这样的喇叭口会漏气，不能使用。所以在更换扩压头时，应注意不能丢失钢珠。

图 1-21　扩压架和夹具固定

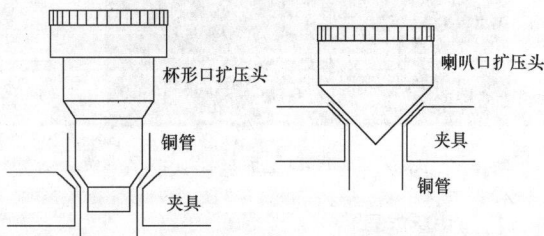

图 1-22　喇叭口和杯形口的扩压头

任务二　气焊设备的使用

基本技能

一、气焊设备组装

气焊设备组装见表1-5。

表1-5　　　　　　　　　　　　　　　　气焊设备组装

技能标题	操作流程	说　　明
安装氧气表阀	① 将表阀安装到氧气瓶上，用活口扳手拧紧连接螺母，因氧气瓶较高，可将表平面垂直地面，便于调节和观察，如图1-23所示 ② 安装调节阀杆，向里拧进时感觉开始受力说明开始调节减压	减压表阀组件和氧气瓶连接处是直接挤压密封，没有额外密封垫圈 氧气表阀在购买时是组装好的，只有调节的阀杆是分离的。阀杆能旋下来，旋进出气压力大，旋出出气压力低，当旋出不受力时，气关死无输出
	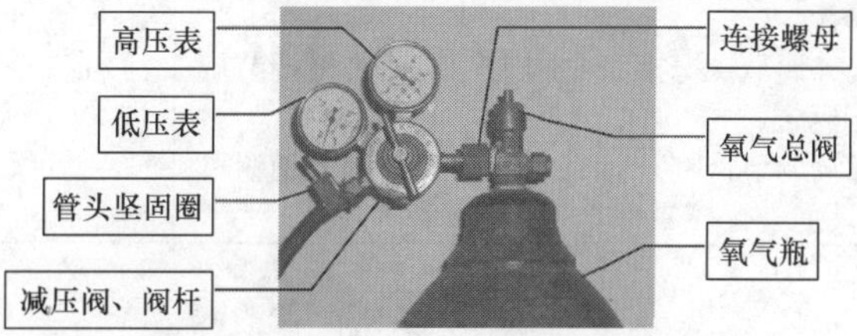 图1-23　氧气瓶及减压表阀	
安装燃气表阀	① 组装燃气表阀、防火止回阀 ② 将表阀安装到燃气瓶上，拧紧连接支架，因乙炔瓶不高，可将表平面向上安装，如图1-24所示，乙炔瓶和表阀的连接位置带有密封垫圈	使用乙炔要在减压表阀出气口安装防回火装置（逆止阀） 乙炔瓶必须正立，严禁放倒使用 乙炔减压阀调节和氧气表阀调节方法一致
	 图1-24　乙炔瓶及减压表阀	
连接焊枪的输气管道	① 选择红色高压气管，连接氧气瓶减压阀出口和焊枪的氧气连接口 ② 选择蓝色低压气管，连接燃气瓶表阀出口和焊枪的燃气连接口 ③ 4个管头使用专用紧固圈夹紧 ④ 使用专用套插扳手，开启氧气瓶和燃气瓶的总阀，逐个缓慢调节减压阀观察低压表压力，进行试压，保证各连接位置不会泄漏	连接管道要使用两种不同的颜色，以严格分辨氧气和燃气 焊枪上管口标记"C_2H_2"是乙炔连接，下面的管口标记"O_2"是氧气连接 输气管道要对应连接好"氧气瓶—焊枪氧气接口"、"燃气瓶—焊枪燃气接口"，如图1-25所示

续表

技能标题	操作流程	说　明
连接焊枪的输气管道	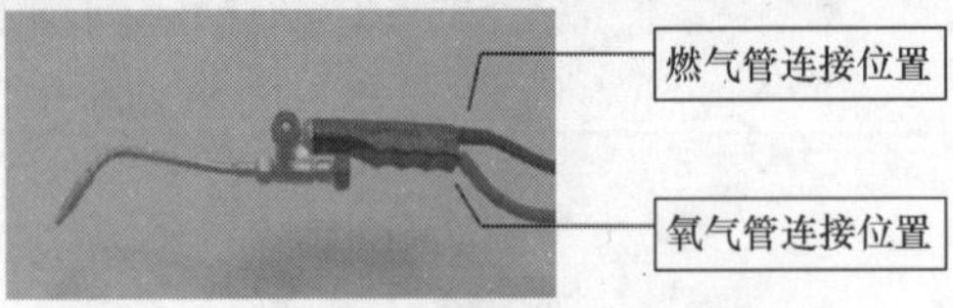 燃气管连接位置 氧气管连接位置 图1-25　焊枪的气管连接	

二、焊枪的基本操作

焊枪的基本操作见表1-6。

表1-6　　　　　　　　　　　焊枪的基本操作

技能标题	操作流程	说　明
焊枪的操作	焊枪的操作如图1-26所示 ① 握枪：握住焊枪的手柄，虎口在手柄上朝下，5指自然用力弯曲，拇指和食指恰好捏在氧气调节旋钮的两侧 ② 氧气调节：拇指和食指来回转动氧气调节旋钮，找出手感 ③ 燃气调节：刚开始练习，燃气的调节旋钮可用另一只手进行控制 燃气调节旋钮 氧气调节旋钮 图1-26　焊枪的基本握法	本操作在氧气瓶、燃气瓶关闭的情况下进行训练 在焊接过程中，能灵活用拇指和食指调节氧气旋钮，以调节火焰，适应焊接流程的各个阶段需要的火焰温度和特性。另一只手可很好操作焊条 当氧气调节和握焊枪熟练后，可练习单手握枪拇指调节燃气旋钮
调节焊接氧气流量	① 开启氧气瓶阀门：使用扳手开启氧气瓶阀门方形阀杆1~2圈 ② 调节氧气和排空：打开焊枪氧气旋钮1~2圈，调节氧气减压阀，氧气及原管道内空气通过焊枪泄出，通过减压阀杆将氧气表的低压表调到0.3MPa	减压阀杆顺时针是增加气流量，调节时手感需要力量越来越大；反向是减少气流量，反向旋转到不受力时，减压阀处于关闭状态 在首次使用调节时，注意良好通风后再进行点火焊接
调节焊接燃气量	① 轻微开启焊枪的氧气旋钮，使氧气有一定的流量 ② 打开乙炔瓶阀门，再打开焊枪乙炔旋钮，调节乙炔的流量使低压表在0.05MPa左右，关闭焊枪乙炔旋钮 ③ 关闭焊枪氧气旋钮 ④ 关闭两瓶总阀，减压阀保持原状，以后可以直接开瓶使用	一般焊接操作时，调好后不要再动减压阀，短暂停止可以关闭焊枪的旋钮开关，长时间不用可以关闭气瓶阀门 氧气乙炔混合物是易燃易爆气体，在调节乙炔时一定要注意安全，遵守气焊操作管理规范，养成良好的职业素质

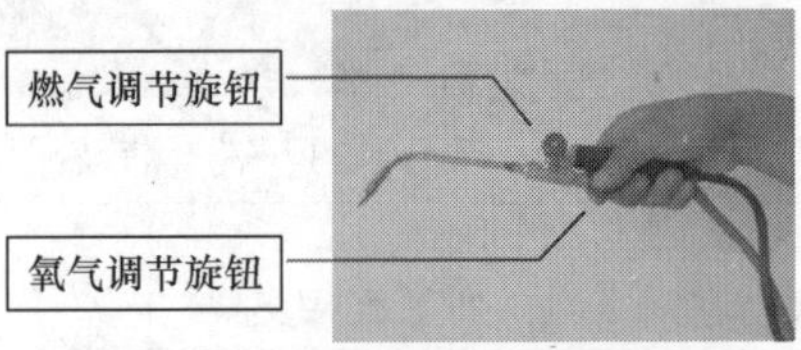

三、氧气—乙炔焊的点火和关火

开启氧气瓶、乙炔瓶总阀，调节好输气压力，关闭焊枪旋钮待用。焊接过程中，氧气和乙炔的流量压力应保持不变，否则是减压阀没有调节到位。

专人负责检查结束后焊枪和气瓶是否关闭良好。点火和调试过程，出现异常要及时关闭乙炔总阀。氧气—乙炔焊的点火和关火见表 1-7。

表 1-7　　　　　　　　　　　　　　氧气—乙炔焊的点火和关火

技能标题	操作流程	说　明
点火	先稍微开启焊枪氧气旋钮，再稍微开启焊枪乙炔旋钮，使用打火机或电子点火器靠近焊嘴，点燃输出的混合气体	若不开少量氧气直接开乙炔点燃，则伴随较多的黑色浓烟，容易堵塞焊嘴 焊嘴点燃时不要对着人或物
火焰大小调节	调节焊枪的乙炔旋钮，使火焰大小适中，若黑烟较多，再稍微增大氧气	根据焊接需要的热量调节乙炔，决定火焰的大小
调节火焰性能及温度	调节氧气旋钮，黑烟逐渐消失，火焰由红变蓝，火焰顺着气流方向形成明显的 3 层火焰，随着氧气量的增加，火焰温度越来越高	来回控制氧气旋钮，进行火焰调节。练习火焰的调节熟练程度 实际焊接过程中，焊枪要进行适当移动，使焊接位置温度均匀
移动焊枪	小幅度转动和晃动手腕，练习焊枪的焊接角度和火焰移动	
关火	调节焊枪先稍微减少氧气，再逐渐旋转乙炔旋钮关死，火焰在较大的氧气喷射中自动熄灭，最后关闭氧气旋钮	若出现不能关火的焊枪，要更换 关火时氧气量较少，火焰会随乙炔回缩到焊枪内爆破熄灭，有"啪"的回火声

四、铜管的焊接与拆焊

铜管的焊接与拆焊见表 1-8。

表 1-8　　　　　　　　　　　　　　铜管的焊接与拆焊

技能标题	操作流程	说　明
焊烧废管	操作焊枪对废旧铜管进行烧焊加热，单手操作氧气调节火焰，控制铜管的温度在暗红色和红色状态	练习火焰的调节，总结烧到什么情况下，铜管变为暗红色、红色、亮红色、熔化等，练习手感和总结经验
练习拆焊	将废旧的、已经焊接的铜管组件作为拆焊的工件，练习拆焊，两个人协同完成 ① 一人用两把钳子，一把钳子夹住工件一端，另一把钳子待用，另一人用焊枪加热管道的焊接位置 ② 适当移动火焰不能只烧一个位置，当焊点处管道发红，焊料出现明显的熔化时，用另一把钳子向两边用力拉开原来焊接在一起的管道。拉管道的这个过程中，焊枪要持续加热焊接点，不能移走火焰，否则焊接点又凝固拉不开 ③ 对拆下的管道要继续使用火焰烘烤，使原来的焊接面上的残留焊料熔化流走，保持一定的光滑度	两人合作拆焊要注意火焰不要烧着对方，安全操作 拆焊时要注意温度，温度过低管道拉不开，温度过高，则会拉坏或烧坏铜管，尤其是拆焊毛细管 实际维修过程中拆下的管道，一般还要焊到一起，若焊接面不光滑，则很难将两个铜管插入焊接 拆焊毛细管时，不要直接对毛细管或焊接处加热，要在稍远离毛细管、但火焰要能顾及的铜管位置，用火焰要有目的地移动

续表

技能标题	操作流程	说　明
练习铜管焊接	铜管焊接要领如图 1-27 所示 ① 铜管一边管口扩压杯形口，插入管道，管道可水平也可垂直，用钳子稍用力对压紧，焊接过程管道不能动 ② 焊枪加热插入管头的杯形口体，不要加热连接口，防止烧破管口，稍晃动火焰，使整个焊接位置热量均匀 ③ 当杯形口变红时，可适当减少一点氧气，降低火焰的温度，防止过热烧坏铜管，火焰继续加热，同时将焊条贴在杯形口的圆缝位置，则焊条在高温铜管的作用下，自动熔化，形成流质，向圆缝内渗透流淌 ④ 移走焊条，焊枪适当烧烤，移走焊枪，管道红色消失，完成焊接 ⑤ 用钳子夹起，观察焊接质量，若发现问题，继续加热焊接 注意：不要用手直接拿刚焊完的铜管	焊接要求：焊接处光滑无疙瘩、焊料适中、无漏焊没有明显的缝隙、管口没有焊破、管道通畅、没有焊堵等 焊条不要只放在一点，要观察管道的圆周，在需要的地方加一点，否则会出现漏焊或漏缝。实际练习过程中通常都加量过多和加点位置不合理 焊条不需要单独加热熔化到焊接处，是直接靠到焊接位置的高温铜管上被熔化的 加焊条的过程中，火焰不能移走，否则焊条凝固在铜管上，形成疙瘩。焊条加完移走，不要马上移走焊枪，要做短时间的烘烤，使焊条流质流动到位和形成合金焊接层，烘烤的火焰可适当减少氧气量 完成焊接之前管道要固定不动

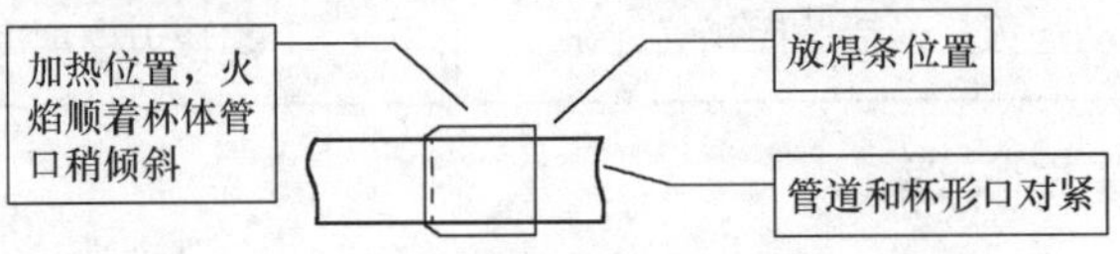

图 1-27　杯形口焊接要领

基本知识

一、气焊焊接原理

空调器维修气焊主要是铜管之间的拆焊和焊接，以及更换制冷部件等。铜管焊接主要有相同管径、粗细管或者是毛细管等之间的连接。

焊接的原理是铜管在高温条件下，利用外加焊料熔化流动填充管道焊接面之间的缝隙，在焊接面形成合金层，使焊接铜管之间满足一定的强度和密封性能。铜管的焊接通常做成杯形口插入式，具有较大的焊接面。高温是利用焊接设备的燃气和氧气燃烧形成的。

空调器维修焊接常用的焊料是银焊条。银焊条主要成分是 P、Cu，熔点低，铜管呈红色的温度就能使银焊条熔化，浸润性和流动性好，焊接时不用助焊剂。

二、气焊设备

1．气焊设备的结构

气焊设备主要由氧气瓶、燃气瓶、减压表阀组件、连接气管、焊枪等构成，如图 1-28 所示。

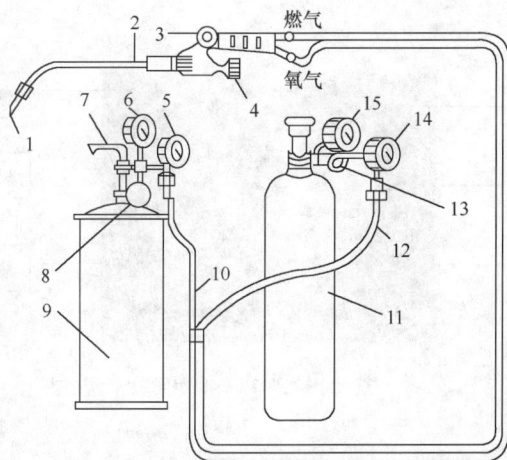

1—焊嘴；2—焊枪；3—燃气调节钮；4—氧气调节钮；5—燃气流量压力表；
6—燃气瓶压力表；7—燃气瓶阀门；8—燃气减压阀；9—燃气瓶；10—燃气管道；
11—氧气瓶；12—氧气管道；13—氧气减压阀；14—氧气流量压力表；15—氧气瓶压力表

图 1-28　气焊设备的结构

2．氧气—乙炔焊

氧气瓶一般为蓝色钢瓶，焊接时氧气的流量压力一般调整为 0.3～0.5MPa 左右。氧气瓶压力低于 0.5MPa，就必须换瓶。乙炔燃气瓶颜色一般是白色，焊接时乙炔的流量压力一般调整为 0.03～0.08MPa，乙炔瓶压力低于 0.05MPa，就必须换瓶。

为了能很好地控制氧气和乙炔的流量，在氧气瓶和乙炔瓶的阀门上，分别装有可以调节流量压力的减压阀。减压阀是一套组件，由高压表、低压表、减压阀等构成，连接到气瓶上，高压表测量的是瓶中气体的压力，低压表测量的是焊接时流动气体的压力，减压阀的阀杆调节的是输出气体的流量及压力。

在乙炔瓶气管管路上还要配有专门防止回火的装置。

乙炔瓶内的乙炔在高压下溶解在液态丙酮中，防止液体流出危险，所以乙炔瓶必须正立使用。

3．焊枪和火焰特性

焊枪又称焊矩，氧气和燃气在焊枪内混合，从焊嘴流出被点燃，控制氧气和燃气的流量可以调节火焰的温度和氧化还原特性。常见焊枪是吸射式，即焊枪开启氧气旋钮后，氧气的流动吸引乙炔气体从气管流进焊枪内，乙炔不会回流，氧气也不能通过焊枪进入乙炔气管，使气焊操作安全。

在焊接时焊枪形成的火焰如图 1-29 所示。调节氧气大小的时候，出现层次分明的外焰、内焰和焰心 3 层火焰，焊接时主要使用内焰。

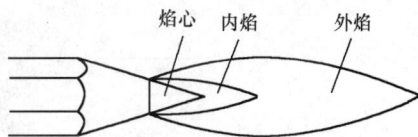

图 1-29　焊接的火焰

三、便携式氧气—液化气焊

空调器维修一般都是上门维修，需要使用便携式气焊。便携式氧气—丁烷焊通常是使用液化气代替丁烷。

常见的便携式气焊设备如图 1-30 所示。其主要由氧气瓶、燃气瓶、焊枪、输气管道、充气转换接头（过桥）等构成。

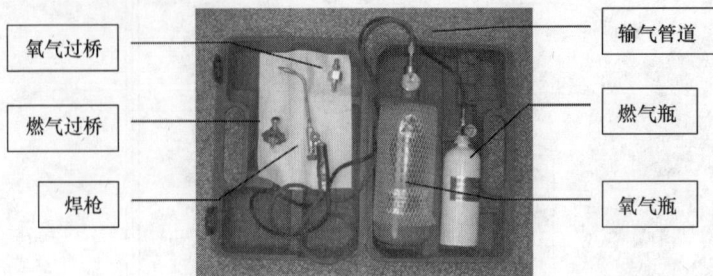

图 1-30　便携式气焊

1. 氧气瓶表阀

便携式气焊氧气瓶表阀如图 1-31 所示。气管中输出氧气由总阀、减压阀控制。

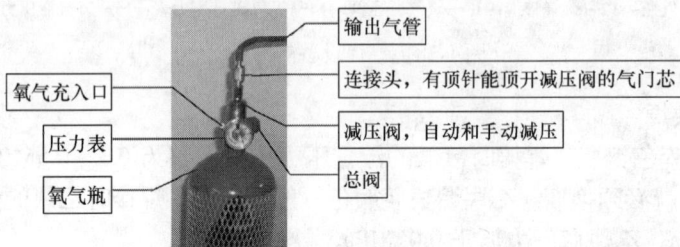

图 1-31　便携式气焊氧气瓶表阀

总阀控制氧气瓶开启，氧气瓶内氧气量由压力表进行检测，平时使用时可充到 10MPa。减压阀自动减压，输出的氧气没有压力表显示，减压阀输出端气门芯是低压开关，减压阀同时具有防止回火的功能。连接头是连接气管和减压阀的，内有顶针能够顶开气门芯。

氧气充入口是用于连接大氧气瓶的，转充口有专用的封闭螺栓，转充的氧气由总阀控制关闭和开启。

2. 燃气瓶表阀

便携式气焊燃气瓶表阀如图 1-32 所示。气管中输出燃气由总阀控制，没有减压阀和低压表。总阀控制气瓶开启，气瓶内气量由压力表进行检测，不要超过黄色区域。

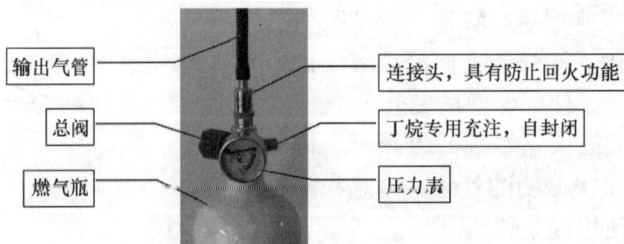

图 1-32　便携式气焊燃气瓶表阀

气焊的燃气由总阀和焊枪的燃气阀控制，需要配合经验调节。

便携式气焊燃气通常使用液化气代替丁烷。燃气瓶没有专设转充口，连接液化气瓶转充时，卸下连接头，利用小瓶上连接头的接口连接大瓶。

3．过桥

过桥是大瓶和小瓶的充气转换接头，便携式气焊带有两个过桥，用于氧气和液化气的转充。过桥和氧气瓶、液化气瓶的阀口能直接连接，使用过桥本身的螺母拧紧即可。

4．便携式气焊使用时的注意事项

① 氧气瓶可以平倒使用，燃气瓶因有液化气液体，要起来用。

② 转充氧气由于压力高，小瓶会发热，属正常现象。

③ 转充液化气要将液化气瓶倾斜倒立，使液体进入小瓶。

④ 便携式气焊的气管很脆弱，要随时注意是否有破损。

四、焊接设备使用规章制度

使用气焊设备必须遵守下列规定。

① 乙炔瓶的放置地点，不得靠近热源和电器设备，与明火的距离不得小于 10m，和氧气瓶间隔 5m 以上，氧气瓶及阀严禁接触油脂，以防和氧气反应发生爆炸。

② 乙炔瓶使用时，必须直立，并应采取底部牢固措施防止倾倒，严禁卧放使用，瓶体安装防震圈，以防歪倒震荡爆炸；严禁敲击、碰撞，严禁将乙炔瓶放置在电绝缘体上使用。

③ 防止乙炔瓶受曝晒或受烘烤，严禁用 40℃以上的热水或其他热源对乙炔瓶进行加热。

④ 移动作业时，应采用专用小车搬运，如需乙炔瓶和氧气瓶放在同一小车上搬运，必须用非燃材料隔板隔开。

⑤ 乙炔瓶使用过程中，开闭乙炔瓶瓶阀的专用扳手，应始终装在阀上。暂时中断使用时，必须关闭焊枪的阀门和乙炔瓶瓶阀，严禁手持点燃的焊枪调节减压器或开、闭乙炔瓶瓶阀。

⑥ 使用过程中，发现泄漏要及时处理，严禁在泄漏的情况下使用。

任务三　维修表阀的操作

基本技能

一、认识表阀

认识表阀见表 1-9。

表 1-9　　　　　　　　　　　　　　认识表阀

技能标题	操作流程	说　明
压力表和三通阀	① 认识压力表和三通阀 ② 手动旋转阀的旋钮，旋钮过松会漏气，调节阀杆的密封螺母可以使密封性加强 ③ 将压力表旋进三通阀的表接口里，如图 1-33 所示 ④ 调节三通阀，掌握 3 个口之间的导通开关特性	维修空调器的压力表一般满量程为2.5MPa 单表单阀一般是表、阀分开包装的，使用时组装到一起，以后使用不再拆开

续表

技能标题	操作流程	说　　明
压力表和三通阀	 　图 1-33　将压力表旋进三通阀的表接口里	
加液管和转接头	① 认识加液管，如图 1-34 所示。观察两头的连接螺母和管口的密封圈，有的管头带有顶针，加液管依靠管头的连接螺母和其他连接头连接 ② 认识转接头，如图 1-35 所示。观察连接螺母、连接头和密封圈，所有转接头都带有顶针 　图 1-34　加液管和转接头　　　图 1-35　转接头和加液管连接	加液管两头一般是一头是直的，一头是弯的，弯头是带有顶针的 顶针用来顶开空调器工艺口的气门芯，可以手动调节顶针的长短 密封圈可以更换 转接头的作用就是进行公制和英制之间的转换
双表阀	① 认识双表阀，如图 1-36 所示。出厂时表阀已经组装好，挂钩自己组装上 ② 识别高、低压力表。通常左边蓝色护套是低压表，红色是高压表，两表的量程不同 ③ 调节两个阀，识别双阀的控制特点 　图 1-36　双表阀	双表阀的低压表有负压刻度，可以检测真空度。双表阀带有视液镜，可以观察液态制冷剂 双表阀关闭一个阀，可以当成单表阀使用。调节阀的时候注意，关闭时不要太用力，打开时不必旋转到底

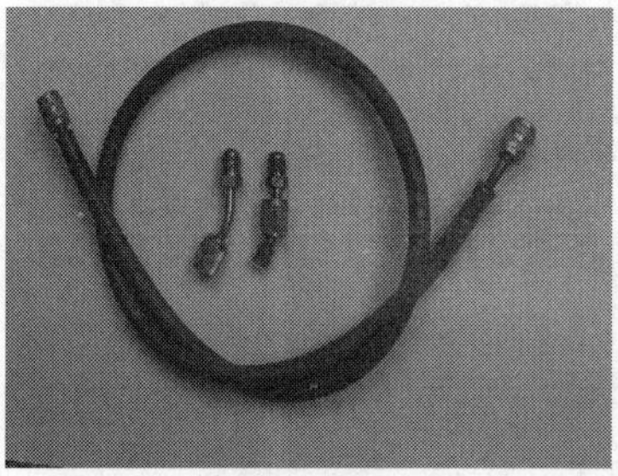

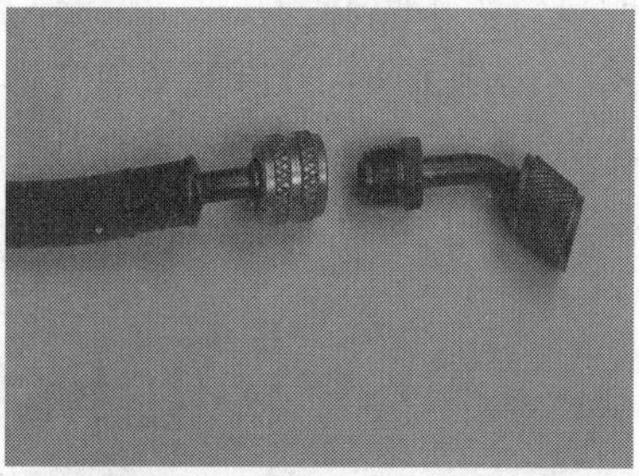

二、压力表参数的读取

压力表参数的读取见表 1-10。

表 1-10　　　　　　　　　　　　　　　压力表参数的读取

技能标题	操作流程	说　　明
识读压力	① 根据压力表上的标注刻度和单位，练习压力读取，指针在哪个位置对应的压力是多少 ② 通过不同的压力单位，对应的指针同一位置进行压力之间的单位换算	压力表上的压力单位有多种，不同压力表的单位不同。注意选择合适的单位和刻度识读
识读温度	识别压力表上的压力刻度和温度刻度，如图 1-37 所示，读取制冷剂对应的饱和压力和温度 读出 R22 制冷剂在 3~20 kgf/cm^2 范围内的几个关键压力和温度 图 1-37　压力表温度和压力刻度及标识	制冷剂的压力和温度是一一对应的关系 制作一张压力和温度的对应关系表格，填写对应的压力和温度

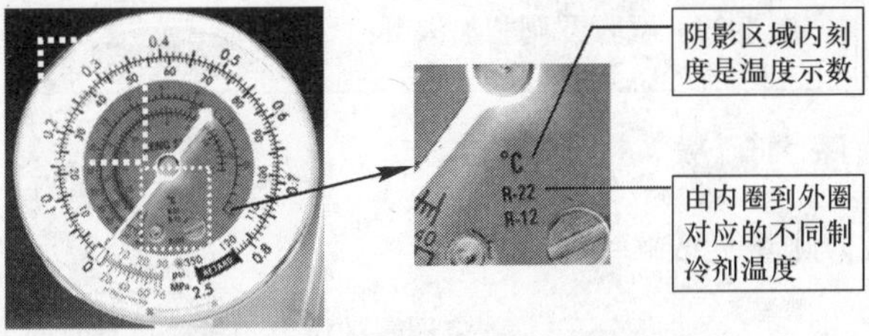

三、表阀、加液管、转接头的连接

表阀、加液管、转接头的连接见表 1-11。

表 1-11　　　　　　　　　　　　　　表阀、加液管、转接头的连接

技能标题	操作流程	说　　明
加液管和转接头的连接	在加液管的弯头管口螺母拧上转接头的连接头，拧到底后稍加力 加液管要根据空调器的工艺口的规格选择是否使用转接头	加液管及转接头有密封圈，连接拧紧保证不漏气即可，练习连接时密封圈需要的力度和手感。加力过大会导致密封圈挤破，连接处漏气
单表单阀和加液管的连接	加液管直头管口的密封圈对准表阀的连接头，将加液管螺母拧上表阀，拧到底后，稍加力手感橡胶密封圈受力即可。单表单调和加液管的连接如图 1-38 所示 图 1-38　单表单阀和加液管的连接	加液管带有顶针的，此头不要连到表阀上，它是用来连接空调器工艺口的

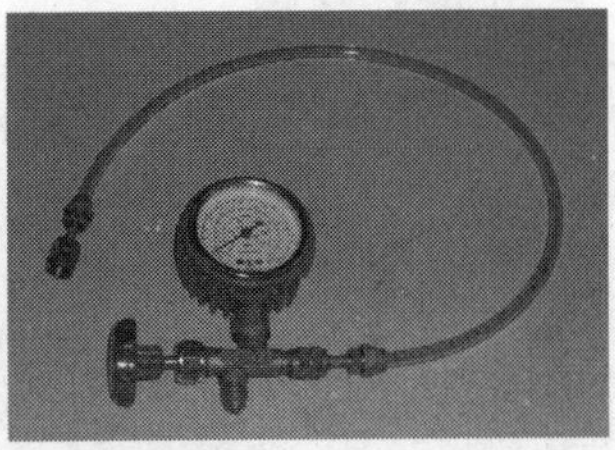

续表

技能标题	操作流程	说　明
双表双阀和加液管的连接	双表双阀和加液管的连接如图 1-39 所示，表阀和加液管匹配不用转接头，直接连接 加液管固定在表阀上如图 1-40 所示，防止敞口进入杂质，有专门的 3 个连接头使用 图 1-39　双表双阀和加液管的连接	红色、蓝色的管道对应高压、低压，中间使用黄色 加液管直头连到表阀上，弯头内有顶针用于连接测量管路 图 1-40　加液管固定在表阀上

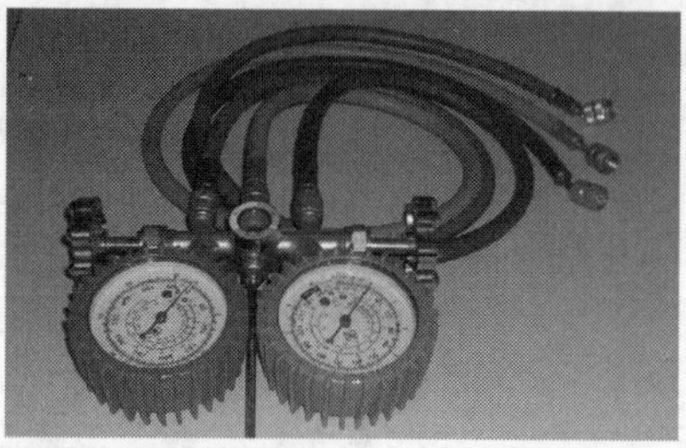

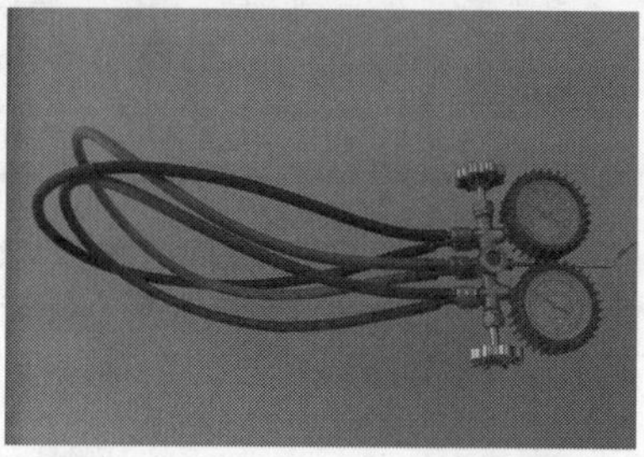

四、空调器的压力测量

空调器的压力测量见表 1-12。

表 1-12　　　　　　　　　　　　空调器的压力测量

技能标题	操作流程	说　明
判断是否需要连接头	① 使用扳手拧下空调器外机工艺口盖帽 ② 判断是否需要转接头：用加液管先预装在工艺口上，看螺母能否拧进，不能拧进或拧进不紧，则需要转接头	空调器上唯一可以和表阀连接的是外机气阀上的工艺口，对空调器进行制冷系统的检修或调试，都是通过工艺口来完成的
单表单阀和空调器连接	单表单阀和空调器连接如图 1-41 所示 ① 连接表阀：连接加液管和表阀的测量口，微开启表阀使之处于三通状态。一手拿加液管口不要用力对准空调器工艺口，另一手旋转螺母连上。螺母旋进过程中由加液管口的顶针顶开空调器的工艺口气门芯，空调器内部制冷剂开始泄出，此时快速拧进拧紧螺母连接好 ② 排空：泄出的制冷剂通过加液管、表阀，将加液管内的空气从表阀开启的三通管口排出，时间 2～3s，认为空气排净，关闭表阀 ③ 读压力：通过压力表指针刻度读出空调器的压力 图 1-41　单表单阀和空调器连接	连接加液管和空调器工艺口时，注意要使用带有顶针的那一端 表阀测量口和表是直通的不受阀控制，空调器制冷系统和表一直连在一起，所以能指示制冷系统的压力大小 连接表阀进行调试时，一定要对连接的加液管进行排空，严禁空气进入制冷系统 连接表阀前，若不先开启表阀，则会引起连接时手部被泄出的制冷剂冻伤

续表

技能标题	操作流程	说　明
双表双阀和空调器的连接	双表双阀和空调器连接如图 1-42 所示 ① 选择高压还是低压表 ② 表阀低压测量口连上蓝色加液管，微开启低压表阀，关闭高压表阀 ③ 根据实际是否使用转接头，连接加液管和空调器工艺口进行排空 ④ 排空结束，关闭低压表阀，读取低压表指示压力。 图 1-42　双表双阀和空调器连接	夏季制冷选用蓝色低压表阀，冬季制热选用红色高压表阀。这里以夏季制冷时低压测量为例 双表双阀在这里是作为单表阀使用的。若选用低压表，则关闭高压阀，若选用高压表，则关闭低压阀
测量空调器压力	空调器刚开机压力不稳定，一般要工作15min 以后才基本稳定。注意观察运行后压力的变化情况，以及达到基本稳定压力时，需要多少时间 ① 压缩机没有运转，压力表指示平衡压力 ② 夏季压缩机运转制冷，压力表指示低压压力 ③ 冬季压缩机运转制热，压力表指示高压压力	空调器连上表阀，即可测量空调器的压力 夏季主要调试空调器的平衡压力和低压压力，冬季主要调试空调器的平衡压力和高压压力。高压和低压的测量是在同一个工艺口上 使用双表阀测量压力时，注意低压表和高压表的状态使用 夏季最好在压缩机运行时连接表阀，冬季在压缩机不转时连接表阀
从空调器上拆卸表阀	① 空调器制冷运转 ② 将表阀提起，使加液管内存有的液体流进空调器内，保持加液管内是气体，否则会泄走较多制冷剂 ③ 快速拧下空调器工艺口上加液管的连接螺母 ④ 将工艺口密封盖帽拧好	空调器在制冷状态下，表阀处的压力是低压，可以拆卸表阀 连接和拆卸表阀时，最好在低压状态，若冬季则在停机状态下拆卸 拆卸表阀会有少量的制冷剂泄出，属正常现象

基本知识

一、表阀、加液管、转接头

空调器维修表阀主要由三通阀和压力表构成。购买的双表双阀包装中表阀已经组装到一起，包装内还有红、黄、蓝色 3 根加液管，以及 3 个转接头（公制—英制或英制—公制转换）。单表单阀一般是表、阀分开包装的，需要组装到一起。使用表阀测量空调器压力的时候，需要使用加液管把表阀和空调器工艺口连接到一起。

加液管两端带有连接螺母，用来连接空调器和表阀，进行压力测量、抽空、充注制冷剂等，加液管有塑料透明管，非透明管主要有橡胶管和尼龙管等，有红、黄、蓝 3 种颜色。加液管的两端的连接头是带有一定弹性的密封圈，用于加液管和表阀、空调器之间的连接密封，密封圈破损可以更换。加液管管口连接螺母和要连接的连接头有两种规格，即公制或英制，在表阀连接到空调器上的时候，要注意是否进行公制和英制的转接头更换。在加液管和转接头的管口，一般都带有顶针，用于顶开空调器工艺口的气门芯。加液管若一头是直管，一头是弯管，则弯管头带有顶针。

在购买加液管时，同时购买相应的转接头，以适应两种规格的连接头。

二、表阀的三通控制特点

1. 单表单阀的三通控制

单表单阀的三通控制如图1-43所示。测量口和压力表是直通的，不受阀芯控制。三通口由阀芯控制，当阀芯旋进，则三通口被关断；当阀芯旋开，则三通口被接通，压力表、测量口、三通口连通在一起。

空调器和表阀连接时，是将空调器的工艺口和表阀的测量口连接在一起，三通口可连接真空泵抽空，或是连接制冷剂钢瓶充制冷剂，当制冷剂过多的时候，还可以通过三通口排放制冷剂。

若表阀的阀杆处漏气，可以将阀芯的密封螺母拧紧一下。

2. 双表双阀的三通控制

双表双阀可以看做是两个单表单阀的组合，公用中间的三通口，两边是两个表阀的测量口。

双表双阀的三通控制如图1-44所示。测量口和压力表是直通的，不受阀芯控制。三通口由阀芯控制，当阀芯旋进，则三通口被关断；当阀芯旋开，则三通口被接通。压力表、测量口、三通口连通在一起。

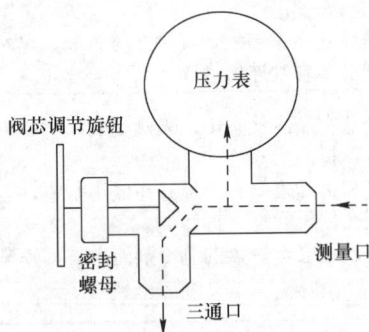

图1-43　单表单阀的三通控制

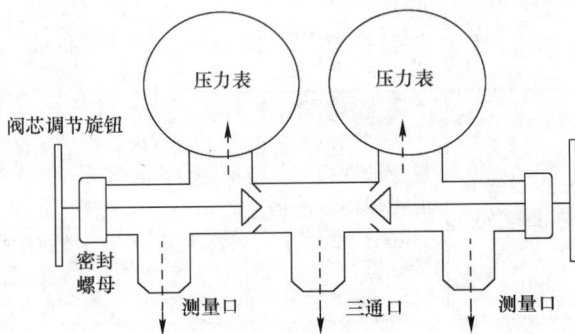

图1-44　双表双阀的三通控制

空调器和表阀连接时，是将空调器的工艺口和表阀的测量口连接在一起。关闭一个阀芯不用，双表双阀可以当做单表单阀使用；关闭两个阀芯，则可以当做两个单独的压力表使用。使用双表双阀可以同时测量两个压力。

三、压力表压力示数

1. 表压力、相对压力、绝对压力

压力表在没有测量压力的时候，放置在大气环境指针为0，说明大气压在压力表上的指示为0，因此压力表的数据都是相对大气压的，表压力是相对压力。实际大气压相对于真空来说为0.1MPa，相对于真空的压力称为绝对压力。表压力（相对压力）和绝对压力之间相差

0.1MPa。在维修调试过程中，使用表压力，在制冷系统设计时，使用绝对压力。

空调器制冷设计低压压力为 0.58MPa，实际表压力应为：

$$0.58-0.1=0.48（MPa）$$

2．压力表上常见的压力单位

压力表上常见的压力单位一般有以下几种：MPa（兆帕）、bar（巴）、kgf/cm^2（公斤）、psi，在真空刻度上还有"cm Hg"、"in Hg"等。压力之间的换算关系如下：

$$1bar=100kPa=0.1MPa$$

$$1kgf/cm^2=0.098MPa$$

$$100psi=0.689MPa$$

空调器维修调试通常使用 MPa 或 kgf/cm^2，两者之间的关系大致如下：

$$1MPa=10kgf/cm^2$$

3．压力表上的温度示数

空调器制冷剂在工作时，饱和压力同时对应着唯一的饱和温度，所以在压力表上同时将温度也指示出来。由于不同的制冷剂，相同的饱和压力其饱和温度是不同的，所以在压力表上标出具体的制冷剂名称。空调器常见的制冷剂是 R22。

空调器运行低压压力为 0.48MPa，对应的温度为+5℃，高压压力为 1.82MPa，对应的温度为+50℃。

压力表上的温度，除了是常见的"℃"以外，有的还标注"°F"，"°F"是"华氏温度"，"℃"是"摄氏温度"。

任务四　空调器工作电压、电流的测量

基本技能

一、万用表测量练习

使用万用表检测空调器故障，在断电测量和通电测量时，要注意电压功能和电阻功能的及时转换。万用表测量练习见表 1-13。

表 1-13　　　　　　　　　万用表测量练习

技能标题	操作流程	说　明
交流电压测量	测量要同时将两只表笔插到插座内，严禁一个插入，另一个悬空；严禁手指捏着表笔的金属部分 ① 交流单相电压测量 ② 交流三相电压测量 ③ 变压器输入输出电压测量	教师现场巡回指导，监督万用表功能量程是否正常，测量的安全操作等 交流电测量红黑表笔不分正负，直流电有正负极性，测量注意红、黑表笔的极性
直流电压测量	1.5V、9V 电池直流电压测量	

续表

技能标题	操作流程	说　明
导线通断测量	① 单股导线测量通断 ② 两线、三线带插头电源线测量通断 ③ 两股或多股导线在一侧测量是否正常 a. 在一侧将导线连接起来，如图 1-45 所示 b. 在另一侧使用万用表分别测量 1—2、2—3、3—1 两个端子之间通断，判断哪根导线断路	导线故障在空调器故障中常见，例如老鼠咬断、插接件接触不良等 在室内一侧或在室外一侧检测空调的内外机连接线是否断路，在检修空调中经常遇到

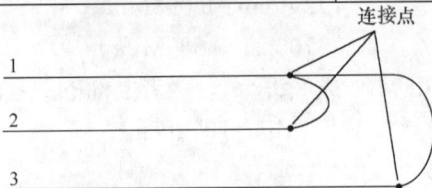

图 1-45　多根导线测量通断示意图

二、空调器工作电压测量

空调器工作电压测量见表 1-14。

表 1-14　　　　　　　　　　　　　空调器工作电压测量

技能标题	操作流程	说　明
检测空调器供电电源	① 拔掉空调器电源插头，使用万用表测量空调器电源插座电压大小 ② 使用万用表测量空调器电源空气开关输出电压（单相或三相） ③ 插上空调器电源插座，开机在压缩机运行以后，听插座内是否有打火声，手感空调器的插头是否发热过多和发烫等，这些情况说明插头和插座接触不良 ④ 检查插头金属表面是否氧化厉害 ⑤ 断开总电源，检查插座内簧片是否发黑、烧蚀，晃动连接线头判断是否紧密 ⑥ 断开空气开关，检测输出接线头是否连接紧密，压接螺丝或片是否松动，两根连接线头颜色是否一致，颜色发黑说明接触不良发热	空调器的很多故障都是由电源引起的 测量空调器的电源电压，不仅是判断空调器是否有电，还检测电源的电压大小是否符合空调器的工作要求 在压缩机不工作的时候，电压可能正常，压缩机运转后电压下降得多，一般是空调器供电线路接触不良，或者线径细 空调插座内部接触不良或断路开关线头接头不良会导致空调器工作不正常
检测空调器电路电压	① 打开空调器内机电气盒，查找供电电源线接到的接线柱或插座位置。测量电源线对应连接的接点电源电压 ② 拆下空调器外机右边把手处的电气盒，观察外机接线和测量外机工作电压 ③ 外机工作和外机停机状态下，测量外机端子电压的有无	电压的测量由教师事先做好相关空调器的准备工作。带电测量空调器电源电压，注意测量安全
检测空调器电源线	① 测量空调器电源线两端阻值，大约在几百欧姆，这是空调器内部电源变压器的初级绕组阻值 ② 测量三相电源空调器的 4 根电源线阻值，3 根相线之间阻值无穷大，3 根相线和 N 线之间，有两根是无穷大，有一根是几百欧姆，这根相线和 N 线构成交流 220V 电源，给空调器内部变压器供电	一般空调器电源线都是直接和内部变压器的初级绕组连接在一起的，以便空调器插电后，控制电路即得电。测量电源线之间没有一定的阻值，一般是空调器的交流电源回路出现断路故障，常见故障是保险丝开路或变压器开路

三、钳形电流表测量空调器工作电流

钳形电流表测量空调器工作电流见表 1-15。

表 1-15　　　　　　　　　　钳形电流表测量空调器工作电流

技能标题	操作流程	说　明
钳形电流表的使用	① 通过实物认识钳形电流表 ② 钳形电流表基本操作：钳口操作、选择电流功能及量程、万用表功能选择 测量空调器的工作电流不是将电源线放入钳口，因为电源线内部有两根电流方向相反的导线，是测不出电流的，要想办法测量其中的一根	空调器工作电流的测量一般使用钳形电流表。钳形电流表测量一根导线内通过的交流电流大小 测量空调器的工作电流可以判断空调器的运行状态是否正常，有助于空调器相关故障的分析和判断
测量整机电流	① 打开空调器内机电气盒，查找供电电源线接到的位置，在靠近接线柱的位置电源线各根是分开的，可以使用钳形电流表夹持单根电源线 ② 钳形电流表选择电流 20A 功能和量程 ③ 选择电源线 L 或 N 位置的导线，将钳形电流表的钳口张开，使导线进入环形钳口内，闭合钳口即可 ④ 空调器通电运行，电流表显示电流数据	空调器的工作电流主要是压缩机运转电流 交流电源 L 或 N 线内的电流是串联的关系，随便哪根都可以代表整机的电流大小 钳形电流表闭合钳口要紧密，防止有间隙使读数错误 导线在钳口内位置会影响数据的精确度，尽量使导线在钳口中间 带电操作钳形电流表，要注意电气安全，钳口是金属，不要碰到电源的接线端子或连接线头上
测量压缩机电流	① 拆下空调器外机右边手柄处的电气盒，找到电源线 ② 在接线柱附近使用钳形电流表测量外机电流 ③ 拆开外机顶壳，找到压缩机的控制线，使用钳形电流进行电流测量	

基本知识

一、万用表和钳形电流表使用常识

空调器维修过程中，主要使用万用表测量空调器及其零部件的工作电压、阻值、通断等，使用钳形电流表测量空调器的整机工作电流、压缩机工作电流等，判断空调器是否工作正常。常见的万用表主要有磁电指针式和数字显示式，有的数字钳形电流表将电压、电阻等万用表的测量功能合成在一起，维修测量功能强大，携带方便，如图 1-46 所示。

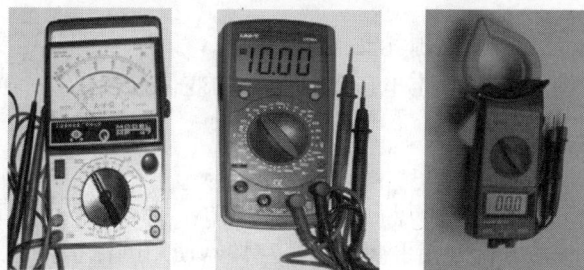

图 1-46　万用表和数字式钳形电流表

1．指针式万用表

实际使用指针式万用表时，要根据测量的数据在刻度的位置，灵活转换量程。指针的位置一般在刻度的右半部分读数较为精确和方便。

测量电阻时，要先对万用表进行欧姆调零，每转换一次测量量程，需要调零一次，当调不到零时，要更换 1.5V 电池。在测量电压时，一定要注意功能量程旋钮是否在测量位置上。很多情况下，测量交流电压时，烧坏了万用表的原因是忘记转换电压、电阻测量功能旋钮了。

2．数字式万用表

数字式万用表具有液晶屏幕显示测量的功能和参数等，具备超量程显示报警字符，设有专用的导体通断测量蜂鸣功能，测量数据精确，具有测量数据即时锁存的功能，可方便读取数据。但电池电能不足时，数据出现较大的误差，此时显示屏出现电能不足标记。

注意：数字万用表测量电阻和通断时，其红表笔是内部的电池"+"极输出，而指针式万用表是相反的。这在测量半导体元件时要注意。

3．万用表测量时的注意事项

测量交流电源电压时，一定要注意功能选择，不能在电阻测量位置上。测量电压注意是交流还是直流，要估算出大小范围，选择功能和量程。测量高电压时注意人身安全，表笔操作不要误搭在一起造成短路。测量电路板上的焊点时，由于焊点表面有可能存在绝缘保护层或表面氧化，要将表笔尖稍用力顶到焊点面上，否则会误判不通开路等，同时要防止表笔打滑，造成短路故障。

4．钳形电流表

钳形电流表是一个电流互感器，主要测量空调器压缩机的工作电流或整机工作电流，只能测量交流电流。利用钳形电流表进行测量读数，和空调器铭牌标注的电流进行比较分析故障。压缩机不转则没有测量电流的必要。

钳形电流表使用方法如图 1-47 所示，钳口中只能有一根导线。选择好测量功能和量程，手握按柄，打开钳口，将导线钳入口中，松开按柄，钳口自动闭合，要保证钳口闭合良好，即可读数。钳形电流表测量时注意以下 3 点：一是钳口要闭合好；二是导线不能是裸导线或露铜；三是钳口内只能有一根导线。一根电源线内含有多根导线，要进行单根导线测量。

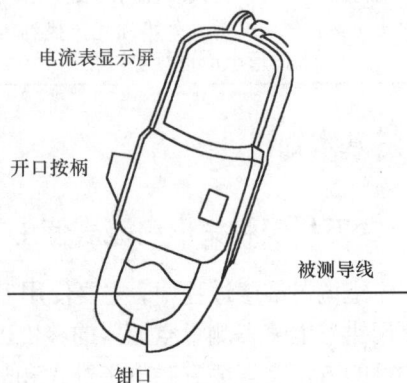

图 1-47　钳形电流表使用方法

二、交流供电电源进户知识简介

空调器电源主要是交流单相电源和交流三相电源，同时空调器还要求具有良好的接地保护。空调器电源电压可适应"额定电压±10%"的变化，超出这个范围空调器将不能正常工作。

1．三相电源

交流三相电通常使用三相四线进户，如图 1-48 所示，三相空调器可以直接使用，单相空调器可以将三相电源进户后进行分相平衡使用，空调器使用的保护接地线，不是由供电线路提供，是由用户的接地线完成，一般在建筑施工时进行地线安装。

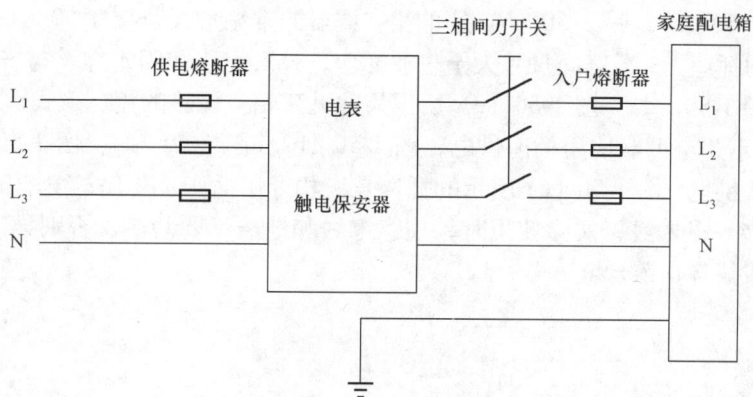

图 1-48　三相电源供电

　　三相空调器使用的电源有 5 根电源线，分别是 3 根火线、1 根零线、1 根地线。3 根火线分别用字母 U、V、W 或 R、S、T 或 L_1、L_2、L_3 表示。三相电的火线与火线之间的额定电压是交流 380V，称为线电压。任意一火线和零线之间的额定电压为交流 220V，称为相电压，也就是我们所说的单相电，零线用 "N" 表示，单独火线用字母 "L" 表示。

　　2．单相电源

　　交流单相电通常使用两线进户，单相空调器直接使用，空调器所需接地保护由用户自己接地线完成。

　　一般居民家用都是单相电，单相电供电是 2 根电源线、1 根火线、1 根零线。空调器技术文件分别用 "L" 表示火线，"N" 表示零线。供电进户后进行接地保护，所以一般用户的单相电源都是三线，如图 1-49 所示。空调器使用单相电一般不严格区分 L 和 N，但电工安装都是按照规定 "左零右火" 装接。

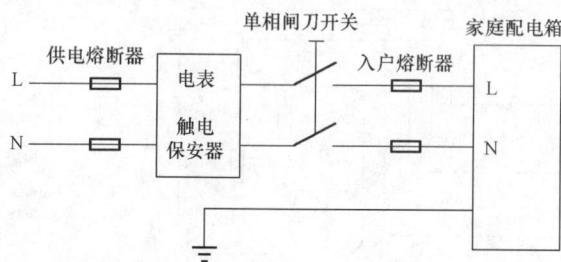

图 1-49　单相电源线路

三、空调器交流电源接入形式

　　挂机和小柜机一般采用插头插座连接的形式接入电源，大柜机和三相空调器一般都是采用空气开关断路器接入电源。常见的空调器用电形式如图 1-50 所示。

　　单相电源的空调器接入一般是 3 根线，分别为 "火线 L"、"零线 N"、"保护地线"，三相电源的空调器接入一般是 5 根线，分别为 "火线 U"、"火线 V"、"火线 W"、"零线 N"、"保护地线"。

　　单相电源空气开关接入，控制 "火线 L"、"零线 N" 两路，地线直接相连。三相电源空气开关接入，控制 "火线 U"、"火线 V"、"火线 W" 3 路，零线、地线直接和电源零线、地线相连，不走开关。

其中，图 1-50 (a)、图 1-50 (b) 是单相空调器的常见形式。图 1-50 (a) 所示的插座是空调器的专用插座，3 端之间尺寸大于普通插座，外形大小和固定螺丝与普通插座一致。图 1-50 (c)、图 1-50 (d)、图 1-50 (e) 所示为常见三相空调器的用电形式。图 1-50 (a)、图 1-50 (e) 所示为空调器使用插座供电，图 1-50 (b)、图 1-50 (c)、图 1-50 (d) 所示为空调器使用开关供电。图 1-50 (e) 所示的插座是三相专用插座，没有零线，但有接地保护，所以要单独再装一根零线，实际使用时，注意零线和地线不要装错，否则导致空调器插电时，供电跳闸或烧坏保险丝。

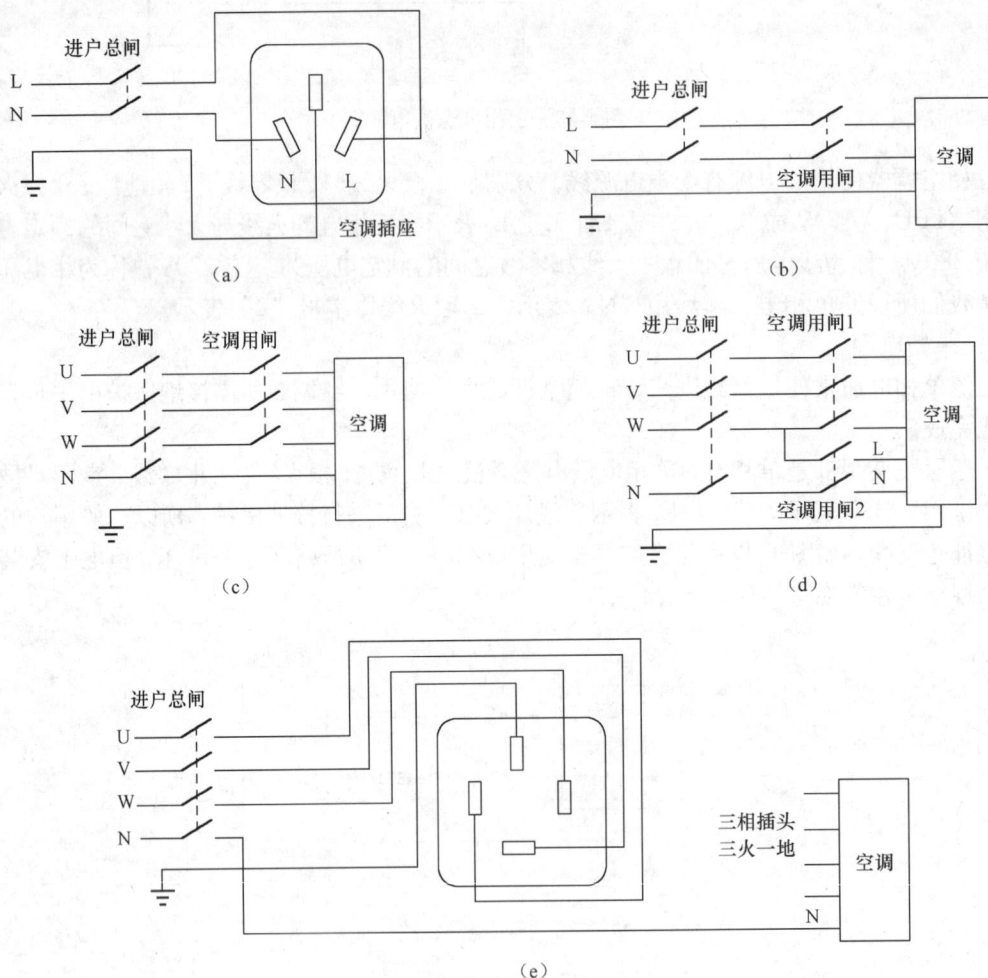

图 1-50　常见空调器的用电形式

三相空调器连接电源时，一般用三相空气开关控制三相电源的 3 根火线，零线和地线直接和空调器对应电源端子连接，在空调器内部再分出单相电源以供使用。也有的空调器三相电源和单相电源分开供给，单相电源由三相中随便分出一相使用即可，这样要用一个三相空气开关和一个单相空气开关控制空调器电源。

建议三相空调器配置使用插座的，改用三相空气开关控制。使用空气开关要将接线头接紧，同时检查供电线路上的接点是否紧密。

四、空调器常见内外机电源控制形式

1．内机直接向外供电

空调器只要接通电源，则外机有交流工作电源，电路结构如图 1-51 所示，一般是 3 根电源线使用 1 根三芯电缆。这种电路结构的空调器，在故障检修中，要注意外机交流 220V 是否正常，使用钳形电流表夹持 L 或 N 线，可以测量外机的工作电流，估算压缩机的工作电流是否正常。

2．内机控制向外供电

空调器接通电源后，外机没有交流工作电压。只有内机工作后，才能由开关控制交流电源输出到外机，电路结构如图 1-52 所示，一般是 5 根电源线使用三芯和二芯的两根电缆。这种电路结构的空调器，在故障检修中，要注意外机 1L、2L、3L 线路是否接颠倒，尤其是安装的时候更要注意。

当内机 K1-K3 接通，1L、2L、3L 和 N 形成 3 个交流电源，外机开始工作，通常 1L 是控制外机压缩机的交流电源电路。在外机接线端子上可以测出 3 个交流电压，并且可以使用钳形电流表测量 1L 线，得到压缩机的工作电流。

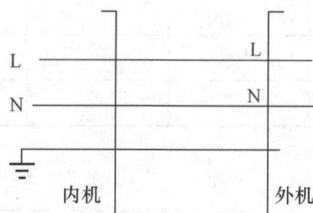

图 1-51 空调器内机直接向外供电

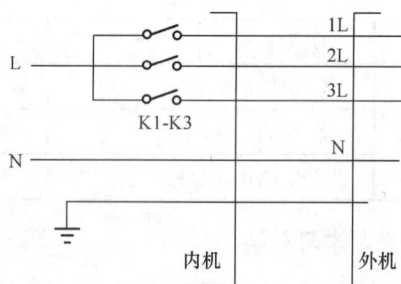

图 1-52 空调器内机控制向外供电

项目学习评价

一、思考练习题

（1）空调器的两根配管为什么是一粗一细？

（2）根据扩管器上的规格标记，比较一下铜管管径公制和英制的不同。

（3）使用乙炔—氧气焊的安全要求有哪些？

（4）毛细管和铜管插入有很大的空隙应如何焊接处理？

（5）空调器连接表阀时，为什么必须连接到表阀的测量口，而不是三通口？

（6）连接压力表到空调工艺口要注意哪些方面？

（7）在压力表上读取制冷剂 R22 压力和温度的对应关系刻度，列出一张表格：空调器蒸发温度范围−10℃～10℃，冷凝温度 40℃～60℃对应的压力。

（8）常见空调器电源线测量电阻值一般为多少欧姆？为什么？

二、自我评价、小组互评及教师评价

评价项目	项目评价内容	分值	自我评价	小组评价	教师评价	得分
理论知识	① 铜管规格					
	② 焊接原理					
	③ 压力换算					
	④ 空调器电源供电					
实操技能	① 铜管弯曲、切割					
	② 扩压喇叭口、杯形口					
	③ 铜管气焊					
	④ 空调器压力测量					
	⑤ 空调器电压、电流测量					
安全文明生产	① 用电安全					
	② 制冷剂泄漏污染					
	③ 气焊设备安全					
	④ 爱护设备					
学习态度	① 出勤情况					
	② 车间纪律					
	③ 团队协作精神					

三、个人学习总结

成功之处	
不足之处	
改进方法	

空调器维修技术基本功

项目二　空调器基本原理的学与练

项目情境创设

学会了一定的基本技能，对一台故障空调器进行维修，还需要哪些基本的空调器知识呢？

空调器基本原理是指导检修空调器的基础，要想高效维修空调器故障，必须掌握空调器的基本结构和工作原理。空调器制冷系统故障检修是维修的重要内容，制冷系统也是空调器的主要构成部分，因此，项目二先从学习空调器整机结构开始介绍，逐渐深入到学习制冷系统结构与工作原理，作为学习空调器维修的入门知识。

项目学习目标

	学习目标	学习方式	学时
技能目标	① 根据机器铭牌了解空调器基本参数和性能 ② 拆解空调器的内机或外机，以便对其进行检修 ③ 识别制冷部件和画制冷循环图 ④ 在实体空调器上根据管路走出制冷和制热循环路径	实习操作	12
知识目标	① 空调器整机基本结构 ② 蒸气压缩式工作原理 ③ 空调器制冷、制热原理 ④ 常见空调器制冷系统的结构和工作原理	现场讲授	6

项目基本功

任务一　了解空调器

基本技能

一、了解分体式空调器基本结构

分体式空调器基本结构见表 2-1。

表 2-1　　　　　　　　　　　　　　　　分体式空调器基本结构

技能标题	操作流程	说　明
了解分体式空调器结构	① 空调器挂机、柜机认识 ② 空调器内机、外机认识 ③ 观察内外机之间的连接管道、内外机连接电缆等	常见分体式空调器主要是挂机和柜机。本书学习的对象主要针对这两种空调器
拆卸安装外机电气盒	① 空调器外机电气盒在右边，如图 2-1 所示，找到移动机器的手柄把手及螺丝，卸下螺丝 ② 取下电气盒盖，露出电路，观察内部的电气连接线路和能看见的部件 ③ 观察结束后，安装好电气盒盖（把手）	外机电气盒内是内外机连接线接线柱和相关电缆、导线等，主要用于空调器的安装和简单的电路维修，若想仔细观察或检修外机，通常要拆下外机顶壳

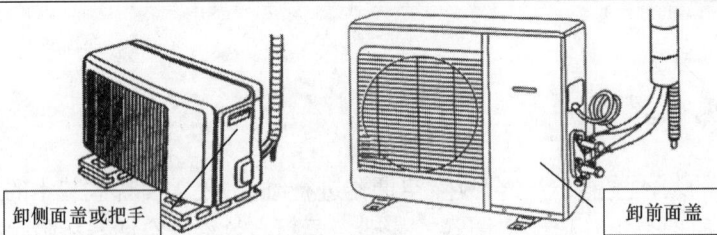

卸侧面盖或把手　　　　　　　　　　　　　　　　卸前面盖

图 2-1　常见空调器外机接线电气盒

拆卸安装外机外壳	根据实际空调器的外机外壳结构特点,进行外壳拆卸和安装 ① 拆卸空调器外机顶壳 ② 拆卸空调器外机右边靠近压缩机的边壳 ③ 拆卸外机其他的边壳 ④ 安装外机的边壳和顶壳	一般外机的维修通常要拆卸顶壳，更换压缩机、四通阀等制冷系统部件要拆卸边壳 外壳的固定通常使用自攻丝，注意螺丝长短差异。拆卸的螺丝要放好，以免安装时丢失，应养成好习惯
清理空调器内机空气过滤网	拆卸内机的进风栅，抽出空气过滤网 ① 空调器挂机过滤网拆卸、清理、安装 ② 空调器柜机过滤网拆卸、清理、安装 ③ 使用适当的一块纸张，挡在空调器过滤网上，感受空调器的工作效果，和正常状态比较一下	空调器内机过滤网主要是用于过滤空气中悬浮的杂质，安装在内机进风的通道上，时间长积累的杂质会堵塞过滤网孔，影响内机空气的循环换热，造成空调器故障

二、空调器挂机内机体的分离操作

空调器挂机内机体的分离操作见表 2-2。

表 2-2　　　　　　　　　　　　　　空调器挂机内机体的分离操作

技能标题	操作流程	说　明
拆卸面罩固定螺丝	挂机机体分离操作如图 2-2 所示 ① 掀起进风栅，定位卡住不动 ② 找到所有的固定螺丝位置和自锁卡钩位置 ③ 拆卸螺丝	面板固定的螺丝孔一般都有和面板颜色一致的塑料防护片，可用小平头起子轻轻撬出来，即可露出里面的螺丝头

续表

技能标题	操作流程	说　明
	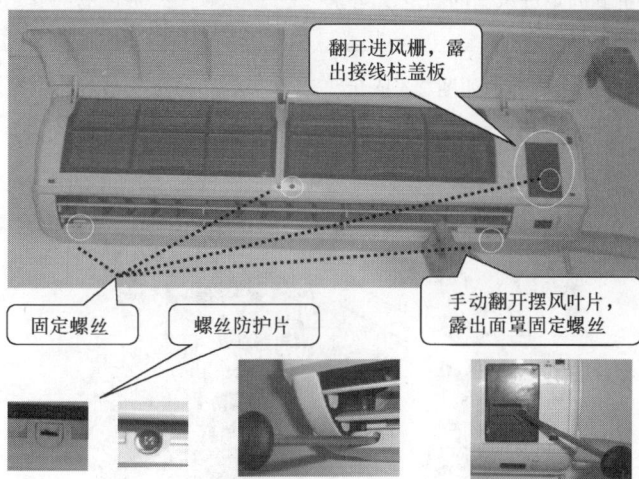翻开进风栅，露出接线柱盖板 固定螺丝　螺丝防护片　手动翻开摆风叶片，露出面罩固定螺丝 图 2-2　挂机机体分离操作	
拆卸面罩及进风栅	① 抽掉空气过滤网 ② 用手轻轻调节出风口的摆风叶片的方位 ③ 从底部向上翻起面罩，翻至水平位置即可取下面罩，如图 2-3 所示 实际操作要根据空调器的具体固定措施和位置，采用合理的方法和力度进行拆卸，防止用力过大损坏相关的塑料件	开始翻转面罩时，出风口的摆风叶片会阻碍面罩的运动，调节叶片时用力要轻，否则会损坏叶片的塑料旋转轴 面罩和空调器的顶部左中右有 3 个塑料卡钩，面罩在翻到水平方向的时候能自动脱开
	 图 2-3　拆卸面罩及进风栅	
观察内机的基本结构	① 观察内机的电气电路部分 ② 观察内风机位置 ③ 观察内机的排水构造	拆下面罩后即可对露出来的电路、盘管、排水及内风机等进行相关的检修维护
安装	安装面罩及进风栅可以按照拆卸的相反顺序进行，也可以先从下向上安装，在上部对好卡钩和卡槽用力压进去即可 最后固定螺丝，盖上塑料防护片	挂机较高，面罩顶部的 3 个卡钩在顶部看不到，实际操作时要卡到位，否则面罩无法放到原始位置

三、空调器柜机内机体的分离操作

空调器柜机内机体的分离操作见表 2-3。

表 2-3 空调器柜机内机体的分离操作

技能标题	操作流程	说　明
拆卸进风栅	① 拆卸固定进风栅的固定螺丝 ② 取下进风栅	进风栅的固定螺丝在中间一颗或两边两颗
内机电源盒盖拆卸	内机电源盒盖拆卸如图 2-4 所示	空调器断电操作，注意安全

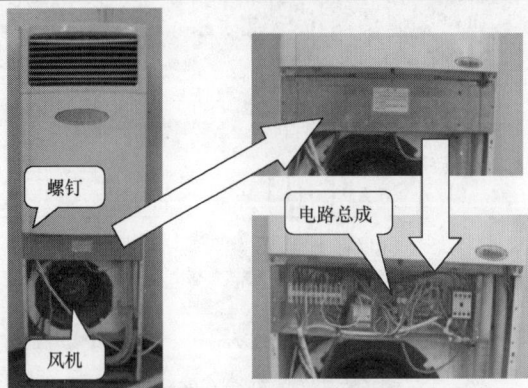

图 2-4　柜机内机电源盒拆卸

拆卸前面板	① 拆卸固定螺丝 ② 面罩整体向下平移退出卡槽，即可向外取下面罩	柜机检修操作电路需要拆卸前面罩
拆卸前面绝热板	拆卸绝热板固定螺丝，取下绝热板，如图 2-5 所示	柜机检修内机管道及温度传感器时，需要拆卸绝热板

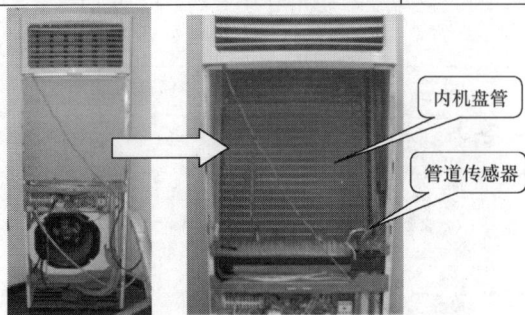

图 2-5　拆卸前面绝热板

拆卸出风口框架	① 拆卸正面两个固定螺丝 ② 拆卸空调器顶部 3 个固定螺丝	检修柜机风向电机及风向控制运动部件时，需要拆卸出风口
安装	将拆卸的部件安装回原位	注意安装的流程性，不要乱装

基本知识

一、空调器基本知识

1. 空调器的分类和型号命名

（1）空调器的分类简述

国家制冷标准（GB/T7725—1996）规定，制冷量在 14000W 以下，使用全封闭式压缩机和风冷式冷凝器的空调器为房间空调器，本书所称空调器是指房间空调器。

房间空调器主要结构形式是分体式，分体式空调器有室内机组和室外机组两个部分，通过配管和电缆把两者连通在一起，完成空调器的控制和制冷循环。分体式空调器主要有挂壁式空调器（挂机）和立柜式空调器（柜机）。随着空调器技术的发展和人们对空调器的要求，分体式空调器还出现了吊顶式、嵌入式、卡片式等。

（2）空调器的型号命名

国家制冷标准规定，空调器的型号命名使用字母、数字等符号说明空调器的类型、空调器的制冷量及空调器的功能等内容。进口及合资生产的空调器型号命名和我们国家不同，但一般也会在包装及铭牌上同时标出符合我国制冷标准的型号。

房间空调器的型号命名表示及含义如图 2-6 所示。

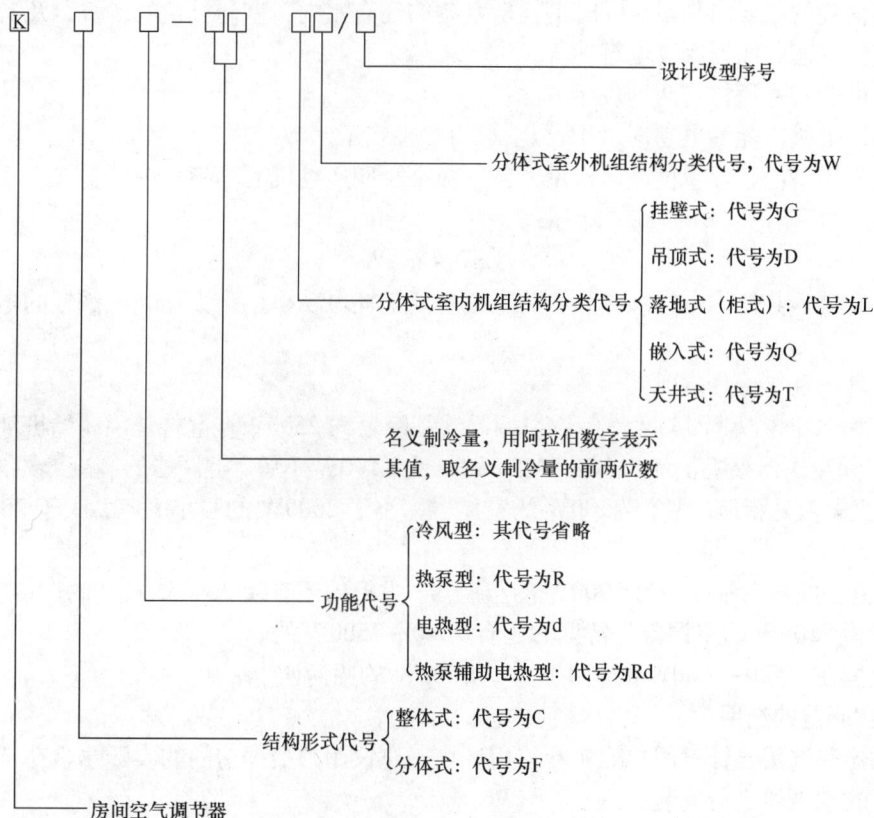

图 2-6 房间空调器的型号命名

下面列举几个常见空调器型号并说明其含义。

KFR—35GW/A：制冷量为 3500W 分体式冷暖挂壁空调器，第一次改进。

KFR—120LW/3s：三相电源，制冷量为 12kW 分体式冷暖柜机。

KFR—50LW/BP：制冷量为 5000W 分体式冷暖变频柜机。

KFRd—33GW/F：制冷量为 3300W 带电辅热、负离子发生器等分体式冷暖挂壁空调器。

KFR—25GW×2：单机制冷量为 2500W 分体式冷暖一拖二挂壁空调器。

2. 制冷量和制热量

空调器工作条件下，在单位时间内从密闭空间所吸收的热量的多少称为制冷量，制冷量的单位为"W"，读作"瓦"。

$$1kW=1000W$$

空调器制冷量的大小在空调器的型号上有标识，例如 KFR—33GW 的制冷量为 3300W，KFR—125LW 的制冷量为 12.5kW。

制热量是指空调器在单位时间内向密闭空间所送入热量的多少，单位和制冷量相同。

3．空调器和压缩机的功率

空调器和压缩机的功率一般是指其本身消耗的电功率。要说明的是，空调器的制冷量和空调器消耗的电功率不是一个等值，制冷量大于电功率。

（1）空调器消耗的电功率

空调器工作过程中电网给空调器输入的电功率，就是空调器消耗的电功率。压缩机功率是空调器消耗的主要电功率，同时消耗电功率的还有室内、室外机组的风机以及其他相关的电路，制热状态的四通阀及电辅热等。

压缩机的功率通常有两种表示方法。

一是压缩机消耗的电功率，用"瓦（W）"来表示。

二是沿用制冷工程单位，通常用"匹"数来说明压缩机的功率，一般也代表了空调器的大小，"匹"用字母"HP"或"hp"来表示。

$$1HP \approx 735W$$

由于空调器其他的电气部件和相关电路也要消耗电功率，所以 1HP 机消耗的电功率要大于 735W。

（2）功率和制冷量的关系

1HP 相当于电功率 735W，对应空调器的制冷量约 2500W。这就是说压缩机消耗电功率735W，实际空调器整机消耗的电功率在 900W 到 1100W 不等，空调器的制冷量约为 2500W。

1 匹机一般是指制冷量为 2500W 的空调器，小于 2000W 的叫小 1 匹，大于 2800W 的叫大 1 匹。

2 匹机一般是指制冷量为 5000W 的空调器，常见的还有 4500～5500W 的。3 匹机一般是指制冷量为 7500W 的空调器，常见的还有 7000～7500W 的。

制冷量在 3000～3600W 的叫 1 匹半，6500W 的叫两匹半等。

4．空调器的选用

空调器的选用要针对用户的实际使用环境。建议用户根据房间的实际热负荷及使用情况选择合适的空调器进行安装。

（1）空调器制冷量的选择

由于空调器的使用比较广泛，各类建筑物的高度及绝热等各有差异，温度要求又不同，所以实际选择制冷量时要考虑很多因素。根据经验进行估算选择空调器，一般居室可按照 $250～350W/m^2$ 估算制冷量。

（2）空调器结构形式的选择

空调器的结构形式选择，主要是根据估算的制冷量和用户的实际使用环境，选择挂壁式还是柜式空调器。吊顶式和嵌入式空调器一般是在装修房间时进行同步安装的。

大部分大功率空调器都是三相电源的，对于 7000W 制冷量以上的空调器，在选择时要考虑到用户的电源。

（3）品牌质量的选择

目前，市场上各式各样的空调器琳琅满目，相同型号的空调器价格也相差较大。选择空调器要根据经济条件和使用价值，以知名品牌为对象，这样不仅能选择到实用、质量高的空调器，而且售后服务也得到了保障。

（4）空调器外形的选择

随着人们对生活质量要求的提高，空调器的外形也具有了各种各样的特色，可根据实际使用环境和用户爱好进行选择。

二、分体式空调器整机结构

空调器的整机构成主要有：制冷系统、控制系统、风循环系统和空调器箱体等。分体式空调器的结构组成部分分别放置在室内或室外的机壳内，构成室内机和室外机。

1．挂机整机结构

常见的分体式空调器挂机整机结构如图 2-7 所示。室内机通过挂板悬挂在室内墙壁上，挂板固定在墙上。室内机和室外机通过配管和电缆连接，配管和电缆要穿过室内外之间的墙壁。室外机一般是悬挂在墙上或固定在平台上。

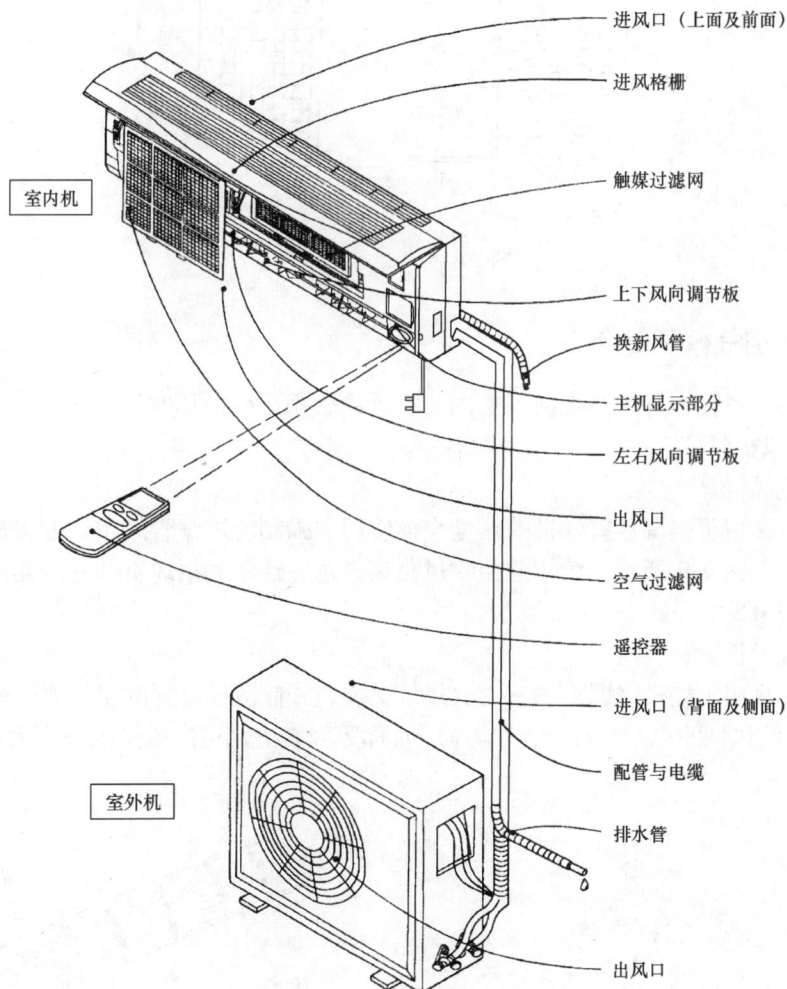

进风口（上面及前面）

进风格栅

触媒过滤网

上下风向调节板

换新风管

主机显示部分

左右风向调节板

出风口

空气过滤网

遥控器

进风口（背面及侧面）

配管与电缆

排水管

出风口

室内机

室外机

图 2-7　挂机的整机结构

挂机控制电路的电路板一般在室内。一般用遥控器控制室内机，带有简单的功能显示装置，室内室外机之间控制由导线或电缆相连。

室内室外机制冷系统管道用两根配管相连，配管有粗细，配管两端是喇叭口形状，室内机管道和配管通过喇叭口和连接头连接，室外机管道通过喇叭口和截止阀连接。

室内机有向外排水的管道，带有换新风功能的空调器室内机还有排气管。

2．柜机整机结构

常见的分体式空调器柜机整机结构如图 2-8 所示。柜机室内机是落地安装在室内地面上的，像一个立柜，豪华大方，制冷量大，适合面积较大的房间使用。

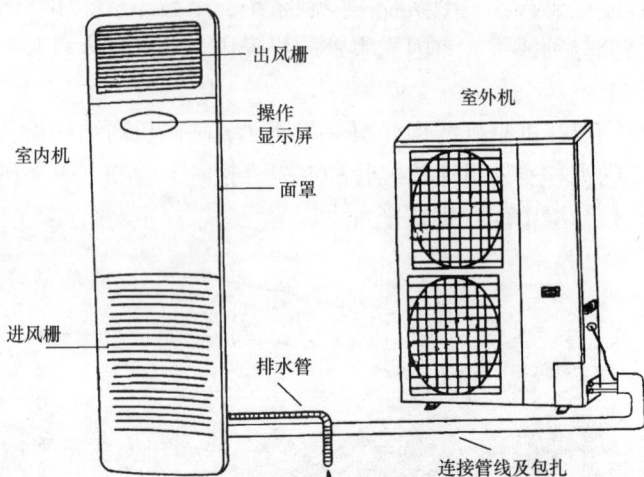

图 2-8　柜机的整机结构

三、空调器空气循环简介

空调器为了进行良好的热交换，室内、室外盘管用风机循环空气换热。

1．循环风机简介

（1）轴流风机

轴流风机多用于空调器室外机的热量交换使用，强制流过盘管的空气方向是和电机轴同一个方向的，如图 2-9 所示。为了避免吹风距离过远，通常利用风机叶片的角度不同，使吹出的风向四周散发。

（2）贯流风机

贯流风机多用于挂式空调器的室内机热量交换，强制流过盘管的空气方向是和电机轴方向垂直的，贯流风机的风扇叶片大小、均匀、对称等因素决定室内风机的噪声大小，如图 2-10 所示。

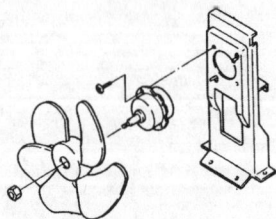

图 2-9　轴流风机

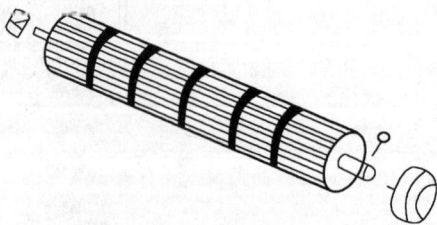

图 2-10　贯流风机

（3）离心风机

离心风机多用于窗式空调器和柜式空调器的室内机热量交换，强制流过盘管的空气方向是以电机轴为中心，形成真空区，空气离心运动形成气流的，如图 2-11 所示。

图 2-11　离心风机

2．空调器风循环系统

（1）挂壁式空调器室内机风循环系统

室内风循环从上面和正面的风栅进风，从下面排风，由贯流风机提供动力，带有排风方向调节装置，由摆风步进电机控制摆风叶片完成，进风位置带有空气过滤网和空气处理装置。挂机的整个风循环系统如图 2-12 所示，室内风循环由贯流风机完成。

（2）柜式空调器室内机风循环系统

室内风循环从正面下部进风，从正面上部出风，由离心风机提供动力，也具有风向调节装置，由扫风同步电机控制扫风叶片完成，进风位置带有空气过滤网和空气处理装置。柜机室内机风循环系统如图 2-13 所示，室内风循环由离心风机完成。

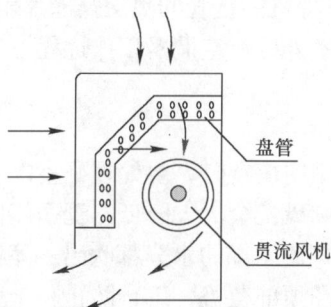

图 2-12　挂机风循环

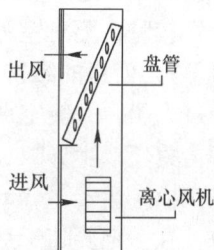

图 2-13　柜机风循环

3．空调器室外机风循环

空调器室外机风循环从后面和一边的侧面进风，从正面出风，由轴流风机提供动力，如图 2-14 所示。

四、空调器的保养与维护

1．室内机过滤网的清洗

空调器的很多故障都和室内机的空气过滤网脏有关。空调器室内机空气过滤网是过滤循环空气中悬浮杂物的，包括灰尘、布绒等，防止杂物在空气循环时，黏附在室内盘管上不好清洗，影响热交换，使空调器出现故障。

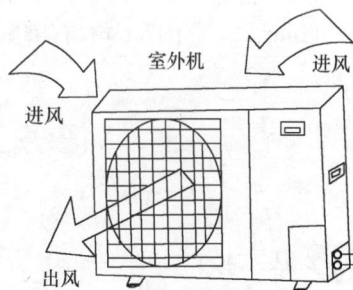

图 2-14　空调器室外机风循环

空气过滤网使用一段时间后，空气中的杂物就被吸附在过滤网的表面，阻碍空气循环，使室内机盘管热交换量减少，不仅空调器效果下降，而且会导致空调器出现保护或其他相关故障。因此，在正常使用空调器时，要根据实际的使用环境，定时对过滤网进行清洗，一般厂家推荐两周清洗一次。

当空调器面板出现水珠、出风口有滴水现象、内机风力小、内机进风声变大等，要及时清洗室内机空气过滤网。清洗过滤网时先将表面的杂物用力弹掉，然后再用清水冲洗，洗后甩掉水分，晾干即可装上使用。

2．电源使用

一般家用空调器都是用单相电，空调器挂机和小柜机本身都是配的插头供电，使用时要保证插头和插座接触良好，要保证插座良好接地。安装电源插座时，要保证各连接线和接线柱紧密连接，要使用空调器专用插座。

当发现空调器工作时插座内有打火现象，或用手感觉空调器插头温度烫手时，或空调器压缩机一启动就停机时，说明插头和插座严重接触不良，要更换新的插头、插座。

三相电源和大功率单相空调器一般推荐使用空气开关，开关要保证各触点良好导通，连线接点要保证连接紧密，无打火现象。三相电零线直接连接，保证连接紧密接触良好和绝缘，注意地线和零线不要接错。

3．使用环境

空调器的使用环境对空调器的性能影响很大，空调器使用要尽量远离油烟、水汽、浮尘、棉纱等，空调器的使用环境还必须清洁卫生，不能有老鼠等。老鼠在空调器内做窝，不仅污染环境和空气，而且会咬断空调器内的连接线。

空调器室外机在脏、乱、差的环境运转，会将室外机的盘管的热交换翅片表面弄脏堵塞，热交换循环风量减少，造成制冷系统故障。因此，室外机在空调器工作过程中也要进行保养维护，若室外机较脏，要对室外机进行清洗。

4．长时间停止使用的维护

一个季节过去了，一般空调器都要停用。在停用空调器时，要处理好室内机盘管和过滤网，否则内部会霉变产生异味，若风机叶片生霉，则风量会大大降低。夏季停机不用，要将空调器设定风扇模式运转 15min 左右，目的是将空调器内部的水分都吹出。停机不用要将过滤网清洗干净，且一定要晾干后再装上。挂机最好在顶部覆盖一下，防止灰尘落入其中，最后不要忘记断电。

到了使用空调器的季节，打开门、窗使室内通风良好，将空调器置于风机运转状态，工作 30min，将空调器内的有害物质吹出，再关闭门、窗等使用。

任务二　了解空调器制冷系统

🔧 基本技能

一、画空调器制冷系统循环管路图

画空调器制冷系统循环管路图见表 2-4。

表 2-4　　　　　　　　　　画空调器制冷系统循环管路图

技能标题	操作流程	说　　明
画制冷系统循环管路图	① 画制冷循环原理框图 ② 画挂机制冷循环管路图 ③ 画柜机制冷循环管路图	工艺口处标出制冷、制热状态下，制冷剂循环的温度、压力、物态等 标出制冷、制热的循环方向

二、熟悉空调器制冷、制热循环管路

熟悉空调器制冷、制热循环管路见表2-5。

表2-5　　　　　　　　　　　　　熟悉空调器制冷、制热循环管路

技能标题	操作流程	说　　明
走制冷、制热循环管路	① 空调器实物走制冷循环管道 ② 空调器实物走制热循环管道	拆卸空调器室外机进行操作 先根据空调器在制冷或制热时工作状态特性，分析出相关管道的温度压力物态等，再用手去感觉温度进行验证
感知空调器管道的温度	① 感知配管和两个截止阀温度 ② 感知室内机管道温度 ③ 感知室外机管道温度	

三、空调器工作参数测量

空调器工作参数测量见表2-6。

表2-6　　　　　　　　　　　　　　空调器工作参数测量

技能标题	操作流程	说　　明
压力测量	① 平衡压力测量 ② 制热状态高压压力测量 ③ 制冷状态低压压力测量	通过对空调器工作参数的测量和工作状态的观察，掌握空调器的正常工作状态是什么样子，以便能对空调器故障进行分析和判断
电流、电压测量	① 测量空调器电源电压 ② 测量空调器工作电流	
温差测量	① 测量记录环境温度 ② 测量记录空调器内机出风口的温度 ③ 计算出上述温差，判断制冷或制热的温差是否达到要求	制冷温差大于 8℃，制热温差大于15℃属于基本正常 空调器风速高风，离出风口 10cm 距离测量出风温度
观察与感知	① 看空调运行时外机气阀、液阀表面是否有凝水、解霜现象 ② 手摸空调运行时室外机气阀、液阀，感知温度高低 ③ 感觉室内机的吹风温度和风量 ④ 感觉室外机的吹风温度和风机旋转的程度 ⑤ 听压缩机运转的声音	空调器制冷状态整机管道任何地方都没有结霜现象。挂机两阀有凝水；柜机气阀有凝水，液阀没有凝水 请分析空调器两阀制热状态

🖥️👤 基本知识

一、制冷循环基本原理

1. 蒸气压缩式制冷原理

将水撒在我们的皮肤上，我们会感觉到凉，这是因为皮肤上的水要吸收皮肤的热量进行蒸发，液态水变为气态。在医院里打针的时候，护士用酒精棉球擦我们的皮肤进行消毒，我们会感到更凉，这也是因为皮肤上的酒精要吸收皮肤的热量进行蒸发，液态酒精变为气态酒精，感到更凉是因为短时间内液态酒精蒸发成气态，要吸收皮肤大量的热量。

如果在一个空间中，让水或酒精蒸发为气态，这个空间的温度因蒸发被吸收热量就会降

低。如果这个空间是一根管道，那么管道周围的温度就会低于环境温度，管道就会吸收环境的热量，具有了制冷的作用。

空调器的制冷系统管道内流动的不是水或酒精，是专用制冷剂。制冷剂的显著特点就是在人工控制的温度和压力条件下，能容易地实现气、液状态之间的转换，并且伴随着大量的热量吸收或放出，满足人们对空调器制冷、制热的需求。

空调器制冷系统压缩机吸收在蒸发器内吸热蒸发的低压低温气态制冷剂，经压缩排出高压高温气态制冷剂，到冷凝器将吸收的热量放出，实现了热量的转移，这就是蒸气压缩式制冷原理。

2．制冷系统循环构成及原理

制冷系统最基本的组成包括压缩机、冷凝器、过滤器、毛细管、蒸发器 5 个部分。将制冷系统用框图的形式表达如图 2-15 所示，称为制冷循环原理图，图 2-15 中标出了制冷剂的流动方向，以及在制冷循环过程中，各关键位置制冷剂的压力、温度、状态等的变化。

压缩机吸收蒸发器的低压低温气态制冷剂，经压缩排出高压高温气态制冷剂，由冷凝器向外界散热放出热量，液化为高压中温液态制冷剂（稍高于环境温度），经过滤器滤除杂质，由毛细管节流，降低压力，

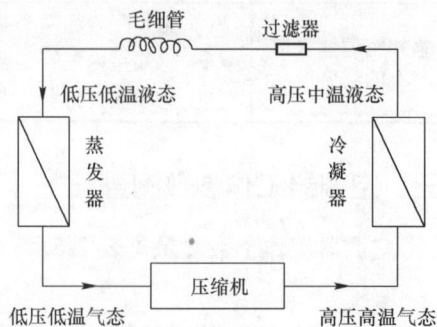

图 2-15　制冷循环原理图

控制流量，形成低压低温液态制冷剂，进入蒸发器低压低温沸腾蒸发（沸点较低），吸收蒸发器周围的大量热量，变为低压低温气态制冷剂，再被压缩机吸收压缩排出，循环工作。

这里需要说明的是，蒸发器内的制冷剂蒸发是指吸收热量沸腾，由于制冷剂的沸点在压力控制下可以人为地控制在较低的温度，所以是低温。例如，空调器的蒸发沸腾温度在制冷的时候控制在 +5℃左右。

制冷剂在蒸发器吸收热量，在冷凝器放出热量，实现热量的位置转移，空调器蒸发器和冷凝器制作成盘管状。

制冷系统循环的动力由压缩机提供。在空调器制冷管路内，制冷剂在压缩机压缩作用和毛细管的节流作用下形成压力差，具有了高、低压力，使制冷剂由高压向低压循环流动。

3．空调器用制冷剂简介

目前空调器主要使用 3 种制冷剂：R22、R407C、R410A。

R22 为氟利昂-22 的代号，是氟利昂系列制冷剂中的一种。R22 是空调器的传统制冷剂，现在仍普遍使用。

R407C 是 3 种制冷剂的混合物，R410A 是两种制冷剂的混合物，都是新型制冷剂。两种新型制冷剂由于是混合物，当混合的成分变化后，则影响空调器的正常制冷效果。因此，对空调器制冷系统的操作要求很高。

3 种制冷剂之间不能互换使用：一是冷冻油不同，二是工作压力不同，三是压缩机及节流量不同。

二、空调器制冷制热原理

1．制冷制热的换向循环

空调器制冷、制热就是制冷剂在制冷系统内循环，由制冷剂将热量从室内转移到室外，

或从室外转移到室内。

由图 2-15 可知，冷凝器若在室外，蒸发器在室内，空调器就是制冷状态；冷凝器若在室内，蒸发器在室外，空调器就是制热状态。若能让制冷剂反向循环，就可以让蒸发器和冷凝器功能转换。但空调器压缩机不能使制冷剂反方向循环，于是就利用四通阀在压缩机外进行制冷剂换向，使制冷剂在循环时，能够改变流动方向，控制空调器的制冷和制热的转换。

带有四通阀的空调器，称为热泵空调器，又称冷暖两用空调器，具有制冷、制热功能。热泵的含义是能将低温环境内的热量转移到高温环境内，而正常的自然热量传递只是从高温到低温。

热泵空调器的制冷过程和制热过程在四通阀控制换向下工作如图 2-16 所示。从图 2-16 中可以看出压缩机的排气和吸气方向是不变的，但室内、室外的管道中制冷剂的方向是相反的，制冷剂的流动方向是通过四通阀内部转换的。

图 2-16（a）所示是空调器的制冷状态，通过四通阀内部管道，可以看出压缩机排出的高温制冷剂经四通阀先在室外散热。图 2-16（b）所示是空调器的制热状态，通过四通阀内部管道，可以看出压缩机排出的高温制冷剂经四通阀是先进入室内管道。压缩机的排气和吸气方向没有变化，但制冷剂在压缩机的外部循环，制冷、制热时流动的方向明显反过来，达到一套空调器设备可以实现制冷、制热的功能。

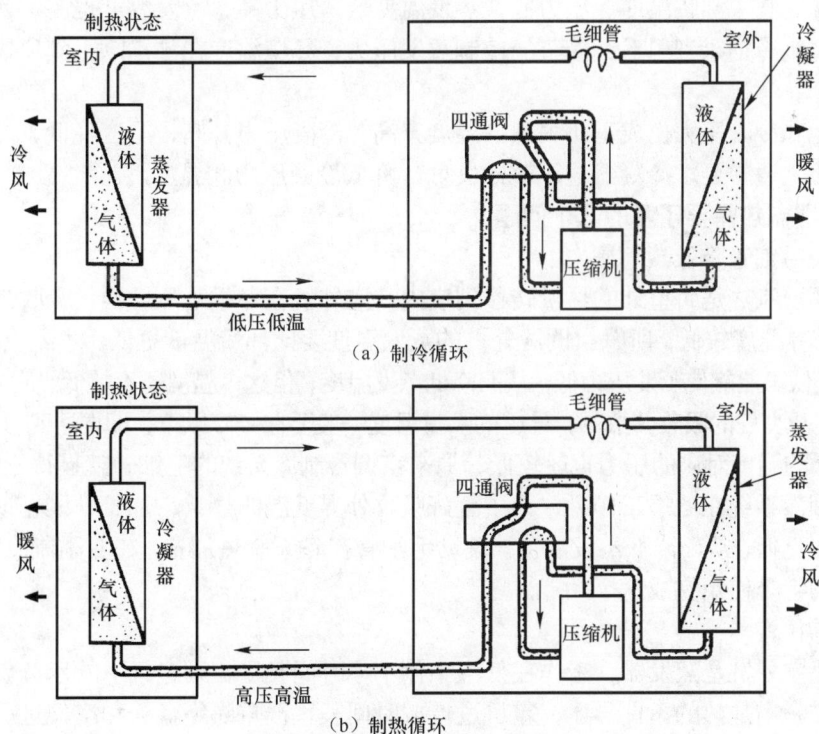

（a）制冷循环

（b）制热循环

图 2-16　四通阀控制空调器制冷制热

对于空调器来说，由于冷凝器和蒸发器不是固定的室内或室外的功能，故称之为热交换器，或叫盘管。空调器室内机的管道叫室内热交换器或室内盘管，室外机的管道叫室外热交换器或室外盘管。制冷的时候，室内盘管是蒸发器，吸收室内的热量制冷，室外盘管是冷凝器,将在室内吸收的热量放掉。制热的时候,室内盘管是冷凝器,室外盘管是蒸发器,吸收室外的热量,送入室内冷凝放热制热。

2.空调器的蒸发和冷凝

蒸发是指液态制冷剂在一定低压条件下吸收热量沸腾汽化为气态;冷凝是指气态制冷剂在一定高压条件下放出热量液化为液态。

制冷剂蒸发是指液态制冷剂沸腾汽化,不是制冷剂液体表面的汽化。制冷剂在制冷循环系统管路内蒸发,用于蒸发的管路定义为蒸发器,制冷剂蒸发要吸收周围大量的热量,所以蒸发器及周围的空气温度降低。当蒸发器在室内时,空调器就制冷。

制冷剂冷凝是指气态制冷剂液化。制冷剂在制冷循环管路内冷凝,用于冷凝的管路定义为冷凝器,气态制冷剂冷凝过程要放出大量的热量。当冷凝器在室内时,空调器就制热。

制冷剂的蒸发和冷凝伴随着蒸发器、冷凝器和外界环境热量的大量交换,和外界环境温度差有很大关系,制冷标准要求蒸发器、冷凝器和环境的温差在 $10 \sim 15℃$。例如,空调器制冷状态,冷凝器设计正常温度为 $50℃$,这就使得环境温度限定在 $40℃$ 以内,考虑到夏季实际使用环境,一般空调器的使用温度上限为 $43℃$。

对于蒸发器、冷凝器来说,其内部制冷剂的温度和压力有着重要的关系。例如,在内地烧开水沸腾温度是 $100℃$,而在高原烧开水沸腾温度要小于 $100℃$,因为内地的大气压是 1 个大气压,而高原的大气压要小于 1 个大气压,要想在高原煮熟食物,必须用压力锅,提高压力,同时就提高了沸腾温度。压力低,蒸发温度低;压力高,蒸发温度也高。实际空调器制冷系统充入制冷剂,利用毛细管节流控制蒸发压力,环境温度在沸点以上到所需的蒸发温度,完成制冷。

冷凝温度和冷凝压力也成正比关系:温度升高,冷凝压力升高;温度降低,冷凝压力随之降低。因此,通常要求冷凝器通风散热良好,降低冷凝压力和温度。

3.空调器制热需要了解的几个问题

(1)加长毛细管降低蒸发压力

由于空调器制热是将室外的热量转移到室内,室外机在冬季是蒸发器,吸收外界环境的热量。冬季外界温度较低,所以空调器外机的蒸发温度要比环境温度更低,才能吸收到热量。

冬季温度低虽然能使蒸发压力低,从而降低蒸发温度,但这个温度还不够低。假如环境温度在+5℃时,要想良好的吸收其热量,外机的蒸发温度一般要在-5℃以下,即要达到 $10 \sim 15℃$ 的温差。这么低的温度对应的压力也就较低,原来空调器制冷系统的毛细管就显得不够长了。

空调器制冷系统在冬季工作时,为了更好吸收外界低温的热量,加长一段辅助毛细管,控制蒸发压力更低,从而降低蒸发温度。辅助毛细管在冬天制热加长,在夏季制冷时不使用,通过和单向阀组合使用完成这个功能。

(2)室外化霜

冬季制热室外机是蒸发器,工作在低温条件下,时间长了,则空气中的水分就在盘管的表面结满了霜,霜是热的不良导体,霜层过厚或时间长,严重隔绝盘管和空气进行循环热量交换,降低制热效果。所以空调器在冬季制热时,要及时地对室外盘管进行化霜。

空调器化霜的方法是将制热模式转换为制冷模式,将外机盘管由蒸发器变为冷凝器,利用制冷循环冷凝放热,高温化掉外机盘管的霜,而不是采用电加热。

(3)制热卸荷

空调器制热效果和室外环境的温度有关,温度高制热效果好,温度低制热效果差。

当室外环境温度较高时，吸收的热量过多，就会引起空调器制冷系统高压过高、压缩机电流增大、内机盘管温度过高等，此时要对压缩机进行限流保护，以防压缩机过载。

限流保护的方法是停止外风机运转。这样外机在空气不强制循环的情况下，就不能吸收到很多的热量，使高压降低，达到保护的目的，这种方法叫空调器制热卸荷。

冬季空调器制热效果好的话，可以看见压缩机不停，但外风机开开停停，这是正常的制热卸荷现象。

（4）制热防冷风吹出保护

空调器制冷开机后内风机即开始运转，但在制热时，为了防止内机吹出冷风人体不舒适，只有当内机温度达到足够高时，才开始吹热风。

三、空调器制冷循环管路图

1. 挂机制冷循环管路图

热泵冷暖两用空调器挂机的制冷循环管路如图 2-17 所示。图 2-17 中箭头表示制冷剂的循环方向和路径，实线代表制冷状态，虚线代表制热状态。单冷的空调器则没有四通阀、单向阀和辅助毛细管等部件。

图 2-17 中使用两根主毛细管，但多数空调器使用一根主毛细管。逆止阀是单向阀，和逆止阀并联的是辅助毛细管。

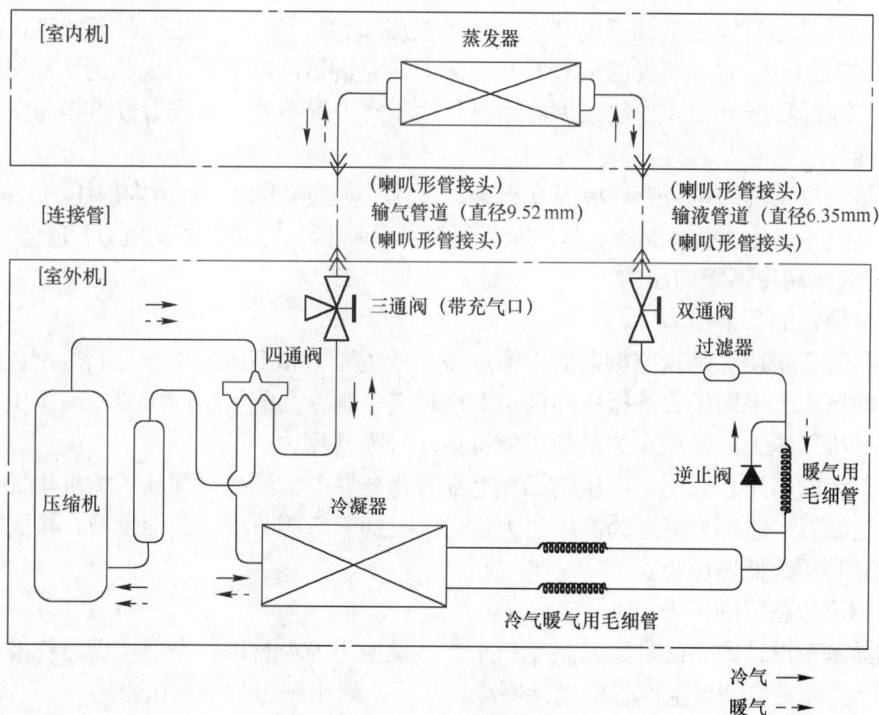

图 2-17　挂机制冷管路循环图

2. 柜机制冷循环管路图

常见热泵冷暖两用空调器柜机的制冷循环管路如图 2-18 所示。一般 2 匹以上的柜机主毛细管在室内，单向阀和辅助毛细管在室外。由于柜机制冷量大，制冷室内盘管是多路并联蒸发，所以利用分歧管进行制冷剂分流，分歧管有的是分支毛细管，有的是分支管路。

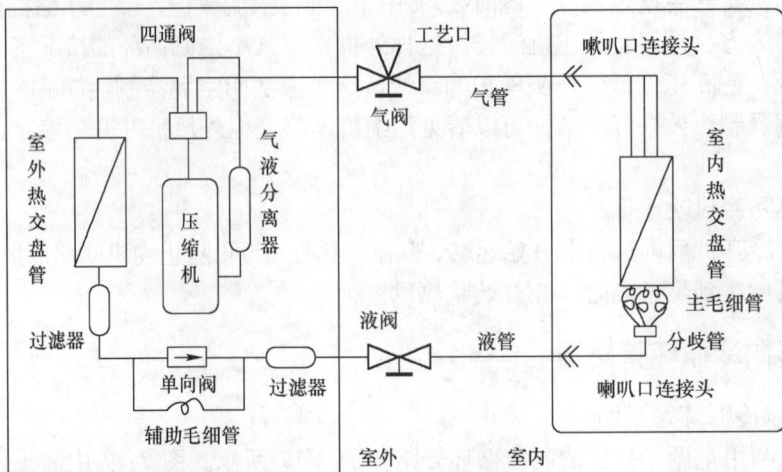

图 2-18　柜机制冷管路循环图

四、空调器制冷系统工作分析

1．空调器工况

我国空调器标准规定空调工况：室外环境温度 35℃，室内环境温度 27.5℃；蒸发压力 0.48MPa（表读数压力），蒸发温度+5℃。通常对应空调器的冷凝压力大约为 1.82MPa（表读数压力），冷凝温度+50℃。一般空调器运行时达不到工况条件，工况参数可作为空调器维修调试的基准。

空调器制冷系统的压力受环境温度影响，外界环境温度升高，管道内部压力升高。例如，夏季制冷系统平衡压力为 1MPa，冬季能降到 0.7MPa，低压压力（蒸发压力）也会变小很多。

2．空调器制冷系统的压力

（1）空调器的 3 个压力

空调器的 3 个压力是指空调器的平衡压力、低压压力和高压压力，是制冷剂在空调器制冷系统内的压力。平衡压力是指压缩机不工作时整个制冷系统管路内压力，高压压力是指压缩机运转时排气压力，低压压力是指压缩机运转时吸气压力。

制冷系统的高压和低压，以压缩机和毛细管为分界点，制冷循环从压缩机排气，到冷凝器，再到过滤器，这部分管道为高压压力；经过毛细管降压节流，到蒸发器，再到压缩机吸气，这部分管道为低压压力。

（2）制冷状态下的压力

空调器制冷设计的工况是蒸发温度+5℃，蒸发压力 0.48MPa，所以空调器标准制冷低压为 0.48MPa。通常空调器生产管路设计制冷状态下，低压压力是平衡压力的一半（表压力），所以平衡压力为 0.96MPa。

由于空调器工作环境通常满足不了工况条件，所以夏季制冷状态下 3 个压力值大约为：低压压力为 0.5MPa，高压压力为 1.8MPa，平衡压力为 1MPa。

（3）制热状态下的压力

空调器在冬季环境温度 10℃时平衡压力大约为 0.7MPa。冬季越冷制热效果越差，为了最大限度在低温下吸收外界热量，必须降低蒸发温度，利用辅助毛细管加长毛细管降低蒸发压力来实现。因此，制热状态下的低压不再是平衡压力的一半了，而是偏小一点。所以蒸发压力大约为 0.32MPa，对应蒸发温度为-6℃。

空调器制热时室内为冷凝器，冷凝温度受风速和室内温度的影响，空调器设计低于 28℃防冷风吹出保护，高于 56℃过热卸荷或保护，所以室内最佳的冷凝温度选取设计值也是 50℃，对应的压力 1.82MPa。所以空调器制热 3 个压力大约为：低压压力为 0.32MPa，高压压力为 1.8MPa，平衡压力为 0.7MPa。

从以上分析可以看出，空调器在制冷和制热时，低压压力和平衡压力随环境温度变化而变化较大，但高压压力基本不变。在实际操作过程中，以上压力值可作为参考，作为维修调试的重要依据。

以上所述的制冷剂是 R22。

3．空调器维修工艺口和压力的关系

空调器由于具有四通阀的换向，制冷剂的流动方向是可逆的，所以空调器的高压、低压在管路内的分布和制冷制热状态有关，还和空调器的毛细管在室内还是室外有关。

一般的空调器工艺口是做在空调器室外机的气阀上，无论是挂机还是柜机，无论是毛细管在室内还是在室外，工艺口是一个很特别的位置。通过对空调器制冷系统管路分析可以知道，工艺口在压缩机不工作时可以测量平衡压力，在制冷时可以测量低压压力，在制热时可以测量高压压力。

在空调器维修调试过程中，不一定对空调器的 3 个压力都进行测量。空调器制冷时，一般测量平衡压力和低压压力进行分析；空调器制热时，一般测量平衡压力和高压压力进行分析。

任务三　空调器制冷零部件的认知

基本技能

一、认知制冷系统部件

认知制冷系统部件见表 2-7。

表 2-7　　　　　　　　　　　　　认知制冷系统部件

技能标题	操作流程	说　明
认知制冷系统部件	① 画空调器制冷系统管路图，在图纸对应位置标出制冷部件名称 ② 在空调器实物上，指认制冷系统部件 ③ 在空调器实物上，走制冷制热循环路径	掌握相关部件的作用 在操作过程中，拆开外机壳，认部件走循环路径，并临场提相关问题

二、压缩机与四通阀的管路连接

压缩机与四通阀的管路连接见表 2-8。

表 2-8　　　　　　　　　　　压缩机与四通阀的管路连接

技能标题	操作流程	说　明
压缩机管	① 观察压缩机排气管和回气管连接走向 ② 空调器工作时，手感压缩机排气管和回气管的温度	掌握压缩机和四通阀的连接特点：压缩机的排气管连接到四通阀的 D 管，回气管连接到四通阀的 S 管
四通阀管路	① 观察四通阀和压缩机排气管和回气管的连接特点 ② 观察四通阀另外两根管道的连接走向 ③ 空调器工作时，手感四通阀的 4 根管道的温度	手感压缩机排气温度要注意不要烫伤，要轻摸轻触 根据压缩机 4 根管道的温度差可以基本判断是否串气
外机管路结构	① 观察室外机内两个截止阀和管道之间的连接结构 ② 观察室外机过滤器、毛细管、单向阀等连接特点和管路连接位置 ③ 观察室外机盘管结构及连接 ④ 根据观察的内容画制冷管路图	室外机盘管不是一根完整的管路，通常是多个的组合，根据组合研究制冷剂在其中的流动路径 画管路图要和实际的空调一致，而不能靠记忆画书上的管路图

三、截止阀操作

截止阀操作见表 2-9。

表 2-9　　　　　　　　　　　　截止阀操作

技能标题	操作流程	说　明
截止阀操作	① 拆卸和安装外机截止阀的两个阀芯盖帽和气阀上工艺口的盖帽 ② 观察工艺口控制特点，进行截止阀开关训练和工艺口开关训练 ③ 观察截止阀上气管和液管的连接 ④ 工艺口压力测量训练	结构不同的截止阀，其工艺口的关闭控制方法不同 操作过程要避免泄漏大量的制冷剂 相关管道不能随意用手拉拽

基本知识

一、制冷系统压缩机工作原理

1. 压缩机的吸气和排气

房间空调器的压缩机是全封闭式的，压缩机和电机一体封闭在金属壳内，吸进低压低温气态制冷剂，排出高压高温气态制冷剂，为制冷系统提供循环动力。压缩机和制冷系统连接有两个管口，分别是排气管和回气管，如图 2-19 所示，管径较细的是排气管，通常位于压缩机的顶部或侧上部，管径较粗的是吸气管，通常位于压缩机的侧下部，大部分压缩机回气管和气液分离器做成一体。

空调器压缩机主要是旋转活塞式压缩机（简称旋转式压缩机或转子式压缩机），旋转式压缩机外壳包裹的空腔是高压，低压制冷剂直接吸进压缩机系统，排出高压进入压缩机的外壳中，再从外壳的高压口排出，如图 2-20 所示。正常工作状态下，机壳温度不高于 120℃。

空调器用压缩机还有涡旋式，早期很多空调器使用往复活塞式。

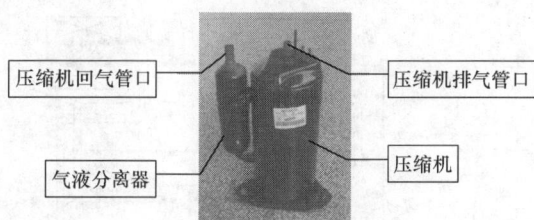

图 2-19 空调器压缩机

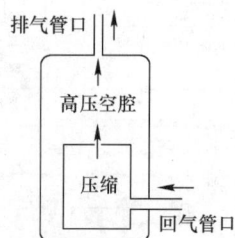

图 2-20 旋转式压缩机高压空腔示意图

2．压缩机的绝热防护及散热方式

为了降低压缩机的运转噪声、防护压缩机外壳，精确地检测压缩机的壳温，以及更好地提高冬季制热效率等，空调器压缩机的外壳包有厚厚的一圈毛毡，维修时不要随便地撤掉不用。包裹毛毡不会影响压缩机的散热，压缩机散热不是靠外壳散热的，而是靠压缩机内部流过的制冷剂带走热量的，所以制冷剂缺少或没有，影响压缩机散热，很快将导致压缩机过热保护。

二、四通阀

1．四通阀的基本结构

空调器四通阀是制冷、制热转换的控制部件，四通阀有 4 根管道（D、C、S、E）和制冷系统连接在一起，4 根管道通常在四通阀上有标记，由电磁阀（也叫导阀）控制换向。四通阀的 4 根毛细管和 4 个管道连通，电磁阀控制毛细管内制冷剂高压、低压的方向，加到四通阀换向阀芯的两端，压力差推动阀体（主阀）内阀芯运动到换向位置，使制冷剂方向发生变化，完成制冷、制热的控制转换，基本结构和使用如图 2-21 所示。

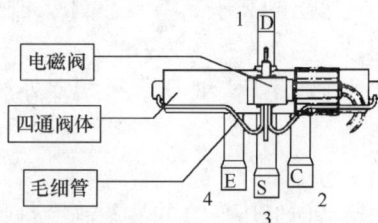

图 2-21 四通阀基本结构

通常在制冷的时候电磁阀不动作，制热的时候电磁阀动作，即四通阀的原始位置是制冷状态。四通阀换向的过程是：制冷状态下，DC 通、ES 通，制热状态下，换向为 DE 通、CS 通。四通阀管道 D、S 内制冷剂流动的方向是始终不变的，变化的是管道 E、S 内的制冷剂流动方向。

2．四通阀的换向原理

四通阀的换向过程如图 2-22 所示。图 2-22（a）所示为制冷状态，图 2-22（b）所示为制热状态。注意图 2-22 中数字⑤、⑥的位置，数字⑤、⑥对应的是四通阀换向阀芯两端的空腔，空腔的压力由电磁阀控制，将压缩机的高压和低压引到两端，使阀芯移动。

制冷时，用于换向的制冷剂流向：电磁阀不通电，制冷剂从①→②→⑤，然后推动阀芯向左，再从⑥→③→④→S；制冷系统中，制冷剂从压缩机流到 D→C→室外机→室内机→E→S→压缩机。

（a）制冷状态 （b）制热状态

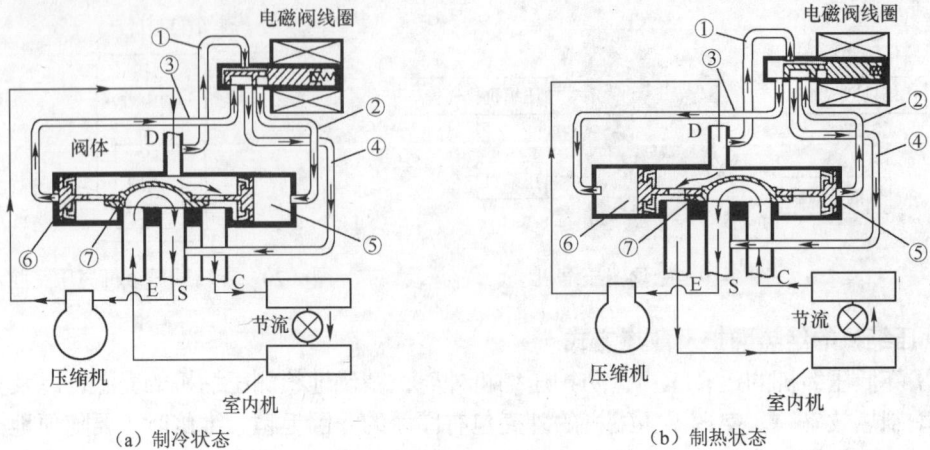

图 2-22 四通阀的换向过程

制热时，用于换向的制冷剂流向：电磁阀通电，制冷剂从①→③→⑥，然后推动阀芯向右，再从⑤→②→④→S；冷冻回路中，制冷剂从压缩机流到 D→E→室内机→室外机→C→S→压缩机。

三、冷凝器和蒸发器

冷凝器和蒸发器是盘管结构，都是热交换器，在循环风机的强制作用下，和空气进行热交换，为了快速和空气交换热量，管道的表面安装有加快换热的翅片。

1. 冷凝器

冷凝器的作用是使高压高温的气态制冷剂在环境温度条件下放热液化，变为高压中温液态制冷剂。压缩机排出的高压高温气态制冷剂进入冷凝器，向空间放出热量降温，变为高压中温液态制冷剂。

空调器的室外盘管俗称冷凝器，也叫室外热交换器，如图 2-23 所示，但在制热时外机盘管是蒸发器功能。

2. 蒸发器

蒸发器的作用是使低压低温的液态制冷剂吸热蒸发。低压液态制冷剂，在蒸发器内进行低压蒸发，大量吸热空间热量，变为低压低温气态制冷剂。

空调器的室内盘管俗称蒸发器，也叫室内热交换器，如图 2-24 所示，但在制热时内机盘管是冷凝器功能。

图 2-23 空调器外机制冷系统部件

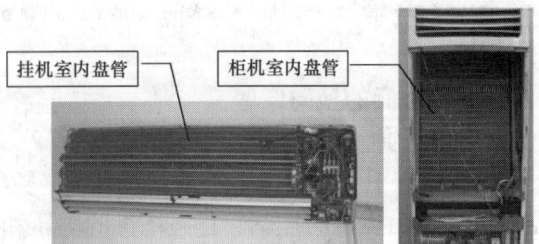

图 2-24 空调器室内盘管

四、过滤器和毛细管

1．过滤器

制冷循环过程中由于压缩机机械运转，或管道变质会产生固态杂质，若杂质过大过多，则会堵塞用于节流的毛细管所以在毛细管之前要加装过滤器。空调器过滤器的作用是滤除杂质，防止杂质堵塞毛细管，过滤器内部只有一层过滤网滤除杂质，不具备吸收水分的作用。

2．毛细管

毛细管就是管径较小的细的铜管。

毛细管对流动的液态制冷剂有较大的阻力，毛细管对制冷剂的流动有降压节流的作用。降压节流的含义就是毛细管对冷凝器流出的液态制冷剂，控制流量、降低压力，变为低压低温液态制冷剂，进入蒸发器进行低压低温蒸发吸热。控制好毛细管的长短粗细，可以使液态制冷剂在蒸发器内完全蒸发，吸收大量热量。

五、空调器制冷系统其他辅助部件

1．单向阀和辅助毛细管

(1) 单向阀和毛细管的连接形式

单向阀和辅助毛细管用于热泵空调器。单向阀也叫逆止阀，制冷在其中只能向一个方向流动，当反向流动时，制冷剂的压力自动将单向阀关闭。

单向阀通常和过滤器、毛细管做在一起，在阀体上有箭头标志，代表其制冷剂流向。常见挂机主毛细管、单向阀和辅助毛细管组件连接实物如图2-25所示。通常用减震胶泥包裹防止振动和磨损。

空调器常见单向阀和毛细管连接形式如图2-26所示。图2-26 (a) 为挂机常见连接形式，在单向阀两端焊上两个分叉管，毛细管直接焊在单向阀体上；图 2-26 (b) 为常见柜机的连接形式，用两个分叉过滤器分别焊接毛细管和单向阀，柜机的主毛细管一般在室内。

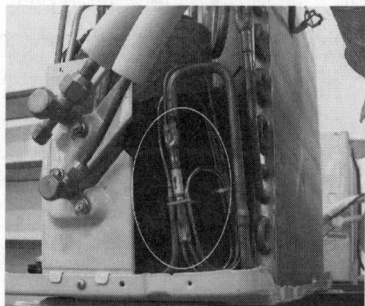

图2-25　挂机单向阀和毛细管连接实物

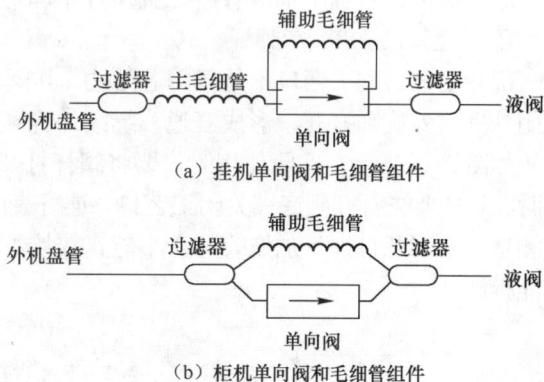

（a）挂机单向阀和毛细管组件

（b）柜机单向阀和毛细管组件

图2-26　单向阀和辅助毛细管连接形式

(2) 单向阀制冷应用

单向阀和辅助毛细管并联连接，再和空调器的主毛细管串联。制冷时制冷剂的流向和阀体标记一致，单向阀通，制冷剂不经过辅助毛细管，由制冷主毛细管节流。制热时制冷剂流向和阀体标记相反时，反向压力使内部阀自动关闭，单向阀不通，辅助毛细管通。

（3）辅助毛细管制热应用

制热循环时单向阀逆向截止，制冷剂经过辅助毛细管和制冷主毛细管节流，由于加长了毛细管，低压偏低，相应的蒸发压力也会降低，可以实现冬季室外机管道低温下蒸发吸热，进行最大限度的制热。

2．截止阀

截止阀的作用是用于外机盘管和内机的配管连接，以及控制外机盘管内制冷剂和配管之间的通断。

空调器外机的两个手动截止阀，较大的一个三通阀是气阀，较小的一个二通阀是液阀。气阀上多出的一个管口是工艺口，空调器制冷系统维修调试，要将表阀连接到空调器的工艺口上。

（1）截止阀的作用

空调器在新机安装前，利用截止阀将制冷剂封闭在外机中，这样便于空调器的运输和安装。在安装时，将内机通过配管和外机连在一起，将截止阀打开，即可使空调器的外机、内机、配管等整个制冷系统连通起来。

两个截止阀关闭，外机制冷系统管路独立；截止阀打开，外机和配管、内机连通。

在空调器收制冷剂操作中，也是通过对两个截止阀的控制，将全部制冷剂吸收到外机中，关闭两个截止阀。

（2）常见的几种截止阀控制方式

工艺口一般都在气阀上，空调器制冷时此处是低压压力，制热时此处是高压压力。空调器的工艺口、截止阀杆位置都有专用的铜密封盖帽，调试完成后要拧紧，防止漏气。

① 工艺口是气门芯控制

工艺口是气门芯控制的气阀，工艺口和气管是直通，阀芯控制外机和气管、工艺口的通断，如图2-27所示。阀芯由内六角阀杆控制，内旋到底，关闭外机，外旋则打开，形成三通，实际使用时，要将阀杆打开到底。表阀连接工艺口时，使用加液管的管头顶针，可自动顶开气门芯。从工艺口拆下加液管时，直接拧下即可，气门芯自动关闭。

② 工艺口是阀芯控制

部分空调器的工艺口不是气门芯结构，其阀杆是方形，在使用时要注意。阀芯内旋到底，关闭外机，外旋则打开，形成三通，继续外旋到底，则工艺口被关闭，空调器外机只和气管通，如图2-28所示。实际使用时，要将阀杆打开到底，关闭工艺口防止漏气。表阀连接工艺口时，阀杆要先打开到底，关闭工艺口，连好表阀后，内旋阀杆1~2圈，三通后即可实现压力测量。从工艺口拆下加液管时，不能直接拧下，一定要先将阀杆外旋到底，关闭工艺口后才能拆卸。

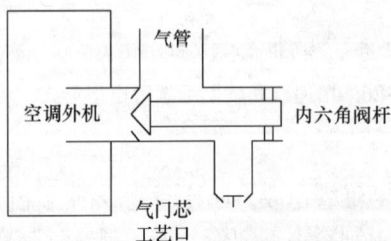

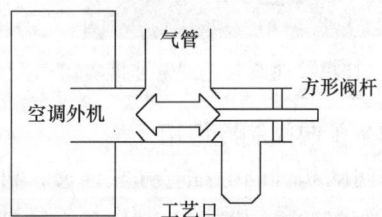

图 2-27 工艺口是气门芯控制的气阀　　　　图 2-28 工艺口是阀芯控制的气阀

3．配管

空调器内外机之间制冷系统的一粗一细两根连接管道统称为空调器的配管。空调器在制冷或制热时，配管内流动的制冷剂的物态是不变的，细管内是液态，粗管内是气态，所以两根配管也可对应称为液管和气管。

制冷量不同的空调器使用铜管的粗细规格是不同的。配管两端使用喇叭口和内机、外机相连，内机使用连接头，外机使用截止阀，因此，连接头和截止阀是和配管一样使用匹配的规格，在维修更换时要注意。

4．气液分离器

气体可以被压缩，而液体是不能被压缩的，所以压缩机吸进、排出的制冷剂都是气态的。

若有液态制冷剂进入吸气管，液体将会损坏压缩机压缩部件和引起压缩机电流增加，这种现象叫"液击"。因此，在压缩机吸气的路径上，通常安装气液分离器。气液分离器可以将回流的液态制冷剂存储再蒸发为气体，被压缩机回吸。大功率空调器的气液分离器一般是单立的，成钢罐状，小功率空调器的气液分离器和压缩机是做在一起的，如图2-29所示。

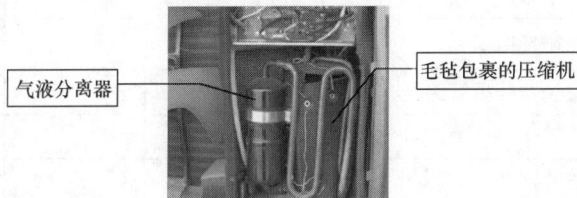

图2-29　压缩机和气液分离器

项目学习评价

一、思考练习题

（1）通过房间空调器的型号，可以知道空调器哪些信息？通过空调器的铭牌，又能知道哪些信息？请举例说明。

（2）空调器压缩机消耗电功率转变为热能和机械能，机械能循环制冷剂，将室内和室外的热量进行交换，制冷量主要与压缩机效率和热量交换的效果有关。1000W的压缩机制冷量是1000W是否正确？试加以解释。

（3）请对你所处教室的实际情况进行分析，帮助学校选择匹配的空调器型号，以作采购参考。

（4）空调器在工作时，内外机都在吹风，研究风是如何进机体及如何吹出的。

（5）简述蒸气压缩式制冷原理。

（6）空调器制热不是利用电热丝，请分析在冬季热泵空调器的制热原理。

（7）简述空调器制热和制冷在制冷系统和控制系统的不同。

（8）画制冷循环图、空调器挂机制冷循环图、空调器柜机制冷循环图。

（9）分析实际环境，说明空调器工作时，一般达不到空调器的标准工况。

（10）简述空调器制冷制热时的工作压力。

（11）空调器压缩机是靠外壳散热的，这种说法正确吗？

（12）空调器常用的制冷部件有哪些？各起什么作用？

（13）单向阀和辅助毛细管故障率较高，若辅助毛细管堵死，请分析空调器在制冷和制热时，分别会有什么故障出现。

（14）为什么在夏季看空调外机阀上有霜，就能判断出空调存在一定的故障？

（15）根据已学习过的空调器制冷系统管路图，分别分析制冷循环、制热循环，根据制冷剂的循环路径和方向、压力的变化等，判断气阀上工艺口在制冷、制热时是处于高压还是低压状态，以及两个截止阀的温度变化。

二、自我评价、小组互评及教师评价

评价项目	项目评价内容	分值	自我评价	小组评价	教师评价	得分
理论知识	① 空调器基本知识					
	② 空调器结构及工作原理					
	③ 制冷制热基本原理					
	④ 制冷部件工作原理					
实操技能	① 拆解与组装空调器					
	② 画制冷循环图					
	③ 实体空调器分析管路					
	④ 截止阀操作与压力测量					
	⑤ 认知制冷部件					
	⑥ 走制冷制热循环管路					
安全文明生产	① 制冷剂污染					
	② 设备爱护与保养					
	③ 通电安全					
	④ 拆卸空调器职业素养					
学习态度	① 出勤情况					
	② 车间纪律					
	③ 团队协作精神					

三、个人学习总结

成功之处	
不足之处	
改进方法	

项目三　空调器主要电气零部件的学与练

项目情境创设

空调器工作时可以看见风机在旋转，听见压缩机在运行，那么空调器内有哪些电气零部件呢？

本项目的内容是空调器主要电气零部件的识别与检测，通过对压缩机、风机、四通阀、电源变压器、熔断器等主要电气零部件的学习，掌握空调器它们的基本结构、工作原理和检测、维修方法，并能对零部件进行测量和更换，为空调器电路故障的分析和检修打好基础。

项目学习目标

	学　习　目　标	学　习　方　式	学　　时
技能目标	① 压缩机、过载保护器、启动电容检测 ② 空调器用风机电机、风向电机检测 ③ 空调器其他主要零部件的识别与检测	实习操作	20
知识目标	① 压缩机常识 ② 风机调速原理 ③ 电源变压器、电源保护	现场讲授	10

项目基本功

任务一　压缩机及其辅件识别与检测

基本技能

一、空调器外机主要零部件识别

空调器外机主要零部件识别见表3-1。

表 3-1　　空调器外机主要零部件识别

技能标题	操作流程	说　　明
识别空调器外机主要零部件	① 将空调器外机拆开，如图 3-1 所示 ② 识别压缩机、外风机、四通阀 压缩机外壳通常使用毛毡包裹，能够降低噪声、防结露、提高冬季制热效率等	压缩机运行散热是由循环的制冷剂完成的，不靠外壳散热，包裹毛毡不会影响散热
	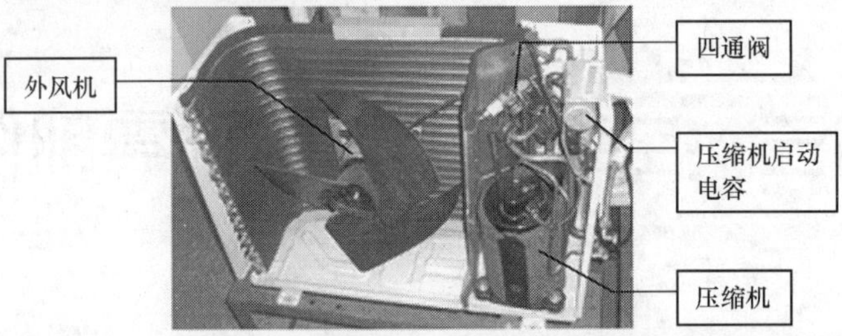 图 3-1　空调器外机及常见零部件	
启动电容	① 外风机启动电容、压缩机启动电容如图 3-2 所示，识别实物和电路符号 ② 读取电容量大小 ③ 在拆开的空调器外机内找出启动电容，读取电容参数	电容是两个端子，但在一个端子上会做出 2～4 个接线端子，作为接线柱方便电容和电路的接线。初学时要注意的，其实还是一个端子，不要误认是两个电容
	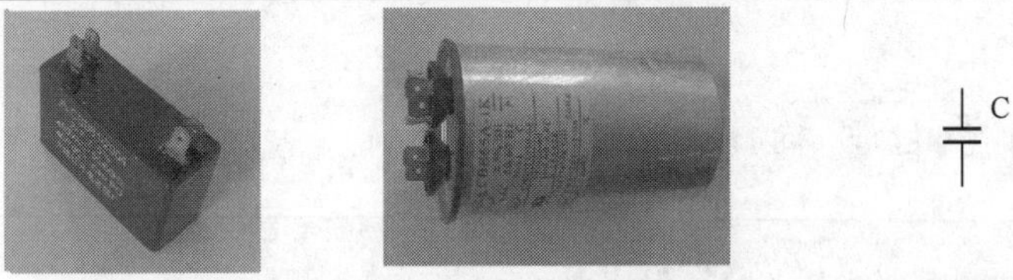 外风机启动电容　压缩机启动电容　电容电路符号 图 3-2　启动电容及电路符号	
压缩机过载保护器	① 识别压缩机过载保护器实物 ② 在空调器外机拆开压缩机顶部接线盒，观察压缩机过载保护器，如图 3-3 所示 过载保护器具有压缩机过热、过流断电保护功能。顶部没有保护器的，是内埋式装在压缩机内部	过载保护器外圈有弹簧丝，当盖上接线盒时，弹力能使保护器下面紧贴压缩机外壳，检测压缩机温度 不同功率压缩机使用不同功率的过载保护器，更换时注意选择
	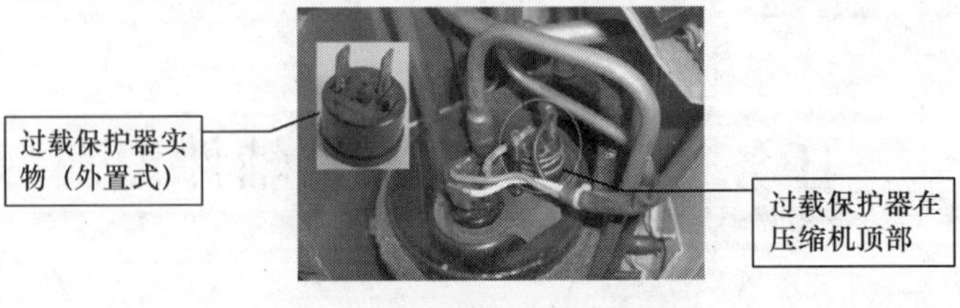 图 3-3　压缩机过载保护器	

二、空调器压缩机识别与检测

空调器压缩机识别与检测见表 3-2。

表 3-2   空调器压缩机识别与检测

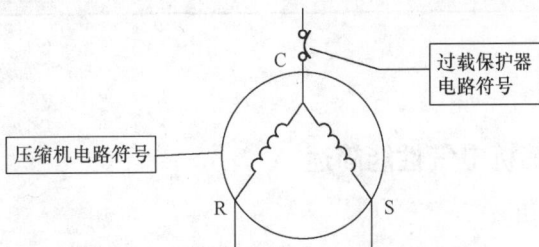

技能标题	操作流程	说　明
识别压缩机管口和端子	常见空调器压缩机如图 3-4 所示 ① 识别压缩机排气管和回气管 ② 识别压缩机电机的 3 个端子（3 个接线柱） ③ 识别气液分离器 图 3-4　空调器压缩机	① 压缩机排气管较回气管要细 ② 不论是单相还是三相电源压缩机，都是 3 根接线柱和内部交流异步电机绕组连接
单相压缩机端子 C、R、S 判断	选择数字万用表最小电阻挡，测量一只好的压缩机 3 个端子 ① 3 端测出阻值最大的两端，则空余的那个端子是公共控制端 C ② 以 C 为基准，测量另外两个端子，阻值小的端子是运行端 R，阻值大的是启动端 S	空调器压缩机电机绕组阻值很小，要熟练选择万用表电阻最小量程，以防误判短路。数字表不要使用二极管标记位置 三相压缩机电机是三相对称绕组，任何两个端子之间的阻值是相等的
压缩机电机好坏基本判断	① 一般的漏电检查：使用万用表测量压缩机任意一个接线柱和压缩机外壳的露铜处阻值，正常是无穷大，若出现一定的阻值，说明漏电损坏 ② 压缩机绕组断路：压缩机接线柱之间阻值测量，若有任意两个端子不通，说明其内部断路损坏 ③ 压缩机绕组内部短路：测量接线柱之间阻值满足 CR+CS=RS，但 CR 或 CS 阻值和正常压缩机比较明显过小，或 CR 和 CS 的阻值相差过大 ④ 压缩机绕组和绕组短路：测量接线柱之间阻值不满足 CR+CS=RS	① 漏电不明显但有漏电故障特征的要使用绝缘仪表专门测量 ② 若三相压缩机 3 个阻值不等，则说明损坏 ③ 测量已损坏的压缩机，和好的压缩机进行对比，增加对坏压缩机的绕组阻值认识 ④ 测量时注意表笔使用操作，不要将表笔碰在压缩机的端子周围金属部分，以免误判短路
实物空调器压缩机测量	实物空调器压缩机的 3 个端子通过 3 根引线接出，和压缩机控制电路相连 ① 拆开空调器外机顶壳，找出压缩机的 3 个端子引线，将 3 线插头和控制电路脱开 ② 测量 3 根线头，判断出压缩机的 C、R、S 端 ③ 拆开压缩机顶部接线盒，将过载保护器的接线任意脱开一根，再测量压缩机断路情况 图 3-5　压缩机绕组和过载保护器连接	压缩机 C 端子是通过过载保护器和引线连接的，如图 3-5 所示。测量压缩机 3 根引线，若出现断路，先检查过载保护器是否开路，再对压缩机端子进行仔细检测，不能武断是压缩机绕组开路 若压缩机过热保护，需要很长时间过载保护器才能恢复导通

三、启动电容和过载保护器检测

启动电容和过载保护器检测见表3-3。

表3-3　　　　　　　　　　启动电容和过载保护器检测

技能标题	操作流程	说　明
压缩机启动电容检测	① 电容充放电特性检测：测量电容两端，观察指针偏转最大后再回偏到最小的充放电现象。表笔来回更换端子极性进行两次以上测量观察 ② 电容开路、短路检测：测量电容两端，指针偏转到阻值低端后不回偏，是短路；指针不偏转或偏转较小，是开路 ③ 电容漏电检测：测量电容两端，指针偏转最大后回偏不到最小，具有一定的阻值，是漏电 ④ 电容容量不足检测：测量电容两端，充放电现象正常，但指针偏转不足。可对比相同容量的其他电容偏转的角度 ⑤ 电容量大小比较：选择35μF和25μF电容，测量比较指针偏转角度的大小	选择万用表"×1k"欧姆量程 ① 测量充放电特性时，表笔要贴紧端子，并且保持一定时间，直到万用表的指针不再动，让电容充分进行充放电。电容量大，指针偏转的角度就大 ② 万用表测量时，养成手和表笔的金属探头不要接触的良好习惯，既安全又保证测量的正确 ③ 没有来回调换表笔测量电容两端，易误判电容开路。不调换表笔调换电容的极性测量也可以
电容判断的其他方法	① 外观法：电容圆柱底鼓起来说明损坏，正常电容的圆柱底是一个平面，如图3-6所示 ② 充放法：电容两端接导线，将导线和220V交流电源碰一下，脱离电源后，将导线短接。若有较大的打火声音和火花，说明有容量。操作手法如图3-7所示 平面鼓起说明损坏 图3-6　电容圆柱底　　　　　　图3-7　电容充放电手法	电容圆柱底鼓起来是夏季高温最为常见的故障，说明内部电解质变质膨胀，呈现开路性或短路性，使压缩机不能启动，在启动过程中因电流过大而过流过载保护，这个故障是空调器常见故障
压缩机过载保护器检测	① 晃动过载保护器，若内部有"沙沙"声，说明内部结构破碎，可判断损坏 ② 选择万用表"×100"欧姆量程。测量过载保护器两个接线端，阻值为0，说明是好的；若指针不动，说明断路损坏	过载保护器是一个开关，两个端子之间只有通、断两个状态 测量线路的通断时，万用表不一定非要使用"×1"欧姆量程测量阻值
风机启动电容检测	风机启动电容容量较小，万用表选用"×10k"欧姆量程，指针偏转明显	测量方法和压缩机电容一致 电容体变形也说明损坏

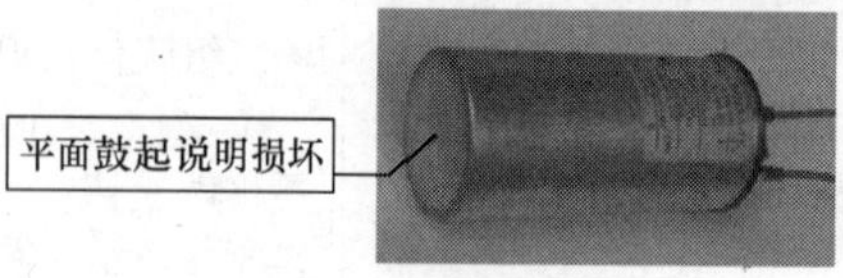

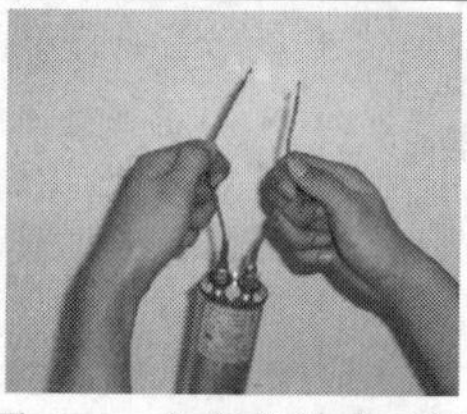

基本知识

一、空调器压缩机电气性能简述

1. 压缩机作用

压缩机内部电机拖动压缩系统产生吸气和排气，为空调器制冷系统提供循环动力。

2．压缩机的外部结构特点

房间空调器压缩机都是全封闭压缩机，内部含有压缩机和电动机。金属包裹的外壳只有两根管道和 3 个接线柱，压缩机的底座通常有 3 个固定孔，用于使用螺钉固定在外机机座上。分体式房间空调器的压缩机安装在室外机内，通常在机体的右部，需要拆开外机顶壳或右侧边壳才能看见。

全封闭压缩机金属外壳的表面涂有黑色的保护漆，既避免外壳被腐蚀，又具有一定的绝缘性，所以在检测压缩机绝缘时，要测量外壳没有漆的地方（管口边缘、3 个端子的周围等）。

压缩机 3 个接线柱呈三角形排列，位于压缩机的顶部或侧面中部。3 个接线柱和压缩机内部电机的绕组连接，和金属外壳之间是绝缘的，接线柱和金属壳之间灌装有绝缘物质，如图 3-8 所示。压缩机的端子为了保证接线良好，一般都在圆柱形接线柱上再焊上一块辅助接线片，目的是增大接线面积和固定连接插头，所以在接线时要对好端子和线头插头的方位。

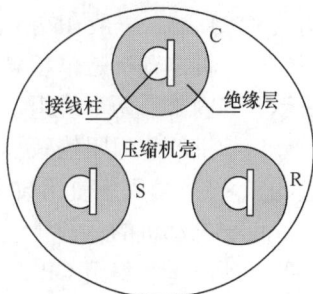

图 3-8　压缩机接线端子

实际维修过程中，发现有不少的压缩机接线端子损坏或绝缘层漏电、破裂等，多是压缩机端子和引线插头之间松动引起发热、打火等造成的，严重的情况会引起压缩机报废（端子漏电或漏制冷剂等）。

不论三相还是单相压缩机，都有 3 个接线柱。在 3 个接线柱的周围通常有保护接线端子的塑料盒盖，盖住压缩机的端子，从 3 个接线柱引出 3 根压缩机的引线，3 根引线通常使用防高温、防漏电、防磨损的护套保护。

压缩机固定时，为了减少震动和噪声，底座装有橡胶减震垫，在维修更换压缩机时要注意，不要丢失或不用。

3．压缩机的工作电源

压缩机的动力由内部的电动机旋转提供。3 匹以下功率压缩机通常是单相压缩机，使用单相交流电压 220V 电源，3 匹以上功率的压缩机通常是三相压缩机，使用三相交流电压 380V 电源。3 匹功率的压缩机有的是单相电动机，有的是三相电动机。

压缩机电源的电压使用范围是额定电压 ±10%，电压过低和过高都将引起压缩机的过载保护，电压过低还会引起压缩机启动电流过大或不能启动，在启动的几秒时间内就会引起压缩机过载保护器断开保护。

压缩机的电动机是交流异步电动机，使用交流异步电动机的电路符号，通常在符号附近标注"COMP"或"CM"表示压缩机。

4．电加热带和冷冻油

压缩机内部由于散热和润滑的需要，离不开冷冻油，所以，新的压缩机内部已灌注需要的油量。冷冻油是直接灌注在压缩机的空腔内的，常用 25 号专用冷冻油。

图 3-9　压缩机电加热带

冬季气温较低的环境下，冷冻油的活性较差，尤其是长时间没有使用的压缩机，内部压缩和运转部位摩擦阻力会很大，导致压缩机通电启动出现困难，堵转（电动机绕组通电电动机不转）大电流可能引起压缩机绕组损坏。所以，功率较大的压缩机通常在压缩机的底部装有压缩机电加热装置为冷冻油升温，称做加热带，电加热带有的装在压缩机底部里面，有的成橡胶带状捆装在压缩机底部外面，如图 3-9 所示。加热带电源为 220V 交流电。

二、压缩机电动机的电气接线端子

1．单相压缩机端子

单相压缩机的 3 个电源接线端子命名为 C、R、S，端子 C 为公共端或控制（Control）端，R 为运行（Run）端，S 为启动（Start）端，一般在端子附近都有明显的端子字母标记。

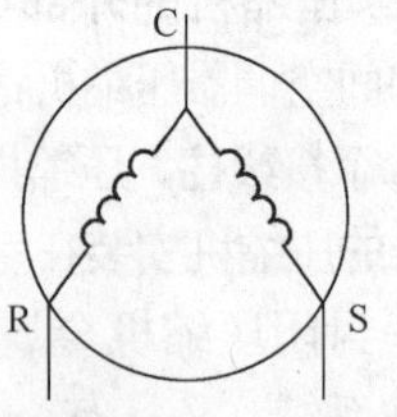

图 3-10 单相压缩机电气符号

压缩机电动机是单相异步交流电动机，电路符号如图 3-10 所示。其内部有两个绕组，分别是 CR 和 CS，CR 为运行绕组，CS 为启动绕组。

压缩机的绕组阻值较小，一般都是为几欧姆，所以使用指针万用表时要注意选择电阻测量的"×1"量程，使用数字万用表时要选择最小的电阻测量量程。

由于电动机的运行绕组 CR 用的线径比启动绕组 CS 用的线径要粗，并且两者的匝数基本相等，所以运行绕组 CR 的阻值偏小。

$$R_{CR}<R_{CS}$$

又由于电动机是两个绕组，C 为公共端，所以

$$R_{RS}= R_{CR}+R_{CS}$$

2．三相压缩机端子

三相压缩机的 3 个端子命名为 R、S、T 或 U、V、W，压缩机的 3 个端子附近有明显的端子字母标记。

三相压缩机电动机是三相异步交流电动机，内部有 3 个对称绕组，测量任意两个端子电阻值都是相等的。通过三相交流电后能自动产生旋转磁场，电动机转子随之运转，因此，三相压缩机不用启动电路。三相压缩机的功率较大，绕组阻值较小，有的甚至在 1Ω 以下，所以使用指针万用表基本无法测量，使用数字万用表时要选择最小的电阻测量量程。

三相压缩机的电气检测主要检测绕组阻值是否不对称损坏，不是测量分辨出 U、V、W 端。

三、过载保护器

压缩机的过载是指压缩机电流过大或温度过高（过热）。压缩机过载保护器是一个双金属片开关，串联在压缩机回路上，如图 3-11 所示。其内部还有一个和开关串联的电热丝，额定电流及以下，电热丝阻值很小不发热，超过额定电流，尤其是压缩机堵转时，相当于短路电流，电热丝阻值变大发出明亮的红光，加热双金属片开关使之快速断开，压缩机和电源脱离进行保护。

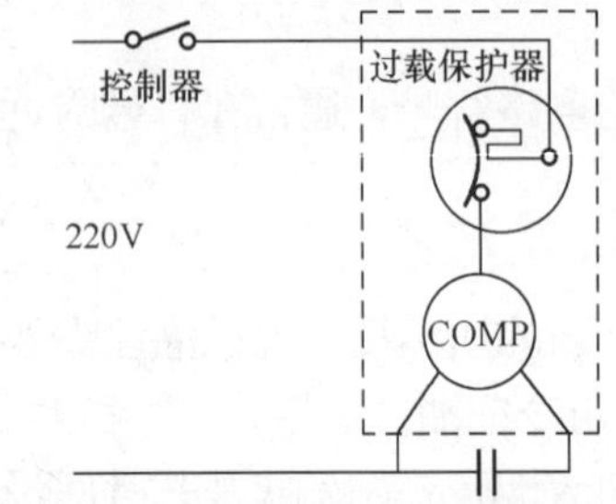

图 3-11 过载保护器和压缩机电路

保护过程：过载保护器紧贴压缩机外壳安装，直接感受压缩机的温度，检测压缩机是否过热，当外壳温度过高时，经过一定的时间延时，双金属片受热变形，开关断开；当压缩机通电由于某种原因（电压低或启动电容损坏）启动不起来的时候，压缩机的堵转电流使双金属断开；当压缩机超过额定电流运转一段时间后，压缩机本身发热和过载保护器本身发热，使双金属片受热变形，开关断开。

过载保护器只用于单相压缩机，安装在压缩机顶部的接线盒内，底部紧贴压缩机的外壳。它基本和压缩机是一体，当保护器损坏开路时，或压缩机过热保护时，若只是测量压缩机的

3 根引出线，易误判压缩机绕组开路。当在空调器外机测量压缩机 3 根引线有一端不通时，要卸下压缩机顶部接线盒，进行保护器测量。

压缩机过载保护器损坏率不高，但压缩机过载保护是维修时经常遇见的，实际维修过程要对过载的原因分析清楚。

还有很多的压缩机过载保护器制作在压缩机的内部，称为内置式过载保护器。

四、启动电容

空调器单相压缩机和风机都需要使用电容启动。

1．单相异步电动机启动运转常识

单相异步电机定子线圈有启动绕组和运行绕组，但两个绕组若直接并联在电源上，则产生的磁场是脉动的，没有旋转空间的磁场，不能使电动机启动运转。

单相异步电动机在通电启动时，由于启动绕组串联了启动电容（如图 3-12 所示），启动绕组的电流超前运行绕组电流 90°，两个绕组又由于空间旋转位置差 90°，所以在通电开始，启动绕组磁场到运行绕组磁场，电动机定子线圈产生了一个空间旋转 90° 的磁场，带动转子启动运转。启动力量和电容量的大小有关，电容越大，启动力量越大，所以功率大的电动机使用的电容也越大。但若使用不匹配的过大容量电容，则会引起启动绕组电流大而烧坏，电容量过小，又会引起启动力量不足，使压缩机启动时运转电流过大，或干脆不能启动，造成压缩机堵转，相当于电源短路，因此，更换启动电容要注意容量的选择。

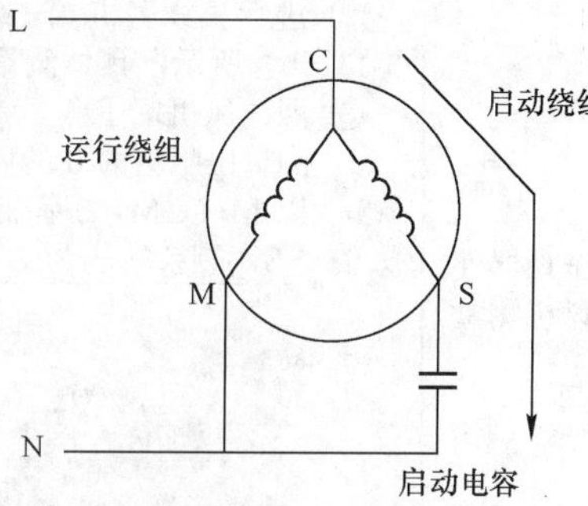

图 3-12　启动绕组串联启动电容

启动电容在电动机启动时是启动作用，在电动机运行时还起到提高交流电源效率的作用，降低电动机工作电流，提高功率因数，所以在运转过程中电容也是起很大作用的。

2．启动电容基本知识

压缩机的启动电容容量一般为 25～65μF（微法），风机启动电容容量一般为 1～4μF。在电容体的参数标签上，除了标注电容量外，还有一个重要的参数是电容的耐压，现在的电容耐压基本都是 450V。在购买及更换时要注意电容量和耐压。

电容有两个端子，有的电容每个端子做两个片状接线柱，以便于实际连接线路作分配转接电路使用，有的压缩机电容每个端子做成 4 个接线柱的。

在电源电压正常情况下，当压缩机通电后，有电流通过的"嗡嗡"声，而不能运转，过载保护器几秒后"嗒"的一声保护，要首先怀疑压缩机的启动电容损坏，进行电容检测。若容量不足但能启动，启动运转电流很大，则工作一段时间后，压缩机过流过热保护。

风机转速明显变慢，要检测电容。若外风机不转，手动旋转后能跟着转动不停，基本可以判断电容损坏。

电容体出现鼓肚、击穿痕迹等明显的外观变形，说明电容内部已变质，测量可能没有明显的特性损坏，但已影响电动机的启动和运转，要更换新品。

启动电容损坏很多，常见的故障是开路、短路和容量不足。

任务二　空调器电机类零部件识别与检测

基本技能

一、空调器风机测量

空调器风机测量见表 3-4。

表 3-4　　　　　　　　　　　　　　　　　空调器风机测量

技能标题	操作流程	说　明
空调器外风机测量	风机绕组阻值较压缩机大得多,选择万用表"×100"电阻量程 ① 识别风机实物,如图 3-13（a）所示 ② 进行三线风机端子测量分辨,电动机端子如图 3-13（b）所示,具体测量方法和压缩机一致 ③ 四线风机端子测量,如图 3-13（c）所示 a. 测量出阻值为 0 的两个 M_1、M_2 b. 以 M_1 或 M_2 为基准,测量另外两个端子,阻值大的是 S,剩余端子为 C  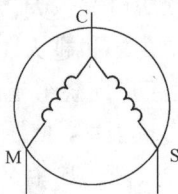 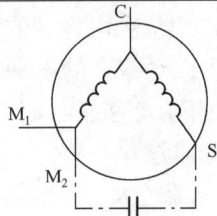 （a）　　　　　　（b）　　　　　　（c） 图 3-13　风机实物及风机端子	空调器外风机电动机是单相异步交流电动机,一般不具备调速功能。单相异步电动机的端子定义为 C、M、S,M 端是电动机的运行端,相当于压缩机的端子 R 四线单速风机的 M 有两根线,M_1、M_2 在电动机内部是接到一起的,主要是便于启动电容和运行电路的连接,如图 3-13（c）所示
抽头调速电动机测量	以三速 6 根线风机电动机为测量对象,电动机内部绕组连接如图 3-14 所示 ① 测量出阻值为 0 的两个端子是 M ② 以此两个端子中的一个为基准,测量其余 4 个端子,找出阻值最大的端子 S ③ 剩余 3 个端子 3 挡风的控制端子测量 以一个 M 端为基准,测量剩余 3 个端子,阻值最小的是高风控制端 C_1,阻值最大的是低风控制端 C_3,中间阻值是中风控制端 C_2 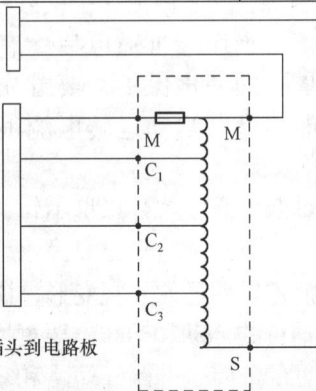 插头到电路板 图 3-14　抽头调速电动机绕组连接	三速或两速电动机多用于空调器内风机,使用电动机绕组抽头进行调速,电动机通常有专用的启动电容插头和控制线路插头,阻值最大的 M、S 两端是并接风机启动电容的 有的实用电动机只有一个 M 端子,测量时可先测出最大值,找出 M、S 端。根据 $MC_1 > SC_3$ 的阻值特点,测量出调速端子

续表

技能标题	操作流程	说　明
风机好坏检测	① 风机有电不转，断电手转电动机轴灵活，检测启动电容正常，一般要进行风机检测 ② 明显有一个端子和其他端子不通，说明内部断路损坏 ③ 断电手转电动机轴不灵活，多为轴承缺油，可加适量机油，手动来回转轴，能灵活转动即可	电动机短路较轻时，风机还能旋转，但转速慢、机壳发烫、有焦糊味等，万用表检测阻值不能明显判断出短路 电动机轴内轴封内是黄油润滑，不是机油，可以适量加点机油
空调器内外风机识别	① 在空调器挂机内识别内风机 ② 在空调器柜机内识别内风机 ③ 观察挂机、柜机风机的页片特点，再观察外机风机页片 ④ 观察风机控制连线，注意电容的连接方式	挂机内风机是贯流风机，柜机内风机是离心风机，空调器外机风机是轴流风机 观察风机时注意风机有几根引线，和电容如何连接等
PG 风机电动机测量	① 单独 PG 电动机识别：电机绕组 3 根线 1 个插头，电动机转速检测 3 根线 1 个插头，如图 3-15 所示 ② 识别粗线插头线接绕组，细线插头线接内部转速检测电路 ③ 测量电动机绕组 3 个端子 C、M、S ④ 观察过载保护器和电动机的连接 电动机绕组插头 转速检测输出插头 风机过载保护器 图 3-15　PG 风机电动机	采用可控硅调速的 PG 电动机，是单相异步交流电动机，不过还带有转速检测输出的三线插头 过载保护器使用金属片固定在机壳表面，可很好感受电动机的温度，温度过高断电
风机电容开路试验	① 空调器外机，拔掉风机的启动电容接线 ② 通电开机，压缩机运转后风机不转 ③ 手动转风页外风机，相当于人工启动 ④ 观察风机转慢但一直不停 通电启动后外风机不转停留不要太长，以防电流大烧坏电动机	本试验是电容开路的情况，可以手动启动进行判断，确定是电动机问题还是电容问题。在维修外风机不转时很实用 观察运转的时间也不要过长。电机发烫或有异味要马上断电
电容量不足风机试验	① 空调器外风机，将电容使用额定容量，另外一台空调器，外风机电容使用 1.5μF ② 通电运转，观察两个风机旋转页片的不同速度 风机转速慢一般都是电容故障，电容损害严重，则风机不能启动。要善于通过页片的运转观察风机的运转速度是否正常	风机转速慢是常见的空调器故障，并且是很隐蔽的，转得慢一般不易被发现，即使看见转动，由于没有其他风机的转速比较，或经验不足也发现不了 风机转速慢，夏季制冷导致压缩机过热保护，冬季制热效果差
风机启动电容检测	和压缩机启动电容测量方法基本一致 但由于风机启动电容量较小，使用万用表"×10k"测量充放电现象更明显	电容常见短路、断路、容量不足、外壳出现变形等损坏 电容损坏引起的现象主要是风机不转、转速慢等，会导致风机烧坏、压缩机过载保护等空调器故障

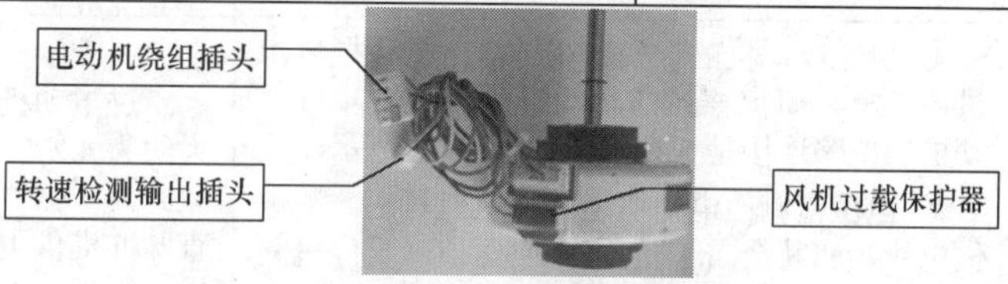

二、空调器风向控制电动机及检测

空调器风向控制电动机及检测见表 3-5。

表 3-5　　　　　　　　　　　空调器风向控制电动机及检测

技能标题	操作流程	说　明
交流同步电动机检测	① 交流同步电动机的识别：在柜机上认识扫风同步电动机，研究扫风的转动过程，观察同步电动机的电路连接是 2 根线，如图 3-16 所示，工作电源是交流 220V ② 电压检测，电动机运行过程中，测量供电线端 220V 交流电压 ③ 电动机绕组的测量：测量电动机的两线端子，若有明显开路、短路，可判断电动机绕组损坏 ④ 对同步电动机直接通 220V 交流电源，观察电动机的运转 图 3-16　空调器扫风同步电动机及电路符号	扫风就是控制内机吹风的方向 电动机电压测量，是在电路板上的插座上进行，电动机工作交流电压是交流 220V 测量电动机绕组阻值时，要停机断电，将电动机连线插头拔掉 记录正常电动机的绕组阻值大小 通过测量，若判断电动机损坏，可整体更换电动机
直流步进电动机检测	① 步进电动机的识别：在挂机上认识摆风步进电动机，研究摆风的转动过程，观察步进电动机的电路连接是 5 根线，如图 3-17 所示 ② 电压检测：电动机运行摆风过程中，测量供电线端和其余 4 端的直流电压值，再停机测量以上电压是否还有并进行比较 ③ 电动机绕组的测量：测量电动机的相绕组阻值，若有明显开路、短路或阻值不等的现象，可判断电动机绕组损坏 通过测量，若判断电动机损坏，可整体更换电动机 图 3-17　空调器摆风步进电动机及电路符号	步进电动机+12V 供电的电路，相电压大约是 4.2V。+5 V 供电的电路，相电压大约是 1.6V，若相电压不等或异常，检查脉冲提供电路，或测量电动机的绕组 相绕组是指以电源端子为基准，分别测量其他 4 个端子，阻值应该相等 电动机的相绕组阻值参考数据：+12V 供电的电路为 200～400Ω；+5 V 供电的电路为 70～100 Ω

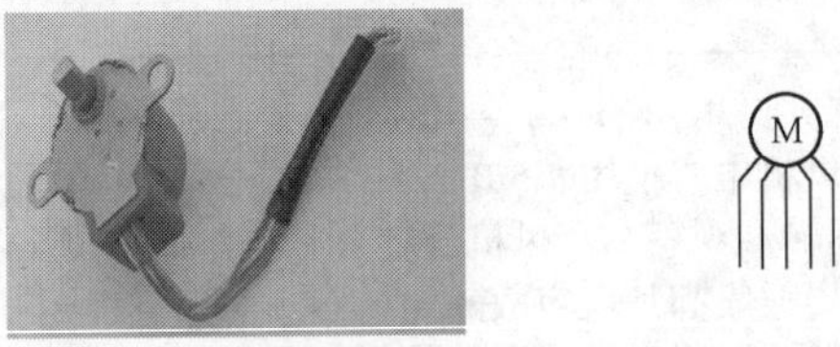

基本知识

一. 单速风机简介

空调器风机电动机一般都是单相异步电动机，使用单相 220V 交流电源，电动机带动风扇旋转，循环空气换热。

单速风机电动机的工作原理和单相压缩机的电动机工作原理一样：单速风机内部的绕组有两个，一个是运行绕组 CM，另一个是启动绕组 CS，公共端使用字母 C 表示，运行端子用字母 M（压缩机此端用字母 R 表示）来表示，启动端子用 S 表示。

常见空调器外风机一般是单速电动机，在电路图的符号附近上使用"FAN"或"OUT FAN"

表示是外风机。

单速风机有 3 根或 4 根引线，4 根引线主要是考虑到连接电容的方便，电动机内部仍然是两个绕组，只不过是 M 端引出两根线。三线及四线风机电路连接如图 3-18 所示。

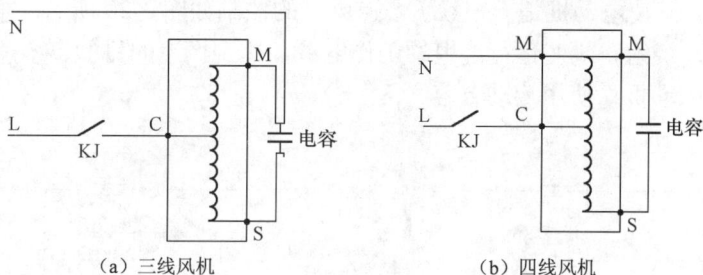

（a）三线风机　　　　　　　（b）四线风机

图 3-18　单速风机有 3 根和 4 根引线

通过电路分析可以看出，图 3-18（a）三引线电动机的连接，电容端子作为分线柱使用，每个端子有两个接线片，图 3-18（b）四线电机连接就简单得多，电动机和电容有专用的两根连线。

电容串联在启动绕组 CS 回路中，和 CM 回路并联在 220V 交流电源上。

更换电动机时，最好能购买原厂配件，否则要注意 4 个方面：一是功率大小要匹配，基本要更换功率一致或接近的；二是要注意电动机的固定底座和空调器的固定机架位置对应，以免电动机装不上去；三是电动机体积大小要和原来一致，尤其是电动机轴向长度和电动机转轴长度，以免扇叶装上后和机壳相碰或卡死；四是固定扇叶的轴连接部位和原扇叶安装固定方式要一致，否则扇叶装不上去，有的用螺栓连接，有的用螺母连接，规格尺寸也是不一致的。

更换电容时，最好也是原厂配件，电容量要一致。若自行在市场购买的电容，根据维修经验，容量可适当放大一点，比如 2.4μF 可以用 3μF 代替。

二、PG 电动机

空调器 PG 电动机是单相交流异步电动机，在电动机运转和调速时，CPU 对电动机的转速进行检测控制，以便能准确地控制电动机的转速。PG 的意思是闭环控制调速，带有转速检测反馈控制功能。

PG 电动机的转速检测是霍尔元件，在电动机内部通过 3 根线引出到电动机外。PG 电动机在挂机上应用广泛，主要是内风机，电动机共有 6 根引线，分成两个插头，分别是电动机的绕组端子和电动机转速检测端口。电动机绕组的 3 个端子仍然是 C、M、S，同样需要使用电容启动。PG 电动机接线原理如图 3-19 所示。

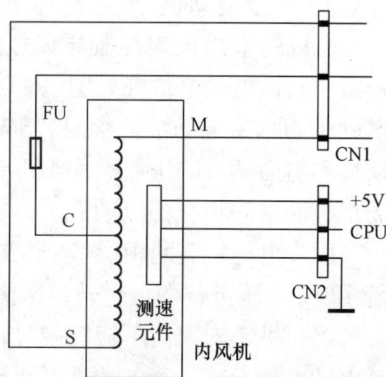

图 3-19　PG 电动机接线原理

PG 电动机的调速是对 220V 的交流电压进行可控硅移相斩波调压，控制电动机的工作电压进行调速，一般可实现 4 档风控制。

在电动机壳体上有保护电动机的过载保护器，用金属卡固定在电动机的外壳上，串联在电动机的控制端子上，电动机温度过高或电流过大时，控制电动机回路电源断开，防止事故的发生。

三、抽头调速控制多速风机

多速风机一般是两档风或三档风，采用电动机绕组抽头调速。电动机引出线较多，双速电动机是 5 根线，三速电动机是 6 根线。多速风机的控制如图 3-20 所示，通过辅助绕组连接到运行绕组或启动绕组，改变运行绕组的工作电流，达到调速的目的，多速风机的电动机也是单相异步交流电动机，使用启动电容。

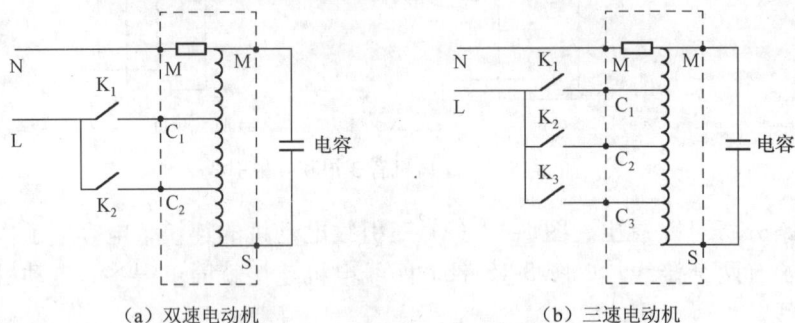

(a) 双速电动机　　　　　　　　(b) 三速电动机

图 3-20　多速风机绕组及控制

图 3-20 (a) 是双速电动机的控制电路，两速风机多用于柜机内机。两速风机的引线共有 5 根，M、S 两根接电容，M 一根接电源公共端，C_1、C_2 控制端子，端子 C_1 为高速，端子 C_2 为低速。

图 3-18 (b) 是三速电动机的控制电路，三速风机普遍应用在挂机内机和柜机内机中。电动机有 6 根引线，C_1、C_2、C_3 是三速控制抽头端子，3 个开关每次只能有一个接通工作，端子 C_1 为高速，端子 C_2 为中速，端子 C_3 为低速，M 为电源公共端，电动机的 M 端引出两根引线，电容接在 M、S 端。

挂机的内风机电容一般是焊接在电路板上，柜机的内风机电容一般采用插线外接。

四、内机风向控制电动机

1. 同步电动机

柜机的室内风向控制导风板通常使用交流同步电动机驱动，电动机位置如图 3-21 所示，技术资料称此电动机为扫风电动机，常用 "SWING" 表示。这类电动机和前面学习的压缩机、风机不同，不是异步交流电动机，而是同步交流电动机。

同步电动机有两根引线，通常连接到电路板接到交流 220V 电压上，即可运转，不需要启动电路。

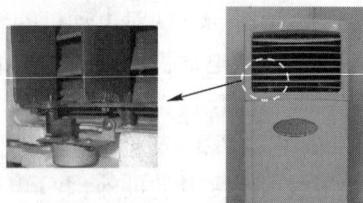

图 3-21　柜机扫风同步电动机所在位置

当柜机室内风向不能控制时，要检测扫风电动机是否损坏。检查是电动机不能旋转，还是电动机被卡住。若电动机不能旋转，可测量电动机的插座是否有 220V 交流电压，若没有电压，检查控制电路；若有电压，则要检查电动机两端是否断路，判断电动机损坏还是插座接触不良。电动机损坏，更换电动机即可。

2. 步进电动机

步进电动机主要用来控制挂机的室内摆风方向，所以也称摆风电动机，常用 "FLAP" 表示。

图 3-22　挂机摆风步进电动机所在位置

电动机位置如图 3-22 所示，电动机有 5 根引线连接到电路板的插座上，其中有一根是直流电源线，另外 4 根是相控制线，控制线由 CPU 输出四路脉冲信号控制。摆风电动机运行精度高、控制特性好，CPU 提供的脉冲电压控制步进电动机的运转，使挂机摆风叶片来回循环。

很多柜机的风向控制也是使用步进电动机的，有的空调器使用电子节流阀，也是由步进电动机驱动的。

步进电动机使用低压直流电源，通常使用+12V 或+5V。

由于计算机程序设计考虑到开关机时，摆风叶片必须到位，在关机时有短时间的过步现象，产生一定的抖动是正常的。

步进电动机不能运转，测量步进电动机各相的电压是否正常，若电压正常，则电动机损坏或转动部位被卡死；若相电压不等或异常，检查脉冲提供电路，或测量电动机的绕组。摆风电动机的检修，要先判断是摆风叶片卡住了，还是电动机不能运转了，当确定是电动机不能运转时，再对电动机进行检测。

任务三　空调器其他主要电气零部件识别与检测

基本技能

一、四通阀线圈检测

四通阀线圈检测见表 3-6。

表 3-6　　　　　　　　　　　　　　四通阀线圈检测

技能标题	操作流程	说　明
四通阀线圈检测	① 四通阀线圈阻值测量 ② 四通阀线圈的拆卸和安装	空调器通电制热，听四通阀的动作声，要在遥控开机的同时听。开完机再听四通阀已经换完方向了
四通阀通电	① 单独四通阀线圈连接交流 220V 电源，听四通阀的电磁阀动作声"咔"，比较响 ② 空调器通电，制热开机靠近外机听四通阀明显的"咔"的一声动作	四通阀更换线圈时要使线圈到位固定好，否则制热时四通阀会产生较大的电磁噪声

二、变压器和保险丝检测

变压器和保险丝检测见表 3-7。

表 3-7　　　　　　　　　　　　　　变压器和保险丝检测

技能标题	操作流程	说　明
变压器绕组测量	万用表"×10"或"×100"挡 ① 变压器初级绕组、次级绕组测量分辨 测量变压器相关引线端子，阻值为几百欧姆的是初级绕组，阻值接近 0 的是次级绕组 ② 变压器好坏检测 测量变压器引线端子，若所有绕组阻值都为 0，说明初级绕组短路 测量变压器引线端子，若有任一绕组开路，说明变压器绕组断路损坏	测量变压器初级和次级之间是不通的，说明初级和次级是隔离的 在实际维修中变压器损坏率较高，常见的故障是变压器的初级线圈开路 变压器损坏后引起空调器不能通电 连接变压器注意初级接 220V

续表

技能标题	操作流程	说　明
变压器通电检测	① 测量变压器初级、次级绕组 ② 初级绕组引线连接电源线，电源和变压器和接线头做好绝缘包扎 ③ 通电测量变压器输出电压大小 变压器正常通电使用温热状态，若发烫有味道一般说明变压器初级或次级绕组有短路，或变压器过载	实际空调上变压器初级插座若有220V 交流电压，可以测量次级输出是否有电压，次级可以在插座上测量，也可以拔出测量。次级无电压输出，基本可判断变压器损坏，再断电对线圈进行检测
实际空调器上变压器检测	① 测量空调器的电源线阻值，其阻值的大小就是变压器的初级绕组阻值 ② 空调器通电，测量变压器插座的输入输出电压 空调器变压器测量时，万用表操作要规范，防止表笔搭错电路、搭连焊点等导致交流短路事故	在插座进行电压测量时，焊点表面有的涂有绝缘层，测不出电压，不要造成误判 实际维修发现，变压器的插座接触不良的故障也较为多见，所以，电压测量时要注意多方面的问题
保险丝	① 认识单独的保险丝，测量其通路特性，测量坏的保险丝进行比较 ② 识别空调器电路板上的保险丝及座 ③ 断电测量空调器电路板上的保险丝。从电路板的正面座上和反面的焊点上进行 ④ 通电测量，保险丝正常的时候，电压为0。断电取出保险丝或更换坏的，再通电测量保险丝焊点两端电压是交流 220V	在路测量保险丝的好坏很重要，尤其是带有防爆盖的，可以不用开盖接触保险丝，在电路板焊点面测量即可 通电时测量电压注意电压为 0，说明保险丝是通的 温度保险丝是焊接在电路板上的，在实际更换的时候要注意电烙铁焊接的时间不能过长，以防止内部保险丝被高温熔断
温度保险丝	① 电路板上识别温度保险丝，读取元件表面标记的温度保护数值 ② 测量保险丝的通断	

基本知识

一、四通阀电气特性

四通阀又称电磁换向阀，工作电源是交流 220V，是控制空调器制冷、制热转换制冷剂流向的重要电气部件。一般空调器在制冷状态下，四通阀线圈处于断电复位状态，在制热状态下处于通电换向状态。

四通阀的结构可以简单分成电磁线圈和阀体两个部分，如图 3-23 所示。线圈通过螺钉连接到阀体上，可以从阀体上拆下，便于更换，阀体不能再拆，是一体化的。四通阀的线圈，测量阻值在 1.5kΩ左右，可以作为测量断路的参考。实际维修过程中，线圈有问题可以更换线圈，四通阀换向有问题时，通常更换整个四通阀。

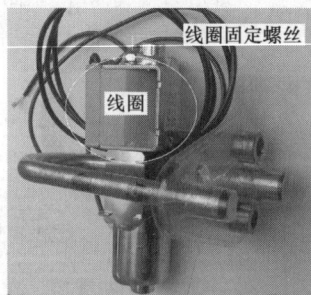

图 3-23　四通阀及电路符号

四通阀控制出现问题，通常是线圈没有得电，主要是在冬季，四通阀线圈本身也有断路故障。空调器表现出来的现象是：制热不吹风，在出风口附近可以感觉到空调器内有冷气，可以看见室内管道结霜，空调器开机一段时间保护。

线圈位置出现错位，一般是固定的时候没有到位，引起线圈和阀体的电磁振动，出现较大噪声。

二、空调器电源变压器

空调器控制是由微电脑完成的，微电脑及控制电源使用的是低压直流电，低压直流电是由 220V 交流电压经过降压、整流、滤波和稳压得到的，变压器是将 220V 交流电压进行降压的重要部件，相当于是整个低压直流电路的总电源。一般的空调器变压器是降压变压器，如图 3-24 所示。

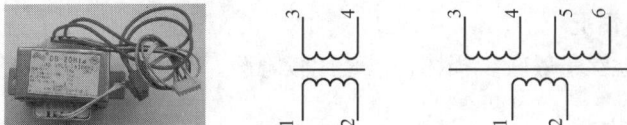

图 3-24　电源变压器及电路符号

1．变压器端子介绍

常见的变压器有 4 个线头，有的变压器是 6 个线头端子或更多，一般都是利用插头插到电路板上，也有的变压器是端子焊接在电路板上的。

变压器的符号端子 1、2 是变压器的初级线圈，端子 3、4 和端子 5、6 为变压器的次级线圈。实际使用时，220V 交流电源和初级线圈连接，次级线圈输出空调器需要的低电压。

变压器的输入是交流 220V 电压，输出是降低了的交流电压，一般有交流 30V、15V、9V等不同的电压，以供给不同的电路使用。实际测量电压时，要注意使用万用表的交流电压测量功能位置，不要用直流。

变压器的初级线圈通常有几百欧姆的电阻，变压器的次级线圈阻值基本为 0，或者很小的阻值。变压器在连接时若初级、次级颠倒，则通电时变压器爆炸。

2．变压器的应急维修技巧

通常变压器损坏维修都是更换变压器，但有的变压器可以进行维修处理的，稍微精致的变压器一般在变压器内部装有过热熔断器。过热熔断器串联在变压器初级，在接线的端子和绕组线头端子之间，位于绝缘包扎层内。

若测量初级绕组不通，很大可能是过热熔断器断了，此时可以小心划破第一层绝缘纸，再逐渐撕破其他层的绝缘纸，直至露出过热熔断器，测量过热熔断器两端若开路，将两端短接在一起即可，最好是焊接。撕绝缘纸时要注意不要撕断和过热熔断器连接的绕组线头，所以要小心操作，很多变压器都可以这样修复。

三、空调器电源电路保险丝

1．短路保险丝和温度保险丝

空调器保险丝一般是保护交流电路，串联在 220V 交流回路中，安装在控制电路板上的专用插座内，有的保险丝进行全封闭防爆，检修时要使用小起子撬开盖，才能看见玻璃体保险丝，如图 3-25 所示。由于压缩机和冬季电热工作电流很大，空调器压缩机主回路和电热回路一般不经过保险丝，空调器其他所有电路都要经过保险丝。

空调器常用的保险丝有两个，除了短路熔断保险丝外，还有一个空调器工作电流过载延时保护熔断器，通常称作温度保险丝，是焊接在电路板上的，如图 3-26 所示。当空调器电路过载，主要是风机、变压器、四通阀等电流较大，熔断器内部发热温度升高，当达到一定温度的时候，内部烧断，空调器整机断电保护。

图 3-25　保险丝及电路符号

图 3-26　温度保险丝及电路符号

2．保险丝损坏情况

空调器温度保险丝一般较少损坏，但是比较隐蔽。空调器短路保险丝较易损坏，常见的情况主要如下。

（1）偶然原因引起的保险丝断路

保险丝玻璃管透明正常，可以看见中间熔断丝断开，还有断丝的存在，一般可以直接更换新的保险丝试机。

（2）电路短路引起的保险丝保护断路

保险丝玻璃管有黑色或褐色杂质，熔断丝高温熔成很多颗粒状，一般要查找短路故障，再更换新保险丝。

（3）外界高电压或雷击等引起的保险丝保护断路

保险丝玻璃管有裂缝或爆裂、爆炸，遭受雷击或电网 220V 交流电变为 380V 等，保险丝高压大电流熔断保护。

项目学习评价

一、思考练习题

（1）说明单相和三相压缩机端子的名称及作用。

（2）简述压缩机过载保护器的保护原理。

（3）分析说明压缩机、风机启动电容损坏引起的空调器故障现象。

（3）空调器常见风机调速方法有哪几种？

（4）空调器用同步电动机和步进电动机主要用于什么功能控制，两者的工作电压分别是多少？

（5）四通阀在空调器中起什么作用？四通阀损坏会引起空调器什么故障现象？

（6）常见空调器变压器初级、次级线圈的电阻值大致有多大？220V 交流电源接哪级？

（7）空调器电路的温度保险丝主要起什么作用？

（8）简述空调器常用到的电气部件及其作用。

二、自我评价、小组互评及教师评价

评价项目	项目评价内容	分值	自我评价	小组评价	教师评价	得分
理论知识	① 压缩机电气特性					
	② 压缩机启动和保护原理					
	③ 风机电动机工作原理					
	④ 变压器有关知识					

续表

评价项目	项目评价内容	分值	自我评价	小组评价	教师评价	得分
实操技能	① 压缩机及辅件测量					
	② 电动机识别与测量					
	③ 变压器、保险丝检测					
	④ 四通阀测量					
	⑤ 同步电动机、步进电动机检测					
安全文明生产	① 通电安全					
	② 爱护保养设备					
	③ 环境卫生					
	④ 职业与专业素养					
学习态度	① 出勤情况					
	② 车间纪律					
	③ 团队协作精神					

三、个人学习总结

成功之处	
不足之处	
改进方法	

项目四　空调器控制系统的学与练

项目情境创设

空调器是在控制系统下完成制冷和制热的，控制系统的电路结构是什么样呢？

空调器的控制系统是以 CPU 为核心构成的控制板为控制主体，通过板外的控制线路，完成对制冷电气部件压缩机、风机、四通阀等的控制，达到空调器作用。项目四主要学习常见的空调器控制系统线路结构形式，以及对空调器控制系统的操控，以实际空调器线路为例学习空调器控制系统的电路结构和分析方法。

项目学习目标

	学 习 目 标	学 习 方 式	学 时
技能目标	① 熟练操作空调器面板和遥控器 ② 画制空调器电气控制原理图 ③ 继电器和交流接触器的测量 ④ 整机控制线路结构分析	实习操作	20
知识目标	① 空调器控制基本原理 ② 继电器和交流接触器工作原理 ③ 空调器电路基本结构和工作原理 ④ 常见空调器控制线路结构和工作原理	现场讲授	10

项目基本功

任务一　空调器的操作与控制

基本技能

一、遥控器操作使用

开始先单独使用遥控器进行练习，可不用配合空调器，利用遥控器的显示屏进行功能识别。当使用遥控器熟练后，利用遥控器进行控制空调器的操作。

在操作遥控器按键时，按一次后最好停止 1s 以上再进行第二次操作，不要连续快速调节。遥控器操作使用见表 4-1。

表 4-1　　　　　　　　　　　　遥控器操作使用

技能标题	操作流程	说　明
安装遥控器电池	① 取两节 7 号电池，测量每个电池电压不能小于 1.5V ② 根据遥控器电池极性标记，将电池装入遥控器的电池盒内	电池电压低于 1.3V，遥控器将不能正常工作。极性装反不工作 遥控器在装入电池后，通常显示屏满屏显示几秒钟后自动熄灭，属于正常现象
开机关机	① 按压一下遥控器"开/停"键，遥控器显示屏出现显示符号，是开机状态 ② 再按压一下遥控器"开/停"键，遥控器显示屏熄灭，是关机状态	遥控器的开机和关机使用同一个"开/停"按键，在遥控器上具有明显颜色标记或字符标记
设定工作模式	① 调节模式设定按键，观察显示屏上符号的变化，进行模式的转换 ② 记住自动、制冷、制热、抽湿、风扇 5 个工作模式的符号	遥控器的工作模式设定使用一个"模式"按键操作，按一下变化一种工作模式，可以循环调节
设定温度	① 调节温度设定按键，观察温度数字的大小变化 ② 记住能设定的最高温度和最低温度数字	遥控器上有温度"+"、"−"两个按键，用于设定温度的高低。一般遥控器设定的温度范围是 16～30℃
设定风速	按压风速调节按键，观察风速调节时显示屏上符号的变化	遥控器的风速设定使用一个按键操作，按一下变化一档风，可以循环调节。空调器一般具有自动、高、中、低 4 个调节风速

二、空调器按键操作使用

空调器按键操作使用见表 4-2。

表 4-2　　　　　　　　　　　　空调器按键操作使用

技能标题	操作流程	说　明
空调器通电	空调器插上电源插头或合上电源开关	空调器指示灯有电源显示，同时空调器伴随一声蜂鸣
挂机自动运行	① 在挂机的右侧电气盒附近，找到调试按键，如图 4-1 所示 ② 按一下调试按键，进入自动工作模式 ③ 再按一下调试按键，空调器关机	空调器的自动状态一般是夏季自动制冷，冬季自动制热 空调器的强制运行主要用于冬季对空调器进行制冷剂调试，因为空调器在冬季由于环境温度过冷而不会受温度控制进入制冷状态。而空调器一般需要在制冷状态下，才能充注制冷剂
挂机强制运行	① 空调器通电 ② 按住调试按键不松开，当蜂鸣连续响两下，空调器进入强制制冷状态，松开按键即可 ③ 再按一下调试按键，空调器关机	

图 4-1　挂机的电气盒位置

续表

技能标题	操作流程	说　明
柜机按键操作	柜机按键操作和遥控器操作基本一致	柜机面板按键较多，挂机只有调试按键

三、遥控操作控制空调器

遥控操作控制空调器见表4-3。

表4-3　　　　　　　　　　　　　　遥控操作控制空调器

技能标题	操作流程	说　明
空调器通电	空调器插上电源插头或合上电源开关	通电试机是检修空调器的最有效操作之一
空调器开关	遥控器对准空调器接收窗口 ① 开机操作 ② 几秒以后，关机操作	空调器每接收到一次遥控信号，伴随着一声蜂鸣 若不想要的信号可以用手挡住遥控器的前面发射窗
制冷设定	开机调试设定：制冷、20℃、中风	根据季节灵活设定温度，使空调器能够运转起来
制热设定	开机调试设定：制热、28℃、中风	
空调器断电	① 遥控关机 ② 切断空调器电源	在空调器运行时若要断电，须先关机，才能切断电源

四、熟悉空调器工作状态

熟悉空调器工作状态见表4-4。

表4-4　　　　　　　　　　　　　　熟悉空调器工作状态

技能标题	操作流程	说　明
3min延时启动观察	① 空调器上电 ② 遥控开机后，再关机，不断电 ③ 马上再遥控开机，3min后空调器运行	注意3min延时有两种情况。实际检修试机时通过断电再开机可以使空调器快速运行，节省时间
制冷状态观察	① 通电开机制冷 ② 观察内风机开机就运转 ③ 外机没工作，延时后压缩机、外风机运转	调试时，可根据实际的环境温度，选择制冷或制热模式 制热状态内风机具有防冷风吹出保护功能，当内机管道温度达到28～30℃才会运转吹风
制热状态观察	① 通电开机制热 ② 听外机四通阀发出换向声 ③ 延时后压缩机、外风机运转 ④ 内风机在压缩机运转后延时运转	制热状态四通阀在遥控开机的同时得电换向

🖥 基本知识

一、空调器的操作控制原理

1. 空调器的遥控简介

空调器遥控使用红外线发送和接收技术。遥控器发射经过调制的红外线，由空调器的红外线接收器件接收，传送给 CPU，完成控制指令输入。红外线传送距离可达到 10m 以上，并且具备一定的空间传送范围，但遥控器和接收器件之间是直线传播，中间不能有阻隔物，不过可以反射接收。

遥控器的电源是两节 7 号干电池，遥控不能工作要首先检查电池是否无电或极性是否装反。空调器的遥控接收位置一般有一块深蓝色或紫色的塑料窗口，遥控操作时要将遥控器对准窗口。

遥控器一般都带有单色液晶显示，可以显示空调器的所有控制功能，里面有文字、数字、字母、图形及符号等显示标记，用户操作方便。遥控器还有经济型的不带液晶显示，只有相关的功能按钮。图 4-2 所示为空调器的遥控器。

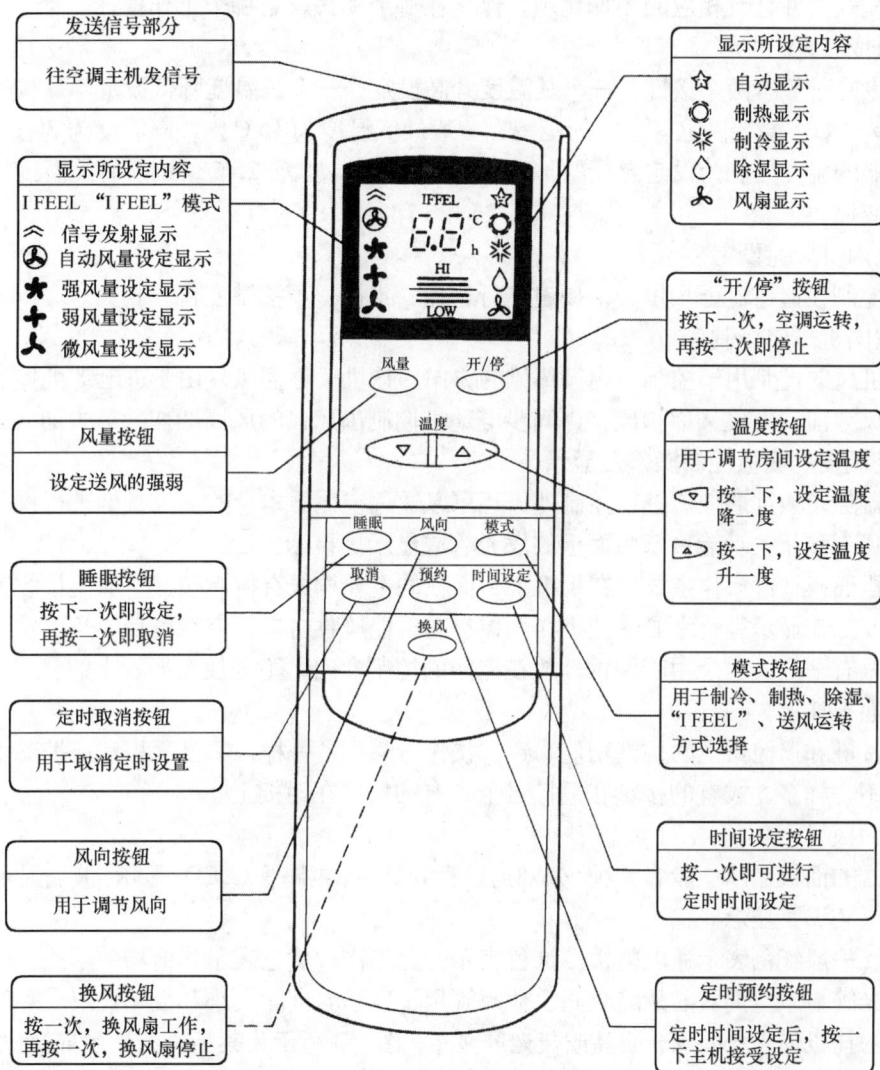

图 4-2 空调器遥控器

（1）遥控器按钮介绍

遥控器的主要按键有电源开关、模式、温度升高设定、温度降低设定、室内机风速设定、室内机风向控制等。

（2）遥控控制基本操作

① 电源开关

电源开关又称运行/停止，作为空调器开关控制。按一下此键开机进入功能选择状态，再按一下就是关机。

空调器开机具有3min延时保护功能。

② 模式选择

模式用于选择空调器的工作状态。一般空调器的工作模式有5种，分别为自动、制冷、制热、除湿和风扇。在遥控器上只用一个模式按键进行选择，以上5种模式每按一下按键就变化一个模式，并且有相应的图标显示，停止在哪个模式就是哪个工作模式。

③ 温度设定

温度设定一般有两个按键。一个是温度升高设定，一个是温度降低设定，每按一下按键温度变化为1℃。温度设定有一定的范围，一般最低温度为16℃，最高温度为30℃。

空调器的温度控制为设定温度的±1℃，例如设定温度为25℃，则房间的温度能保持在24～26℃变化。

④ 室内机风速设定

风机控制在遥控器上只用一个按键进行选择，每按一下按键变化一挡风。

⑤ 室内机风向控制

室内机风向控制用于控制室内循环风的方向。挂机又称摆风，由步进电动机控制摆风叶片改变吹风方向。柜机又称扫风，由同步电动机控制出风口的风栅改变吹风方向。

2. 空调器的面板控制操作及显示

空调器除了通过遥控器进行控制外，还可以通过空调器本身的面板按键进行操作。空调器的工作状态和相关功能可以由面板的发光管或显示屏显示。

空调器面板按键操作主要用在柜机上，面板的主要构成有控制按键、遥控接收窗口、空调器功能及工作显示等。一般的挂机在面板也有遥控接收窗口、空调器功能及工作显示等，但控制键只有一个或两个用于调试，放在专门的控制盒内，不是放在面板上的。

（1）面板按键

面板按键和遥控器上的按键功能一致，操作方法也是一样，只是面板和遥控器上的按键个数可能不一样多，或有的按键在遥控器上，有的按键在面板上。

（2）面板显示

空调器的面板显示一般有4种，分别为发光管显示、数码管（LED）显示、液晶显示（LCD）和荧光屏（VFD）显示。

发光管一般红色表示通电待机，绿色表示开始工作，黄色表示其他相关功能，同时还可以通过发光管显示空调器的故障代码。数码管用于显示温度的大小和故障代码，一般柜机和较为高档的挂机使用数码管、液晶或荧光屏显示。图4-3所示为某柜机的显示屏及操作面板。

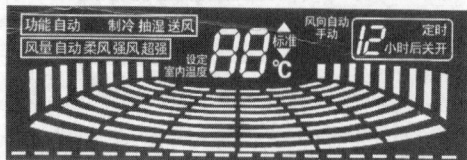

显示器（VFD）

操作开关

图4-3　柜机面板显示及面板按键

二、空调器的通电和启动

1. 空调器通电和操作提醒

空调器在通电和操作时，都对使用者有一定的提醒。常见的提醒方式是显示和蜂鸣声。通常挂机都使用发光管作为电源指示灯，电源指示灯亮，说明空调器电源电路基本正常；插电的过程中，同时伴随着一长声或连续两短声"嘀"，说明电源已经加到电脑板了。若是具有显示屏幕的柜机，则显示屏点亮，说明空调器已经通电，一般也都伴有蜂鸣声。

在进行空调器功能操作过程中，例如遥控或按空调器的按键等，空调器一般都发出蜂鸣声，具有显示屏幕的柜机，则显示的功能文字或符号等，会跟着操作进行相应的变化，这一切可以初步说明电脑板已经接收到操作的信号。

2. 空调器压缩机 3min 延时启动

空调器的 3min 保护是指空调器在通电后，要经过 3min 延时，压缩机才能运转。3min 延时保护是由 CPU 自动控制的。

3min 延时的目的是压缩机在启动时，保证排气端和回气端压力平衡，相当于压缩机是空载或轻载启动，这样可以使压缩机启动电流最小，压缩机能正常启动运转。若压缩机刚停机就马上启动，此时压缩机的排气端和回气端还有一定的高低压力差，压缩机则启动电流很大，或压缩机根本不能启动运转形成很大的堵转电流。

3min 延时通常有两种情况，在调试空调器时要注意：一种情况是空调器通电进入工作状态，压缩机要 3min 后才会运转，压缩机停机后，再运转也须在 3min 后；另一种情况是空调器通电进入工作状态，压缩机马上运转，但中间若压缩机停机，再运转须在 3min 后。

三、空调器的工作模式与控制

常见的空调器模式主要有制冷模式、制热模式、自动工作模式、除湿模式和风扇模式。空调器在工作过程中，不断地对自身的工作状态进行检测和控制，若出现故障则进行停机保护，显示故障代码。

1. 制冷模式

（1）运转状态简述

制冷模式下，一般空调器的工作过程是：内风机先运转，出风口有风吹出，这个时候内机还没有制冷效果；3min 后，可以看到外机压缩机和外风机同时运转，内机产生制冷效果，吹出冷风。室内温度达到设定的温度后，外机压缩机和外风机同时停止运转，内机没有制冷效果，但内风机并不停止，而是继续运转。

若空调器操作停机，则内风机、外风机、压缩机等停止运转。有些品牌空调器，在制冷操作停机时，由于考虑到内机水分较多会结霉，一般会让内风机继续运转一定时间，风干内机的水分后，才停机。

（2）制冷保护简述

① 制冷效果检测与保护

内机管道温度在压缩机工作 3～15min 内，若不能降低到 CPU 设定的温度，则 CPU 判定空调器制冷效果差，停止压缩机运行，防止压缩机过热损坏。由于制冷效果差或不制冷，通常由制冷剂不足引起的，所以这个过程也叫做缺氟保护。

② 制冷过冷检测与保护

空调器内机管道温度若长时间低于 2℃，则会在管道表面结满大量的霜，严重影响盘管和空气之间的热量交换，降低制冷效果或引起其他故障现象，所以此时 CPU 判定内机管道温度过冷，停止压缩机的运行。

以上两个保护都是由空调器内机管道温度传感器进行检测的。

2．制热模式

（1）运转状态简述

制热模式下，一般空调器的工作过程是：通电开机，室外四通阀先工作换向，可以在靠近外机的位置听到明显的"咔"电磁阀动作声，3min 后，外机压缩机和外风机同时工作，等一段时间后，内风机才开始运转吹暖风。室内温度达到设定的温度后，外机压缩机和外风机同时停止运转，等一段时间后，内风机才停止运转，这一点和制冷模式下不同。四通阀保持换向不变。

（2）制热保护简述

① 制热防冷风吹出保护

制热模式下，开机后内风机不转，当室内盘管温度达到 28～30℃时，才吹风，防止制热时吹出令人不适的凉风。当房间温度很低的时候，会引起内机间歇吹热风，这不是故障。压缩机停机后，内风机是否运转还是由内机盘管温度来确定，所以即使关机后，若盘管温度还较高的话，内风机仍然运转，直至管温降到 28℃以下才停止。

② 制热卸荷

在进行制热过程中，若室外温度相对较高，室内制热效果很好，则对外吸收的热量不用太多，此时室外压缩机正常运转，但外风机可能会断续运转，降低热量的吸收，这是制热卸荷保护，是正常的现象。

③ 制热效果检测与保护

内机管道温度在压缩机工作 3～15min 内，若不能升高到 CPU 设定的温度，则 CPU 判定空调器制热效果差，停止压缩机运行，防止压缩机过热损坏。

④ 制热过热检测与保护

空调器内机管道温度若长时间高于 56℃，则会引起压缩机过热损坏，CPU 先进行制热卸荷，若温度不能降低，甚至升高到 60℃，此时 CPU 判定内机管道温度过热，停止压缩机的运行。

以上 4 个保护都是由空调器内机管道温度传感器进行检测的。

⑤ 制热化霜

空调器在制热模式下，外机管道是吸收热量的蒸发器，由于温度较低且室外有一定的水分，所以外机管道工作一段时间后会结霜，若室外机结霜厉害，则严重影响外机管道吸收外界的热量，CPU 控制进入自动化霜过程。空调器制热化霜是采用四通阀换向，将外机的低温蒸发器转换为高温冷凝器，使用制热过程中的余热，化掉外机管道上的霜。

开始化霜检测：通常空调器首次通电 50min 以后，才决定是否开始化霜。外机管道温度低于-9℃，一般开始化霜。

化霜过程：压缩机停机；四通阀断电，内外风机停机；压缩机运转，内风机出风口关闭，开始化霜。

化霜结束检测：外机管道温度大于 13℃，或化霜时间超过 10min，结束化霜。

结束化霜：压缩机停转；四通阀得电；压缩机外风机运行，进入正常制热过程。

空调器的化霜检测一般由外机管道温度传感器进行检测控制，没有外机管道温度传感器的空调器多采用定时化霜或内机两个温度传感器控制化霜。

3．自动工作模式

自动工作模式是指由空调器根据室内环境温度，自动决定是制冷还是制热。

室内温度一般以 22～23℃为参考点，在自动工作模式下，低于这个温度范围空调器自动进入制热模式，高于这个温度范围空调器自动进入制冷模式。

利用自动工作模式可以进行室内环境温度传感器的故障判断，当温度较低的时候，让空调器进入自动工作模式，检测空调器是制冷还是制热，若制热，说明室内环境温度传感器基本正常；若是制冷，则可以判断室内环境温度传感器有故障。同理在环境温度较高的时候，应该自动制冷。

四、空调器重要电气部件工作状态

空调器的重要电气部件，主要是压缩机、内风机、四通阀和外风机的工作状态，熟悉各个部件的正确工作状态，用于比较空调器的运转是否正常，帮助观察空调器故障现象，判断空调器故障原因。

（1）压缩机运转

制冷、制热、自动工作状态，压缩机运转受温度控制。除湿或抽湿工作状态，压缩机间歇工作。

制冷、制热工作状态下，控制环境温差在"设定温度 ±1℃"，CPU 控制压缩机，在设定温度的高 1℃和低 1℃两个顶点，压缩机停机和运转。制冷、制热最大的设定温度范围一般在 16～30℃，在低于 16℃的环境中压缩机不能进入制冷运转，在高于 30℃的环境中压缩机不能进入制热运转。

（2）内风机运转

制冷模式下，开机后内风机就运转不停，即使压缩机停机，风机也不停。在压缩机不运转时，风机一般自动保持最低风速，压缩机运转后，为设定风速。制冷模式下，关机后风机停止。

制热模式下，具有防冷风吹出功能；制热过程中，能根据内机管道的高温自动进入高风状态；化霜时不运转。

（3）四通阀工作状态

一般的空调器都是在制热的时候四通阀得电换向，制冷的时候四通阀不得电。四通阀是即时动作的，通电开机进入制热，就可以听见室外机内四通阀"咔"的动作声。

四通阀在制热过程中，在室外盘管化霜时，要失电进入制冷状态，使室外盘管成为冷凝器化掉霜层。

（4）外风机运转

制冷、制热开始，外风机和压缩机同时运转。正常温度控制停机时，外风机和压缩机同时停机。

制热状态下，当室外温度较高，压缩机制热卸荷时，压缩机运转，外风机停止，卸荷结束，外风机和压缩机同时运转。制热化霜时，压缩机运转，外风机不转。

任务二　空调器控制系统的认知

⚙️ 基本技能

一、继电器和接触器识别与检测

继电器和接触器识别与检测见表4-5。

表 4-5　　　　　　　　　　　　　继电器和接触器识别与检测

技能标题	操作流程	说　　明
识别继电器和接触器	① 识别继电器和功率继电器 ② 识别接触器和热过载继电器	使用没有装在空调器电路上的单独继电器和接触器个体进行
线圈测量	① 分辨端子，测量线圈的阻值 ② 分辨线圈的工作电压	功率继电器使用特点：插线连接的开关，同时通过内部连接线路焊接到电路板的对应端子上
开关测量	① 测量继电器的常开、常闭开关 ② 熟悉功率继电器的开关连接特点 ③ 熟悉交流接触器的触点控制及连线特点	继电器通常焊接在电路板上使用，接触器是装在外机机架上
线圈通电试验	① 继电器和功率继电器的线圈，连接+12V电源和断开，听开关吸合和断开的"嗒"声。利用万用表测量开关的通断，测量线圈的电压 ② 交流接触器线圈连接交流 220V 电源和断开，听开关触点的吸合和断开声，测量开关的通断，测量线圈的电压	试验中开关控制电路不要接入电源 交流接触器线圈接电与测量注意安全用电操作 通过学会听继电器或接触器吸合的声音，有助于诊断空调器故障

二、空调器控制电路识别与检测

空调器控制电路识别与检测见表4-6。

表 4-6　　　　　　　　　　　　　空调器控制电路识别与检测

技能标题	操作流程	说　　明
电路板及外围线路	① 判断空调器电路板所在位置，进行拆卸 ② 识别电脑板、电源板、操作遥控显示板等 ③ 在空调器电路板上，识别 CPU 电路、电源电路、驱动控制电路等 ④ 理清电路板外接线路	空调器的控制电路板是主体，控制电路板以 CPU 为核心 通过线路结构找到变压器的进、出线连接的插头位置，驱动电路找到集成电路
功率继电器电路	① 在电路板上识别功率继电器 ② 测量功率继电器的端子电路特点 ③ 理出功率继电器上两个插线的走向	观察继电器线路结构，找出线圈电路和开关控制电路 测量继电器时，可以断电检测线圈阻值，通电测量线圈电压，同时听继电器通电的吸合声
继电器电路	① 在电路板上识别继电器 ② 测量继电器的端子电路	
交流接触器电路	① 在带有交流接触器的空调器外机内，识别交流接触器、三相热过载继电器 ② 观察接触器的线圈连接电路和开关控制的电路走向与结构 ③ 空调器开机，观察接触器启动现象，检测线圈电压和接触器触点前后控制电压	三相交流接触器通常和热过载继电器组装在一起 空调器三相交流接触器线圈电压通常是交流 220V 通电检测注意安全用电和安全操作

三、画制空调器电气控制图

画制空调器电气控制图见表 4-7。

表 4-7　　　　　　　　　　　　画制空调器电气控制图

技能标题	操作流程	说　明
外机控制电路原理图	① 继电器在室内的控制电路原理图 ② 继电器在室外的控制电路原理图	画外机控制电路时，画出内外机之间的连线
内机板间电路的连接	① 主控制板和显示板之间线路 ② 电源板和电脑板之间线路	标记出电源端子、信号端子或线路走向
内外机连接线路	① 常见内外机之间控制线路的结构形式 ② 整机控制线路原理图（电气控制原理图） a. 交流电源回路，含所有使用交流电源的电路 b. 继电器或接触器开关控制电路	画出内外机之间有几根线，标出分别是什么功能 整机电路以强电线路为主画出，清楚分出内机外机的界限

四、空调器控制线路组装与调试

空调器控制线路组装与调试见表 4-8。

表 4-8　　　　　　　　　　　　空调器控制线路组装与调试

技能标题	操作流程	说　明
外机线路连接	① 拆卸外机内部线路和内外机之间连接线 ② 检测外机压缩机、风机端子，根据外机线路结构连接外机线路 ③ 通电试机	拔插外机接线端子时，要捏住端子头用力，不能直接拉线，防止拉断连接线和连接头
内机线路连接	① 拆卸内机相关连接线路和线路板 ② 检测内机功率继电器端子，根据内机线路结构，连接内机电源电路 ③ 连接变压器电路 ④ 连接温度传感器线路及其他线路 ⑤ 装好线路板通电试机	注意内机向外机分配的线路和接线端子的使用 内机线路调试过程中，通常要先拆下线路板以后才好操作。拆卸线路板要找准卡勾和固定螺丝，严禁生拉硬拽，线路板上的插销有的要先拔下才能拆卸线路板
更换接触器	① 理清接触器上有关连接线路，拆卸线路 ② 拆卸旧接触器，安装新接触器 ③ 连接线路，通电试机	交流接触器损坏较多，要掌握更换和调试的方法 练习时一定要断电操作空调器
更换电路板	① 拆卸空调器，使电路板露出便于操作 ② 理清电路板上所有接线功能 ③ 拆卸电路板上有关连线插头 ④ 卸掉电路板，安装电路板 ⑤ 根据功能安装所有插线，不能有遗忘 ⑥ 通电试机 ⑦ 电路板安装回原位	空调器电路板和外部线路都是插头连接，线路容易拆卸 电路板损坏较多，板内电路损坏一般都要更换电路板 电路板插座一般都不一样，不会插错。若有一样的插头在理电路的时候就要区分好，以防接错

📺 **基本知识**

一、空调器整机电路构成

1. 空调器电路

空调器电路结构大致可分为空调器电气电路和空调器电子电路两大部分。空调器电气电路主要是指电路板外接电路为主体的强电电路；空调器电子电路主要是以电路板为主体的弱电电路，在电路板上也存在部分强电电路，在电路板外也存在部分弱电电路。

工作电压为220V交流电或220V以上电压的电路部分是强电电路，工作电压为经过220V交流电降压的电路部分是弱电电路，主要是低压直流电路。实际学习空调器电路时，强电电路和弱电电路是密不可分的、相互作用的，不是绝对的，在学习中注意灵活把握。

对于空调器电路的学习，一般要先掌握空调器电路主要由哪几个主要部分构成，然后再对各部分电路进行分析研究。根据空调器的实际电路结构，可以分为室内、室外两大部分，也可以分为电路板和板外电路两大部分。

2. 空调器室内、室外电路

空调器的室内机、室外机内部都是有电路的，室内机、室外机的电路之间，一般由粗细不等的电缆线或信号线等连接在一起。空调器电路按照室内、室外电路进行划分，可简单看成如图4-4所示框图。

（1）空调器室内电路

一般空调器的室内电路主要由电源电路、CPU电路、信号驱动电路、内风机控制电路、室内吹风方向控制电路、显示及遥控接收电路等几部分构成，如图4-5所示。

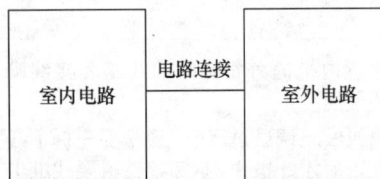

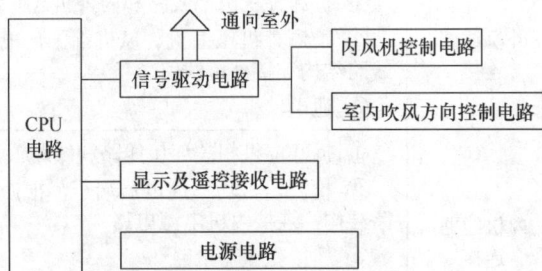

图4-4 空调器室内、室外电路框图　　　　图4-5 空调器室内电路框图

CPU是中央微处理器（Central Processing Unit）简称，俗称电脑块。CPU是一块大集成电路，是空调器控制的核心器件。CPU的正常工作，需要许多的电路相配合，将这一类的电路都可以归结到CPU电路内。

信号驱动电路是将CPU的控制信号进行功率放大处理，使之能够控制空调器相关功能电路工作。由于CPU的输出信号电压幅度较小，以及CPU耐电流能力低等原因，所以空调器电路专设信号驱动电路。像压缩机信号、风机信号、四通阀信号等都需要驱动。

内风机控制电路主要是内风机的驱动电路和相关调速控制电路，使内风机正常运转，空调器的内风机一般都具备调速功能。

由CPU输出的室内吹风方向控制信号，也需要进行信号驱动，才能使电动机旋转。

显示及遥控接收电路显示空调器的工作状态，一般是一块专门的电路板，一般空调器的遥控接收电路也装在这块电路板上。

电源电路为空调器控制提供强电和弱电。强电是单相220V交流电或三相380V交流电，提供给空调器强电部件运转；弱电是强电经过变压、整流、滤波、稳压后得到低压的直流电，供给CPU电路、驱动电路及其他相关控制电路使用。

（2）空调器室外电路

空调器的室外机电路主要有压缩机电路、外风机电路、四通阀电路，以及其他具有一定功能的相关电路，电路结构较为简单，如图4-6所示。空调器的室外机电路虽然简单，但是由于外机压缩机、外风机、四通阀是空调器实现制冷的重要元件，同时又是工作在强电电路，电路损坏率较高，是空调器电路维修的重点。

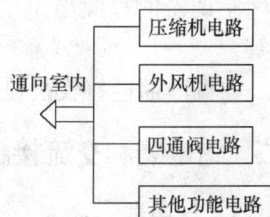

图4-6　空调器室外电路框图

（3）空调器内、外机电路连接

空调器内、外机之间的电路连接线，一般由电源线和信号线组成。电源线内一般有较大的电流流过，用较粗的电缆线连接；信号线一般用于传递信号，电流较小，导线较细。

不同的空调器其室内、外连接电路的连接线数目和功能是不同的。

3．电路板和板外电路

空调器电路主要由电路板和板外相关连接的功能电路构成，即电路板电路和板外电路，如图4-7所示。

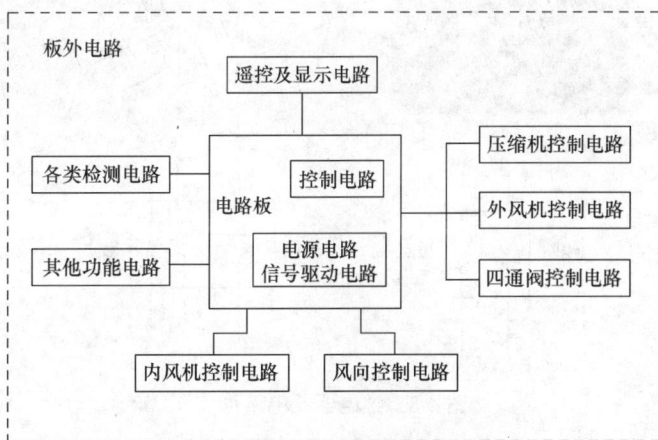

图4-7　空调器电路板及板外电路框图

（1）电路板

空调器电路板内主要电路有控制电路、信号驱动电路和电源电路。有的空调器控制电路板是单独的一块，称作主控板，信号驱动电路和电源电路做在另外一块板上，称作电源驱动板；有的空调器将上述几个电路做在一块电路板上。

空调器控制电路板一般又称作电脑板，以CPU为核心元件构成，完成空调器的检测和控制功能。信号驱动电路是将CPU的控制信号进行驱动，使之能够控制空调器相关功能电路工作。电源电路主要是将220V交流电压，经过变压、整流、滤波、稳压等，得到电路所需的各种电压。

一台空调器由于采用的控制技术不同，所用的电路板的块数也不同，常见空调器电路板的位置在内机,有的空调器外机也有电路板。

(2)外围电路

空调器电路板的外围电路主要有:各类检测电路、遥控及显示电路、内风机控制电路、风向控制电路、压缩机控制电路、外风机控制电路、四通阀控制电路及其他功能电路等。空调器电路板的外围电路一般都是通过接插件、接线柱等和电路板连接。

空调器的检测电路主要是环境或管道温度检测、制冷系统压力检测、工作电压电流检测等。

空调器遥控接收及显示电路通常做在一块小电路板上,使用插线和控制板连接。

二、继电器和交流接触器简介

1. 继电器

(1)继电器简述

继电器是一种利用低压直流电控制高电压大电流通断的电磁性开关元件,开关控制的主回路和直流控制电路没有直接接触的关系,可以很好地隔离两类电路,广泛用于各类电路控制中,空调器的压缩机、四通阀、风机及其他大电流电路等都使用继电器控制。

常见的继电器如图4-8所示,多采用黑色、蓝色、黄色塑料壳封装。

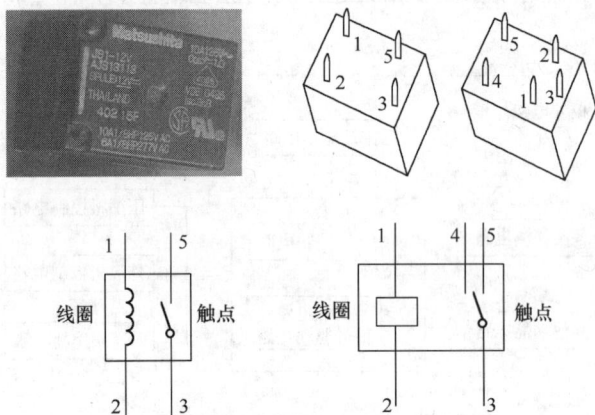

图4-8 继电器及电路符号

继电器是焊接在电路板上的,体积稍大的一般是5个端子,体积稍小是4个端子,端子1、2为继电器的线圈端,触点3、4为继电器的常闭开关端,触点3、5为继电器的常开开关端。

继电器的常开开关是指线圈不通电时开关断开,线圈通电后开关闭合;继电器的常闭开关是指线圈不通电时开关闭合,线圈通电后开关断开。实际空调器电路控制中两个开关都要起作用,当多个继电器连接在一起的时候,通常将常闭开关作为电路的导线使用。

为了电路看起来简单明了,在实际画继电器时,可以将线圈和开关分开来画,但要标上一致的字母代号,说明它们是同一个元件。

(2)继电器工作原理

继电器的线圈一般工作电源是直流12V,当线圈内有电流通过后,线圈产生电磁力,吸引继电器开关闭合,开关控制主回路电路导通;当线圈内电流断开后,电磁力消失,继电器开关又复位断开，开关控制主回路电路断掉。继电路控制工作原理如图4-9所示。

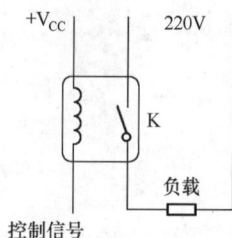

图4-9　继电器控制工作原理

分析继电器工作过程时，要注意线圈和开关是两个独立的通路，不要混在一起。通常情况是线圈的工作电压为直流+12V，开关控制电路的电压为220V交流电。

（3）继电器的检测

继电器的损坏主要是线圈断路，当继电器控制的某电气部件不能得电工作时，有可能是线圈断路，通常线圈的阻值在400Ω左右。

线圈的阻值可以在电路上测量，由于受外电路的影响，表笔测量颠倒位置时两个阻值可能不一样。若线圈开路，测量的线圈阻值远大于400Ω，若不能肯定，可从电路板上拆下进行线圈阻值测量。

继电器的直流工作电压，常见的是+12V，也有的是+5V。若+5V的继电器使用了+12V继电器，则会引起继电器不能工作或吸合时断时续，在实际维修和更换时要注意，尤其是别人修过的机器。

继电器的带电测量，只能测量线圈的工作电压，是不能进行电阻测量的。测量电压时要注意，因为线圈是使用直流电压的，注意电压有极性。若测量继电器线圈两端有额定工作电压，而继电器开关没有闭合，说明线圈断路。

继电器在闭合工作开始时，靠近继电器的位置，可以清晰地听见内部有"嗒"的一声开关吸合声，实际维修时可以作为判断继电器是否工作的依据。

2．功率继电器

功率继电器也是继电器的一种。空调器常用功率继电器如图4-10所示，主要用于控制小功率压缩机的电源通断，压缩机的控制电源线插在功率继电器的顶部，实际在使用的时候，功率继电器还有接入电源到电路板内的作用。由于功率继电器承受电流的能力较大，空调器的冬季电加热控制，一般也使用功率继电器控制。

3．交流接触器

（1）单相交流接触器

制冷量5000W以上的单相压缩机工作电流很大，功率继电器已不能胜任，必须使用能承受电流能力更大的单相交流接触器控制压缩机的电源。交流接触器也可分为线圈和开关两部分，如图4-11所示。不过和继电器不同的是，线圈的工作电压是交流220V，开关是两路。实际应用中，基本用其中的一路控制压缩机，或将两路开关用导线并接在一起，控制压缩机。

图4-10　功率继电器

单相交流接触器损坏主要是线圈断路，线圈测量时拔掉接触器线圈的两个接线，测量线圈阻值是否开路。

电路带电测量时，在确定压缩机已发送运转信号，而接触器没有吸合的情况下，去测量接触器的线圈两端是否有220V交流电压，若有电而接触器不能吸合，说明接触器损坏，若线圈两端没有220V交流电压，多为控制电路损坏。

（2）三相交流接触器

制冷量7000W以上的三相压缩机使用三相交流接触器控制三相电源。交流接触器也是分为线圈和开关两部分，线圈的工作电压是交流220V，但开关是三路，控制三相电源的相线和压缩机的连接。

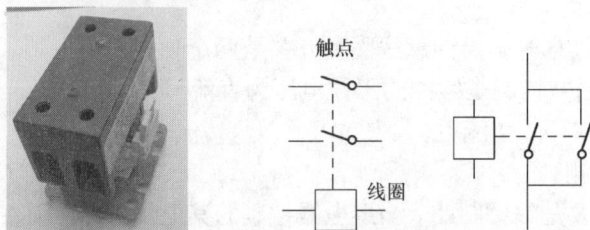

图 4-11　单相交流接触器及电路符号

使用三相交流接触器控制的大功率压缩机，有专用的热过载保护器对压缩机的工作电流进行检测，如图 4-12 所示。压缩机的过载保护器叫热过载继电器，热过载保护器串联在接触器和压缩机之间，当压缩机的电流持续超过额定电流后，保护器内串联的电热丝发热，使内部的常闭开关断开，产生保护信号送往 CPU。

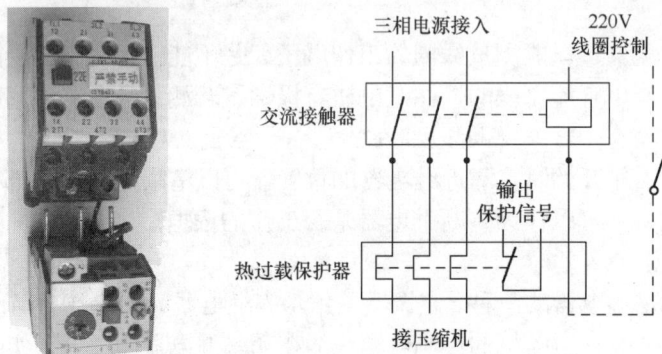

图 4-12　交流接触器和过载保护

热过载保护器是和交流接触器连装在一起的，分开可以看见热过载有 3 根金属针插在接触器的触点内，两者之间还有一根连线是控制接触器线圈的。

三相交流接触器损坏主要是线圈断路或开关触点接触不良。

电路带电工作条件下，若接触器不能闭合，可手压接触器表面按钮使接触器闭合，调试压缩机能否正常运转。手压调试时间不要太长，更不能在压缩机运转松手停机后马上再按压第二次。

三相交流接触器在吸合时有很大的"啪"一声，若出现连续多次的"啪""啪"……声，说明电路有问题，可采用手压启动看压缩机能否正常运转。若不能运转有异常情况，可能是压缩机或电源问题；若能运转，说明接触器有问题，主要是开关触点接触不良，引起接触器连续多次启动。

若交流接触器没有吸合的动作，手动调试能运转，说明是接触器没有工作，可测量线圈两端是否有 220V 交流电压。若有电而接触器不能吸合，说明接触器损坏，若线圈两端没有220V 交流电压，则不能判断接触器损坏，要检查控制电路。

三相交流接触器的 3 个触点开关，只要有一个接触不良，则会导致压缩机缺相过流不能启动，接触器连续启动压缩机不能运转或空调器保护。

接触器的线圈可以进行阻值检测，看是否开路。

三、空调器外机电路结构

常见的空调器外机电路结构较为简单，室外主要有压缩机、四通阀、风机等电气部件。实际的空调器在电路设计时，有的把继电器放在室内，有的把继电器放在室外，这样就导致内外机的连接线路有很大的不同。

1. 继电器在室内的空调器外机电路

继电器在室内的空调器外机电路原理图如图 4-13 所示。实际的电路连接方式因空调器电路结构的不同而有所不同，但原理都是一样的。

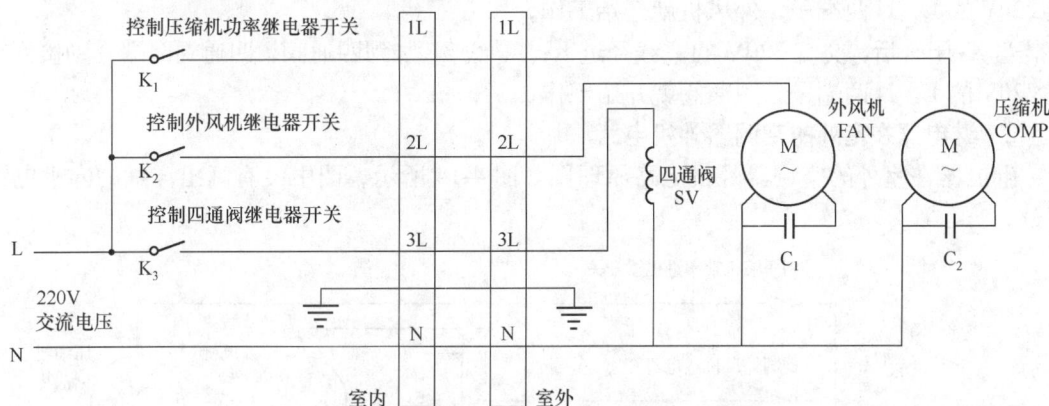

图 4-13　继电器在室内的空调器外机电路图

（1）电路分析相关常识

图 4-13 中开关 K_1、K_2 和 K_3 分别表示 3 个继电器的开关，控制 220V 电源加到室外机的压缩机、外风机和四通阀上。继电器一般是焊接在室内机的电路板上的。由于压缩机的工作电流大，控制压缩机的继电器称为功率继电器。功率继电器比其他继电器体积较大，外形也有所不同。

图 4-13 中 COMP 是压缩机的代号，FAN 是外风机的代号，SV 是四通阀的代号。这 3 个电气部件是空调器外机的主要部件，它们的工作电源都是交流 220V 电源，由继电器的开关进行控制是否得电工作。

交流电源 220V 的两个端子，在电路图中通常使用字母 L、N 来表示，L 表示交流电的火线，N 表示交流电的零线。实际电路分析和使用时，一般对 L、N 不严格区分。

空调器内、外机都要进行接地保护，防止空调器漏电对人体造成伤害，图 4-13 中的 4 根短线符号表示接地，地线一般都是由室内引向室外。

图 4-13 中压缩机和风机都是单相异步电动机拖动，单相异步电动机在启动时必须有启动元件参与工作，否则电动机不能运转，C_1、C_2 就分别是风机和压缩机的启动电容。

（2）继电器在室内的空调器内、外机连线

从图 4-13 中可以看出，空调器内外机之间的连线共有 5 根，分别是压缩机的控制电源线 1L、外风机的控制电源线 2L、四通阀的控制电源线 3L、电源公共线 N、地线。

实际空调器在连接时，一般内、外机之间有两根电缆，共有 5 芯导线，一根是两芯电缆，一根是 3 芯电缆，连接时要注意室内、外位置对应，不能接错。3 芯电缆线中有一根黄/绿双色皮包护套线，是专用的接地线。

（3）电路工作过程

空调器电路的继电器由内机 CPU 控制，当室外某个部件工作时，对应的继电器开关就闭合，220V 交流电源就通过开关加到部件。

当 K_1、K_2、K_3 断开时，室外机的 3 个部件由于交流 220V 的 L 线被断开，都不能工作，交流 220V 的 N 端直接和部件连接。

当 K_1 闭合后，交流 220V 的 L 线经过 K_1、导线 1L 加到压缩机，压缩机两端分别接到交流 220V 的 L、N 两端子，压缩机就开始工作。

当 K_2 闭合后，交流 220V 的 L 线经过 K_2、导线 2L 加到外风机，外风机两端分别接到交流 220V 的 L、N 两端子，外风机就开始工作。

当 K_3 闭合后，交流 220V 的 L 线经过 K_3、导线 3L 加到四通阀，四通阀两端分别接到交流 220V 的 L、N 两端子，四通阀就开始工作。

2．继电器在室外的空调器外机电路

继电器在室外的空调器外机电路原理图如图 4-14 所示，图中没有画出详细的内机电路部分。

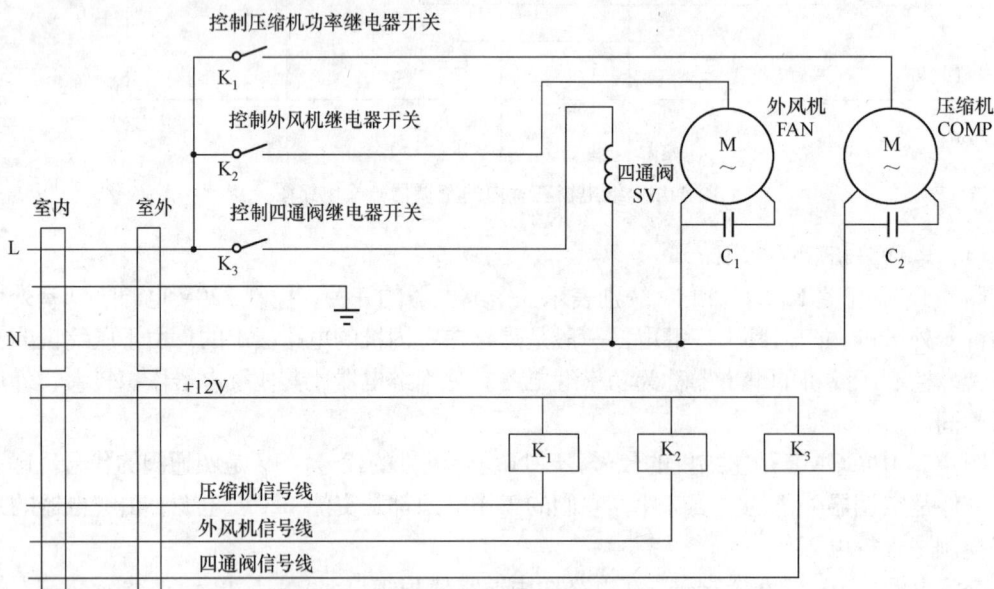

图 4-14　继电器在室外的空调器外机电路图

（1）继电器的开关和线圈

图 4-14 中的继电器 K_1、K_2 和 K_3 除了开关外，还多了 3 个 K_1、K_2 和 K_3 的小矩形框。继电器的开关和小矩形框是一个整体元件，小矩形框表示了继电器的线圈电路符号，本图中有 K_1、K_2 和 K_3 这 3 个继电器。为了电路看起来简单明了，在实际画继电器时，将线圈和开关分开来画，标上一致的代号说明它们是同一个元件。

空调器的外机继电器一般是焊接在室外一块专用电路板上，相关工作电路通过接插端连在电路板上。也有部分空调器的继电器没有使用电路板连接，而是通过螺钉直接将继电器壳体固定在外机内，相关电路直接将线头插在继电器的端子上。

（2）继电器在室外的空调器内、外机连线

从图 4-14 中可以看出，空调器内外机之间的连线共有 7 根，分别是 220V 交流电源 L、

N 线，地线 GND，直流电源+12V 线，压缩机工作信号线，外风机工作信号线，四通阀工作信号线。这 7 根线可以大致分为电源线和信号线。

电源线一般为 3 芯电缆，连接在内、外机之间，主要是 220V 交流电源 L、N 线，地线 GND。信号线一般为多芯护套线，线径较细，线路两端一般多使用插头和空调器的电路板连接在一起，主要是直流电源+12V 线、压缩机工作信号线、外风机工作信号线、四通阀工作信号线等。有的空调器信号线可能还要多，是其他功能控制。

（3）电路工作原理分析

继电器工作时，线圈两端电压应该为+12V，下面以 K_1 为例分析本电路继电器工作过程。

K_1 是控制压缩机的继电器，继电器线圈两端一端接的是+12V，一端接的是压缩机工作信号线。要想继电器闭合工作，则压缩机工作信号线的电压应该为 0，这样继电器线圈两端的电压就是：

$$12-0=12V$$

由于压缩机有工作和不工作两种状态，所以压缩机工作信号线电压有两种情况。

一是信号线电压为 0，继电器 K_1 线圈两端有+12V 电源，开关闭合，压缩机得到 220V 交流电源而工作。

二是信号线电压为+12V，继电器 K_1 线圈两端电压为：

$$12-12=0V$$

继电器开关断开，压缩机得不到 220V 交流电源而不能工作，处于停机状态。

这里特别要注意的是，压缩机工作时的压缩机信号线为低电压 0，而压缩机停机时的压缩机信号线为高电压+12V。

（4）电路工作过程

以压缩机电路为例说明压缩机的工作过程，外风机和四通阀工作原理依此类推。

室内发出压缩机工作信号，此时压缩机信号线为 0 电压，K_1 线圈得到+12V 电压，开关闭合，220V 交流电源加到压缩机两端，压缩机运转。

室内发出压缩机停止信号，此时压缩机信号线为+12V 电压，K_1 线圈无电压，开关断开，220V 交流电源加不到压缩机两端，压缩机停机。

四、空调器控制电路板组成

1．内机电路板结构

空调器的电路板在技术资料内通常简称 PCB。一般空调器的电路板都在室内机中，但由于空调器大小及功能的不同，有的空调器外机也有电路板，有的空调器内机还有多块电路板，电路板和电路板之间通常都是接插件连接。

（1）单板电路空调器

空调器的单板电路是指空调器电路主要组成在一块电路板上，常见于挂机。一般单板电路空调器的电路板内的电路主要包括：CPU 控制电路、电源电路、信号驱动电路、风向控制电路、内风机控制电路等。

单板电路空调器除了这块主要电路板外，在室内通常还有很小的一块电路板，小电路板内主要电路是指示灯电路和遥控接收电路。主电路和小电路板之间有几根导线通过接插件相连接。

（2）双板电路空调器

空调器的双板电路是指空调器电路的主要组成在两块电路板上，一块主要是 CPU 控制电路，通常称为电脑板；另一块主要是电源电路和信号驱动电路，通常称为电源驱动板。两块电路板之间通过多股导线的接插件连接，连接线的功能主要是直流电源和控制信号。

（3）遥控及指示电路板

常见空调器都具有遥控及指示功能，一般将遥控接收及指示功能电路做成单独的一块小电路板，和主要控制电路板使用若干导线连接，电路板上主要有遥控接收头及几个发光二极管，常见于挂机。

遥控接收头的作用是接收遥控器发来的信号，转换后送给CPU。

发光二极管一般有红、绿两个或红、绿、黄3个，主要用于指示电源状态、压缩机工作状态及其他相关工作状态等。

（4）带有显示屏的空调器电路板

带有显示屏的空调器电路板多见于柜机，少数挂机也具有显示屏。一般内机有两块电路板构成，一块是CPU控制电路、电源电路、信号驱动电路等组成的控制板，一块是带有显示屏的空调器电路板。

带有显示屏的空调器电路板，内部电路主要有显示电路、遥控接收电路、按键矩阵电路等，通过若干导线和主要控制电路板相连。带有显示屏的空调器电路板，有的空调器控制电路将CPU电路也做在显示板上。

常见的显示屏一般有LED数码管显示、LCD液晶显示、VFD荧光显示等。

2．外机电路板结构

空调器除了内机有电路板外，在空调器的外机也会根据控制电路结构的不同，配有外机电路板。

（1）外机转换板

外机电路如果有继电器控制的，通常将继电器焊接固定在电路板上，此时的电路板起到电路的转接作用，可以称为转换板。

转换板上的继电器通常为压缩机控制功率继电器、外风机继电器、四通阀继电器等，外机若存在传感器检测元件，一般也都是通过插头接在本电路板上，外机有电源电路的，也是做在此板上。

转换板上的电路通过接插件和外机各部件及内机电路进行连接。

（2）外机电脑板

有部分空调器的外机有独立的CPU控制电路，也就是说内机和外机分别有两块CPU，因此，有的空调器外机也有电脑板，尤其是变频空调器基本都是这种电路结构。此类空调器内外机之间的连接线路结构通常如图4-15所示。

空调器外机电脑板主要作用：和内机进行通信联系，完成内机指定的任务；检测外机的工作状态，决定外机

图4-15　内外机都有CPU的线路结构

是否正常工作，并且通信告诉内机；控制外机压缩机、外风机、四通阀等工作。

（3）外机化霜板

有的空调器外机有专门控制制热化霜的化霜电路板。化霜板检测室外管道的温度，通过计时及运算放大电路，控制外机的四通阀和外风机控制状态，进行化霜控制。

（4）三相相序检测板

三相空调器在室外电路中，基本都有三相相序检测电路。三相相序检测的作用是防止压

缩机反转。三相压缩机的电动机是三相异步电动机，三相电是有相序的，相序颠倒压缩机就反转，引起压缩机损坏，所以要进行压缩机的反转保护。相序检测电路检测三相相序，若相序正常，则空调器能正常工作；若相序颠倒，则空调器不能得电或保护不能工作。

任务三　空调器整机电路的分析

基本技能

一、电气识图与实物对照

电气识图与实物对照见表 4-9。

表 4-9　　　　　　　　　　　　　　电气识图与实物对照

技能标题	操作流程	说　明
内机控制电路	① 拆卸内机机壳，在机壳内壁上，找到内机控制线路图并读图 ② 根据线路图标出的连接线路，配合实物找出向外输出的压缩机、外风机、四通阀控制线路 ③ 根据线路图标出的连接线路，配合实物找出内机风机控制线路 ④ 根据线路图标出的连接线路，配合实物找出连接的其他相关控制电路等	注意分辨内机向外机输出压缩机、外风机、四通阀线路是电源控制线路还是信号控制电路 有的空调器还有外机向内机的信号输入，在读图时注意；外机向内输入的信号主要是保护信号、化霜信号等 空调器柜机内机遥控显示控制电路，通常和按键操作等做在一起，拆卸时要注意
外机控制电路	① 拆卸外机机壳，在机壳内壁上，找到外机控制线路图并读图 ② 根据线路图标出的连接线路，配合实物找出压缩机、外风机、四通阀控制线路 ③ 根据线路图标出的连接线路，配合实物找出连接的温度传感器及其他控制电路等	注意外机是否有空调器线路板，线路板的主要功能有哪些 实训时可以将图纸进行复制分发，在机壳上操作不方便
电源电路	① 根据内机控制线路图，配合实物理清内机电源线路的结构和连接路径 ② 根据外机控制线路图，配合实物理清外机电源线路的结构和连接路径	电源线路也包括线路板上的 220V 主回路，主要是功率继电器、保险丝、压敏电阻、变压器等，在电路板反面走铜，箭理线路走向
电路板的字母标识	① 观察线路板上有关的接插件，连接的部件及安装在什么地方、走向等 ② 观察并记录接插件位置上有关的字母或英文单词标识，判断其连接功能部件或作用	掌握电路板的字母标识功能，可以帮助技术人员快速分析空调器的相关功能 不同品牌字母表示有所不同

二、根据实物画出控制原理图或接线图

根据实物画出控制原理图或接线图见表 4-10。

表 4-10　　　　　　　　　　根据实物画出控制原理图或接线图

技能标题	操作流程	说　明
控制板框图	① 拆卸内机控制板 ② 根据控制板的接插件，以框图为控制板，在框图内画出各个接插件的位置 ③ 标出接插件几根线，插件符号标志，端子功能等，可自定数字编号	画控制板框图，通常正视图为控制板的元件面；控制板形状若有斜边最好能画出和实际形状一致；框图内接插件位置布局和实际位置要大致相同，如图 4-16 所示

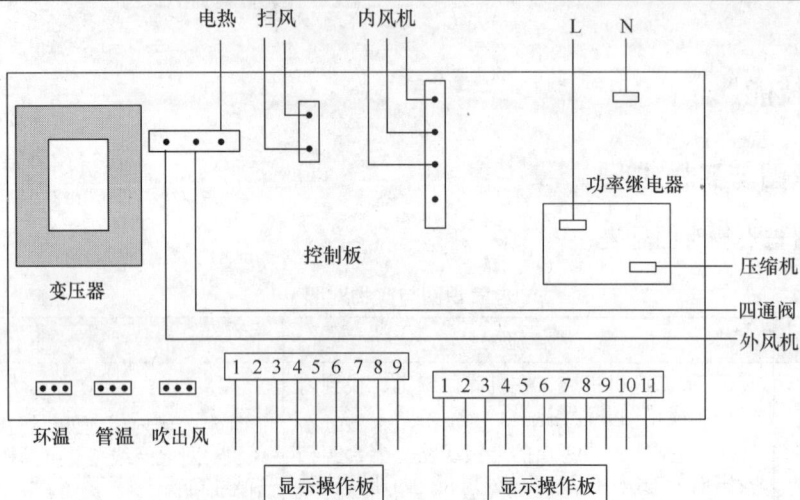

图 4-16　某空调器控制板的自画框图

控制板与板外电路	① 画温度传感器线路 ② 画内机风机连接电路。画电路时最好将启动电容、风机转速检测电路等一起画上 ③ 画电源变压器电路。注意变压器的输入和输出接插件不要颠倒 ④ 画内机输出的压缩机、外风机、四通阀的控制电路。注意各根线路不要搞混 ⑤ 画控制板和其他电路板之间的控制连线 ⑥ 画外机返回进入内机的相关线路：主要是外机管道温度传感器及其他保护电路等	根据控制板上的接插件，以及实际空调器的线路连接，画出控制板外和控制板直接连接的相关线路，和控制板框图连到一起 一般内机有两个温度传感器，有的空调器使用两个独立的 2 线插件，有的空调器使用一个 4 线插件 画接插件时，有的功能插件是有顺序的，不能颠倒，也不能将顺序搞乱
外机控制电路	① 观察外机是否有控制继电器、交流接触器、电路板，外机启动电容的连接结构等 ② 观察内机和外机之间的连接线构成，判断连接线是电源控制还是信号控制 ③ 根据判断结果，画出外机控制电路结构，画出内外机之间的连接线	空调器内外机连接线功能分析，是检修空调器电路的基本技能。通过整机线路观察大致能够判断出空调器的控制线路是什么结构 某空调器外机线路自画框图如图 4-17 所示

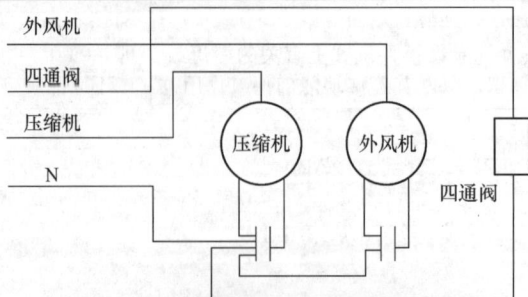

图 4-17　某空调器室外机的自画框图

续表

技能标题	操作流程	说　明
电源电气控制电路	① 画电源变压器连接线路 ② 画空调器交流电源线路的构成：从电源线开始，到电源线进入空调器，再到内部的电源线分配和连接，最后到电源的控制输出 ③ 画出所有受开关控制的线路	使用交流电源的部件主要有：变压器、内风机、外风机、压缩机、四通阀等 　某空调器内机电源电气线路自画框图如图 4-18 所示

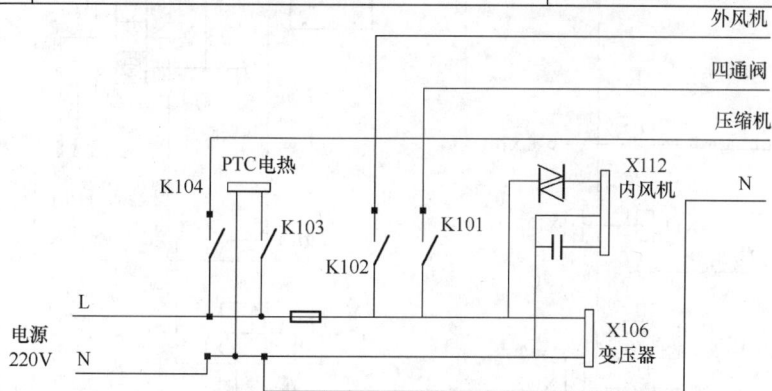

图 4-18　某空调器内机的自画框图

基本知识

在空调器整机电路分析任务中，重点学习以下两类常见的控制电路结构。

一、继电器在室内的空调器控制电气图

空调器的继电器在室内是指控制室外压缩机、四通阀、风机的继电器在室内的控制电路板上。室外电路结构较为简单，是空调器典型控制电路之一。

1．室内电路简述

继电器在室内的空调器控制电气图如图 4-19 所示。室内机图纸当中由点画线围起来的部分是控制电路板，看图可知本空调器使用一块控制电路板，外围其他电路通过插头插座连接到电路板上，X101~X113 是电路板上的插座代号。

2．室内主要电路连接

从图 4-19 的左上角"变压器"开始，按逆时针方向顺序依次介绍。

（1）变压器

变压器两个绕组的插头连接到插座 X104 和 X105 上。其中，插座 X104 标注编号 1、3 没有 2，插座 X104 有 3 个插针，中间编号 2 的插针悬空没用。插座 X104 接两根红色引线绕组，插座 X105 接两根白色引线绕组，通常根据红色和插座 X104 编号 2 悬空，可判断插座 X104 是交流 220V 电压输出，接变压器的初级绕组。

（2）PTC 加热器

PTC 加热器是电辅热器，用于冬季制热时增加制热效果。

PTC 电辅热器两根导线通过一个接插件和电路在空间插接在一起，图 4-19 中两个箭头对接的位置表示接插件。和 PTC 电辅热器插接连接的两根导线，一根插接在电路板的插片 CX101-1 上，另外一根连接到空调器内机电源接线排 N 端上。

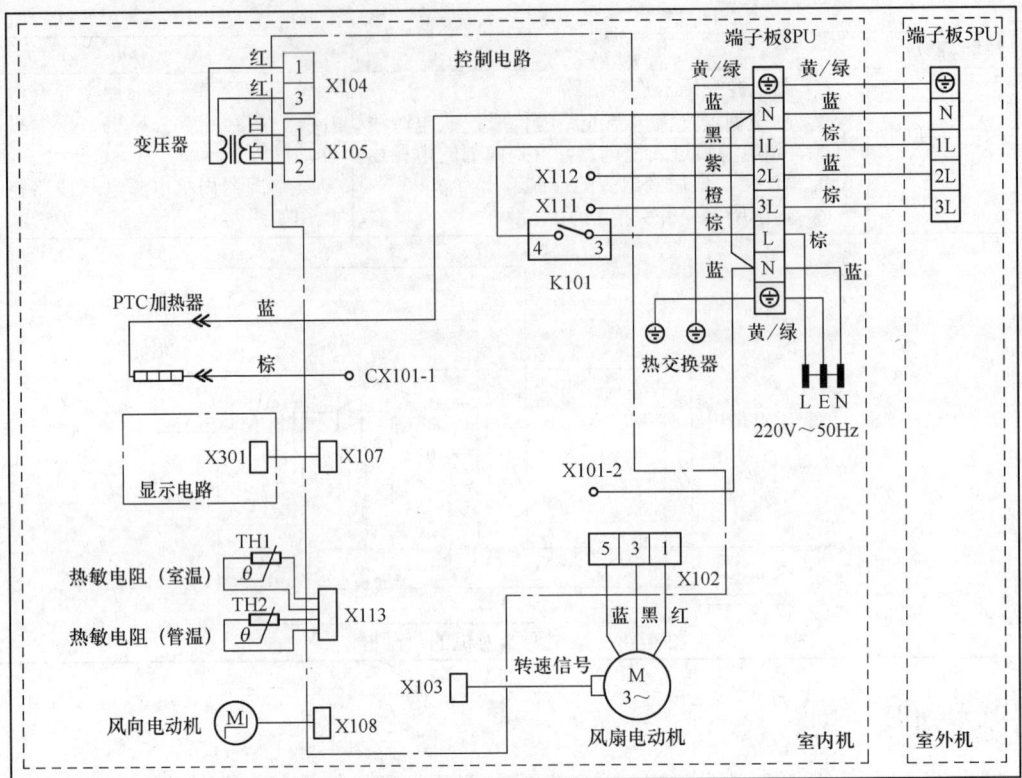

图 4-19　继电器在室内的空调器控制电气图

（3）显示电路

显示电路是一块小电路板，通过插头连接到电路板的插座 X107 上，显示电路上的 X301 表示是显示电路板上的插座，这里要说明的是插座的连接线有多根，并不是一根。

本电路板上主要是发光管和遥控接收头电路。

（4）热敏电阻

这两个热敏电阻是两个温度传感器（TH1、TH2），一个是室内环境温度传感器，另一个是室内管道温度检测，通过 4 线的一个插头连接到电路板插座 X113 上。

（5）风向电动机

风向电动机控制室内机吹风的方向，也称摆风控制。电动机通过插头连接到电路板插座 X108 上，由于是挂机摆风控制，所以用的是步进电动机，此插座上有 5 根连接线和电动机连通。

（6）风扇电动机

室内风扇电动机，通过两个插头连接到电路板上。

插座 X103 连接电动机内部的测速元件，有 3 根导线，较细。

插座 X102 连接电动机内部的电动机绕组，蓝、黑、红是绕组的 3 根引线，较粗。插座 X102 的编号 2、4 插针也是悬空没用的。通过风扇电动机的电气图，可以知道此电动机使用可控硅调速的电路。

（7）K101

元件 K101 是控制压缩机的功率继电器，图 4-19 中的 3、4 是继电器的开关端子，控制电源 L 端连接到 1L 端上。端子 L、3、4、1L 都是采用插头连接。

（8）端子板 8PU

端子板 8PU，是用于电路连接和分配的接线端子线排，固定在内机的接线盒内，其上电路连接采用插接、压接等方法，便于拆装。

3．室内电源及控制线路

（1）电源的 L、E、N

交流电源 220V 电压通过电源插头得到 L、E、N 这 3 根线。

E 表示接地保护线，通常使用黄/绿双色护套导线，插接到 8PU 端子板的最下端子上。在位于 8PU 附近的室内管道金属架上，用螺钉固定两根黄/绿双色护套导线，一根连接到 8PU 端子板的最下端子保护接地上，一根连接到 8PU 端子板的最上端子，通过连接导线接到外机，对外机进行接地保护。

L、N 通常表示单相交流电源的两端，L 代表火线，N 代表零线，但实际空调器在使用交流电时，不严格区分开火线和零线，两个端子可以颠倒使用。

（2）功率继电器的电源分配

L 线通过 8PU 端子连接到功率继电器的端子 3 上，功率继电器是焊接在电路板上的，而端子 3、4 是在继电器顶部留出的两个插片，3 和 4 都有相通的端子焊在电路板上，所以端子 3 的电源进入到电源板，供电路板使用。同时端子 3 在开关控制下，连接到端子 4，通过导线连接到 8PU 的端子 1L 上，送到室外控制压缩机运转。

（3）室内、室外的电源控制

N 线通过 8PU 端子分线，一路连接到室内电路板上，一路连接到室外电路构成回路。

L 线是通过功率继电器焊接端子连到电路板内，交流电的另外一根 N 线，是通过一个插片 X101-2 直接送到电路板内，这样电路板内就具有了 220V 的交流电压。

电路板内的交流电，板内 L 线在继电器控制下，通过插片 X112 连接到 8PU 的 2L 端，控制室外四通阀，通过插片 X111 连接到 8PU 的 3L 端，控制室外风扇电动机。

室外的 1L 压缩机控制、2L 四通阀控制、3L 风扇电动机控制分别和通向室外的 N 线形成 220V 交流回路。

电路板内的交流电，在控制电路作用下，分别供变压器、室内风扇电动机、PTC 电辅热器等使用。

4．室外电路简述

内机和外机之间有 5 根电缆线，分别是和内机对应连接的 1L 压缩机电源控制线、2L 四通阀电源控制线、3L 外风机电源控制线、N 电源公用零线、接地保护线。

外机的主要电气部件有：CM 压缩机、四通阀、M 风扇电动机、压缩机运行电容、风扇电容、压缩机内藏或外置保护器等。

在图 4-19 中编有数字 1、2 的物体是一个陶瓷体或塑料体的分线装置，可以称作分线器。1 和 2 是绝缘不通的，每个编号上有 4 个接线片是相通的，便于外机电路的线路分配连接。

压缩机运行电容和风扇电动机电容，在图 4-19 上看每个电容是 3 个端子，其实电容是两个端子，只不过每个端子上做了分线的接线片。压缩机运行电容每个端子上做出 2～4 个插片，风扇电容每个端子做出 2 个插片，以便于外机电路的线路分配连接。

5．外机压缩机线路的连接

压缩机的保护器装在压缩机内部或紧贴压缩机的接线盒内，所以呈现出来的压缩机其实是黑、红、白 3 根护套导线，3 线对应压缩机的 C 控制端子、R 运行端子、S 启动端子。

压缩机内部有两个工作绕组，CR 对应是运行绕组，CS 对应是启动绕组，C 端是两个绕组的公共端。

压缩机线路连接要求是，压缩机电容串联在启动绕组上，CS 和电容串联，串联的电路和 CR 并联，并接在 220V 交流电源上，如图 4-20 所示。

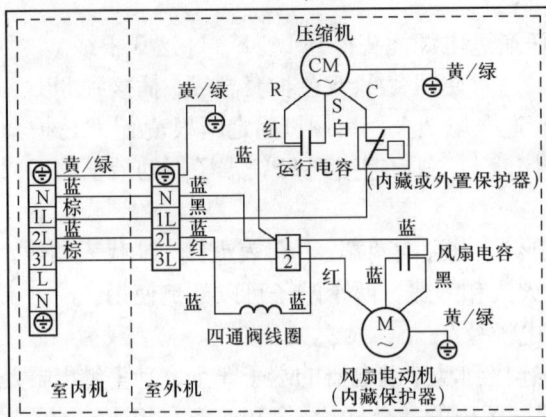

图 4-20　压缩机绕组连接原理图

实际电路连接时，通过电气图可以看出压缩机的线路连接有其技巧性。

压缩机红白两线分插在电容的两个端子上，压缩机的黑线直接插接在接线排端子 1L 上，压缩机 C 端就和电源连到一起，电源的另一端应该连接到 N，由于外机其他电路都要和 N 连到一起，所以 N 端子的插片数量不够用，要使用分线装置。同时，压缩机的 R 红线端已插在电容上，只有从电容的分接插片连出一根蓝线到分线装置 1 上，1 和 N 也是通过蓝线接通。这样，压缩机工作电源 220V 就得到了。

压缩机连接要注意的是，N 线要连到压缩机的电容红线端，不要连到电容白线端，因为红线是压缩机的运行端 R，白线是压缩机的启动端 S，接倒线导致压缩机反转或转不动，引起启动大电流保护或烧坏压缩机绕组。

6．风扇电动机和四通阀的连接

风扇电动机和压缩机的连接基本一样，可自行分析。

四通阀连接主要是将四通阀的线圈两端接到 2L 和 N 之间，四通阀的两根引线较长，线端做有插头，一根直接插在 2L 上，另一根连到分线装置 1 上。

二、继电器在室外的空调器控制电气图

空调器的继电器在室外是指控制室外压缩机、四通阀、风机的继电器在室外的电路上。室外电路结构稍微复杂，也是空调器典型控制电路之一。

1．室内电路简述

继电器在室外的空调器控制电气图如图 4-21 所示。它是一款柜机，内机图纸当中由实线围起来的部分是主控电路板，本机室内还有一块电路板，即图中右部的显示板，显示板和主控电路板不在一个位置，显示板在空调器的面板操作位置，在空调器的中上部位，主控电路板在空调器的中部位置，在室内风机的上部。

图 4-21 中的标注"XS***"表示插头，"XP***"表示插座，"***"表示排列序号。

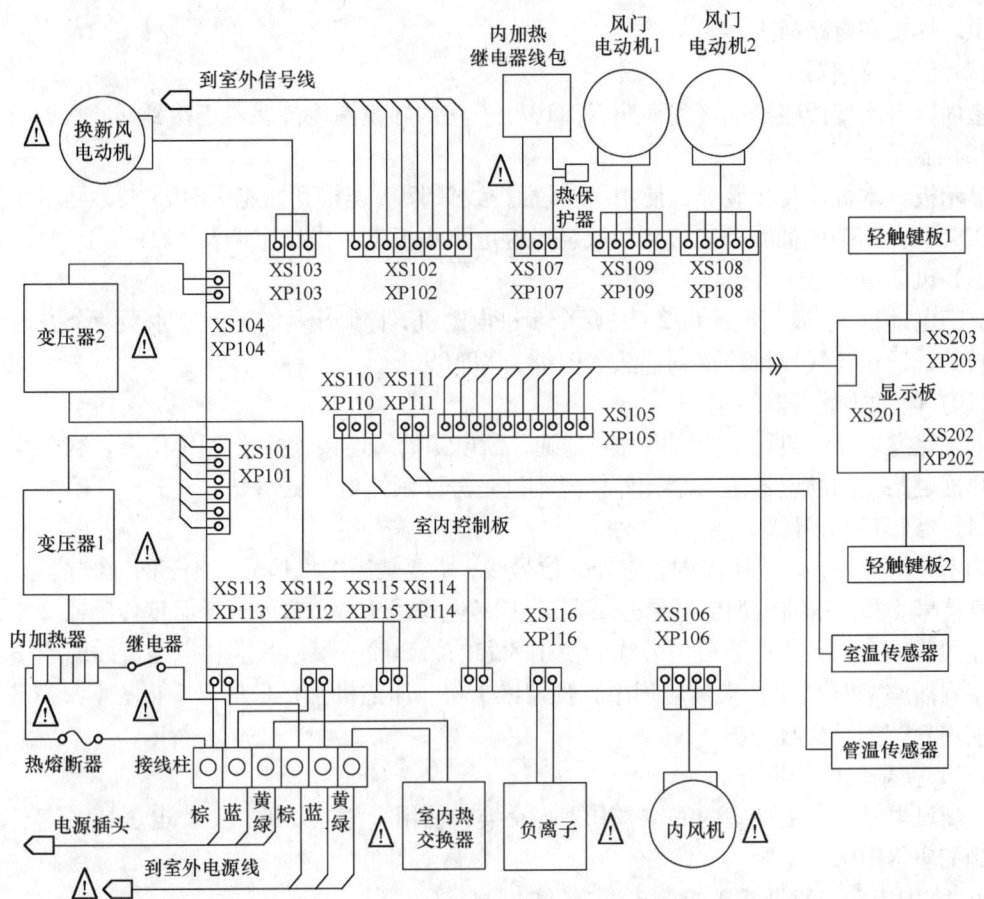

图 4-21 继电器在室外的空调器控制电气图

2．室内主要电路

从图 4-21 的左上角"变压器 2"开始，按逆时针方向顺序依次介绍。

（1）变压器

变压器 2，专用的 12V 变压器，初级连在插座 XP114 上，次级连在插座 XP104 上，提供换新风的电动机使用电源。

变压器 1，提供 16V、4.5V、25V 变压器，初级连在插座 XP115 上，次级连在插座 XP101 上。次级有 3 组绕组输出，主要提供显示屏需要的电压、信号驱动电压、+5V 等。

（2）内加热器

内加热器，冬季制热电辅热提高制热效果，是加热管，受继电器控制和热熔断器保护。

（3）接线柱

接线柱，6 位接线柱，分配电源回路的导线走向。

（4）室内热交换器

室内热交换器，用于连接保护接地线。

（5）负离子

负离子，负离子发生器电路，和插座 XP116 连接，插座电压是受控的交流 220V 电源。

（6）内风机

内风机，室内风扇电动机，有 4 根线连接到插座 XP106 上，4 根线可判断是双速电动机，启动电容焊接在电路板上。

（7）温度传感器

室内管道温度传感器连接到插座 XP110 上。室内环境温度传感器连接到插座 XP111 上。

（8）显示板

显示板，本机是荧光显屏，使用 10 线插排线 XS201 连接到插座 XP105 上。显示板外围还有 XS202、XS203 插线，连接到两块轻触键电路小板上，操作空调器。

（9）风门电动机

风门电动机 1、风门电动机 2，是两个步进电动机，控制出风口垂直、水平两个方向的摆风板转动，通过 5 线插排连接到插头 XP108、XP109 上。

（10）内加热继电器线包

内加热继电器线包，是控制内加热器通、断电源的，连接到插座 XP107 上，这个线包和内加热器电路上的继电器是一个元件，只不过是分开画让电路更清楚。

（11）到室外信号线

到室外信号线，是连接室内、室外的信号线，主要是压缩机信号 1 根、四通阀信号 1 根、外风机信号 1 根、压缩机加热带信号 1 根、+12V 电源线 1 根、室外管道温度传感器 2 根、其他控制预留线 1 根，共计 8 根信号线，使用 8 芯的护套线一根，两端和电路板插座连接，室内连接到插座 XP102 上。实际应用中，预留线 1 根、压缩机加热带信号 1 根基本没有使用，即可使用 6 芯的护套线一根。

（12）换新风电动机

换新风电动机，更换室内的空气和外界交换，使用直流电动机，工作电压是直流 +12V，连接到插座 XP103 上。

3．室内电源电路及相关控制电路

（1）电源电路

电源插头线棕、蓝、黄/绿 3 线连接到接线柱，黄/绿保护接地线通过螺钉连接到室内热交换器上，棕、蓝线是 220V 电源，连接到插座 XP113、XP112 上，室内板得电。再从插座 XP113、XP112 分线插片分出棕、蓝两线，回接到接线柱上，通向室外机供电。

（2）内加热器控制电路

内加热器是室内机冬季制热时的电加热辅助电路，内加热器回路并接在接线柱的棕、蓝之间的 220 交流电压上，继电器线圈插座 XP107 控制继电器开关通、断，使加热器工作。

加热器回路串接热熔断器，若温度过高没有保护的话，则熔断保护空调器，在这个熔断保护之前还有一个温度检测保护的过程，是在加热的位置有一个热保护器。热保护器是一个温度检测开关，它串接在继电器的绕组控制电路上，若温度过高，继电器线圈先断电，开关就不会使加热器通电工作。

4．室外电路简述

空调器外机电路结构如图 4-22 所示。空调器室内、外之间的连接线有棕、蓝、黄/绿 3 电源线和 1 根多芯的信号护套线。棕、蓝、黄/绿 3 电源线连接到外机的接线柱上，多芯的信号护套线通过插头连接到外机的电路板插座 XP305 上。

室外主要电气部件有：压缩机、压缩机电容、四通阀、风机、风机电容、室外管道温度传感器、压缩机加热带的电加热以及电路板。

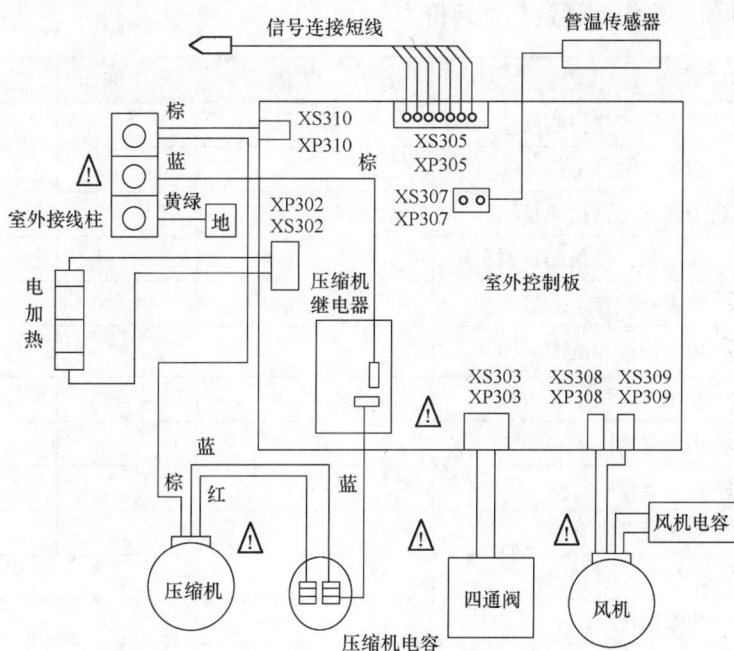

图 4-22 外机电路结构

电路板上的主要元气件有：压缩机控制的功率继电器，控制四通阀、风机、压缩机加热带的 3 个继电器，图 4-22 上没有画出。

空调器外机使用的风机是单速风机，但是有 4 根引线，两根接电源，两根接电容，电路连接起来方便了操作。

通过图纸可以看出，板外各电气部件都是通过插头、插座和电路板连接到一起的。

项目学习评价

一、思考练习题

（1）同时按下遥控器或空调器操作面板上的两个操作键，空调器能被控制吗？

（2）空调器一般有几种工作模式？对应的电气部件工作状态如何？

（3）空调器在冬季还能制冷吗？通过温度的设定解释说明。

（4）空调器压缩机启动为什么要 3min 延时？叙述常见的两种延时控制？

（5）分析空调器内机管道温度传感器在制冷、制热时起什么作用。

（6）空调器控制电路板外主要有哪些线路？

（7）更换控制电路板时，若环境温度传感器和管道温度传感器插颠倒，空调器会产生什么故障现象？

（8）继电器和交流接触器工作原理主要有哪些不同？

（9）空调器控制用三相交流接触器常见损坏情况分析，以及如何进行操作鉴定？

（10）画出常见的两种空调器控制线路原理图。

（11）参考图 4-21 分析空调器冬季制热辅助电加热控制电路及工作原理。

二、自我评价、小组互评及教师评价

评价项目	项目评价内容	分值	自我评价	小组评价	教师评价	得分
理论知识	① 空调器工作控制原理					
	② 空调器常见电路结构					
	③ 空调器电路构成及原理					
	④ 继电器、接触器控制原理					
实操技能	① 空调器操作					
	② 电气识图和画图					
	③ 继电器、接触器检测					
	④ 电路分析					
安全文明生产	① 用电安全					
	② 爱护设备与环境					
	③ 操作基本规范					
学习态度	① 出勤情况					
	② 车间纪律					
	③ 团队协作精神					

三、个人学习总结

成功之处	
不足之处	
改进方法	

空调器维修技术基本功

项目五　空调器电路检修的学与练

项目情境创设

空调器控制电路工作在高电压大电流的条件下，损坏的几率很高，该如何进行故障的分析与检修呢？

空调器电路故障的检修是空调器维修的重点，空调器电路故障根据实际维修经验总结看，常见于电源电路、压缩机电路、风机电路和温度传感器电路。项目五空调器电路检修针对以上电路设定相关任务，学习电路维修技术的基本功，为空调器电路的维修和技能提高打下基础。

项目学习目标

	学习目标	学习方式	学　时
技能目标	① 检修常见空调器的电源电路故障，三相电源相序调节 ② 检修压缩机启动电容故障 ③ 检修常见空调器内外风机故障 ④ 检修内机管道温度传感器损坏故障	实习操作	20
知识目标	① 常见空调器电源电路基本结构和工作原理 ② 常见空调器压缩机电路基本结构和工作原理 ③ 常见空调器风机电路基本结构和工作原理 ④ 常见空调器温度传感器控制原理	现场讲授	10

项目基本功

任务一　电源电路故障的检修

基本技能

一、熟悉和了解空调器交流电源电路

熟悉和了解空调器交流电源电路见表 5-1。

表 5-1   熟悉和了解空调器交流电源电路

技能标题	操作流程	说　明
熟悉空调器电源电路	① 观察与整理空调器电源线路、内机和外机电源连接线路 ② 观察与整理空调器电路板上压缩机功率继电器的电源线和压缩机控制输出连线 ③ 画出以上电路之间的原理图或接线电气图	空调器电路维修，首先要了解和熟悉空调器的电路结构，通过实物画图和拆装空调器电路连线，可以很快掌握电路的结构组成 连接线路过程中，要熟悉电路结构和部件端子功能，避免断路或短路故障的发生 拆卸导线时要捏住接线端子的簧片及护套再用力，避免拉断线
电路拆装与连接	① 连接空调器电源线、内机和外机接线 ② 连接压缩机功率继电器上导线 ③ 连接电源变压器到电路板	
通电试机	① 检查连线的正确性 ② 通电运行调试，空调器工作正常 ③ 观察压缩机、内风机、外风机等功能是否正常	连接准确情况下，才能通电试机，否则极易造成电路或压缩机的损坏 听到异常声音或闻到异常味道要及时断电停机
电压测量	① 测量电源插座电源电压 ② 测量外机接线柱之间的工作电压 通电没运行之前进行电压测量 通电运行后再进行电压测量 比较运行前后外机电源的控制特点	对空调器进行电路检修时，首先要检查压缩机运转时电源电压是否满足±10%要求；学会通过测量电流大小判断压缩机的过载与否 空调器外机运转不正常，要检查外机接线柱之间的压缩机、外风机、四通阀等电压是否正常
电流测量	使用钳形电流表测量压缩机工作电流，和铭牌标注的额定电流进行比较	

二、空调器电源电路检修

空调器电源电路检修见表 5-2。

表 5-2   空调器电源电路检修

技能标题	操作流程	说　明
保险丝检测	① 在电路板上找到保险丝 ② 断电在路测量保险丝通断情况 ③ 通电在路测量保险丝两端电压为 0 ④ 断电拆卸和安装保险丝训练 ⑤ 识别保险丝金属体上标记的电流参数，更换时作为参考	带电测量注意安全：表笔要稳，垂直电路板进行测量；手不要接触到电路板上 在电路板上测量保险丝座焊点时，表笔要稍用力压住焊点，以防接触不良误判开路
保险丝断路检修	① 熟悉和掌握保险丝断路故障现象：空调器通电无反应 ② 拿掉保险丝模拟断路故障进行检修 ③ 使用断路保险丝模拟故障进行检修 ④ 制造保险丝和座之间有间隙，模拟接触不良断路故障进行检修	空调器常见的保险丝断路故障有两种：一是偶然原因，可以直接更换保险丝；二是电源电路有短路，引起保险丝熔断保护，不能直接换保险丝，要解决短路故障才能换保险丝 更换保险丝注意要断电操作
功率继电器连线错误检修	① 功率继电器电源进线和压缩机控制输出线更换插接位置 ② 空调器插电无反应；检查供电插座电压正常；检查保险丝正常 ③ 通电测量功率继电器电源进板焊接端子和电路板上交流 N 之间没有电压 ④ 断电测量空调器电源插头端子开路 ⑤ 恢复正常连接，通电进行试机	此故障导致电路板无电，控制电路不工作。实际空调器故障通常是接线端烧蚀接触不良或烧断、插头发黑等 空调器电源插头端子之间正常阻值是变压器初级线圈的大小 此故障检修主要对功率继电器的控制压缩机线路、空调器的电源电路进行模拟训练

续表

技能标题	操作流程	说　明
空调器电源分配线路故障	① 测量插座电压正常 ② 电源线接入空调器接线柱插错位置，导致电源不能进入电路板，检查室内机电源线路分配 ③ 内外机连接电源线断路，内机正常，外机不工作，测量外机接线柱电压	空调器插电不工作，要先对供电源检查，再对空调器本身电源电路检查 常见的断路故障多是内外机连接线路被老鼠咬断 经过别人维修过的空调或移机的故障要更加细心分析是否接线错误
变压器损坏检修	① 空调器通电无反应 ② 测量空调器电源线插头断路 ③ 检测保险丝正常 ④ 检测变压器初级绕组断路，变压器和电路板插座接触不良，变压器插头内部簧片断裂等	变压器损坏是空调器常见故障 变压器损坏主要是初级线圈断路，若空调器有时通电有时不通电，可能是插接件松动或烧蚀等原因 对于变压器初级断路的变压器，可以观察是否有内部过载熔断器
电源电路检修技巧	① 现象判断：空调器插电无反应 ② 测量电源插座是否有电 ③ 测量电源线两端阻值，判断是否断路。若断路，说明变压器或保险丝断路 ④ 检查保险丝是否断路；检查变压器初级绕组是否断路 ⑤ 采用电阻通断测量、电压有无测量，逐级检查找到故障点	若空调器使用开关电源，不适用这种检修技巧 大部分空调器变压器初级绕组和电源线直通，中间通过保险丝进行保护，测量电源线插头两端阻值就是变压器的初级绕组阻值，通常为几百欧姆

三、三相电源空调器电源电路检修

三相电源空调器电源电路检修见表 5-3。

表 5-3　　　　　　　　　　　三相电源空调器电源电路检修

技能标题	操作流程	说　明
三相电源供电检查	① 断路器输入三相电源电压检测 ② 断路器输出三相电源电压检测 ③ 三相电源和零线的分相电源：单相电源电压 220V 的检测 ④ 断路器处于断路状态，检查输出线端是否松动或接触不良 ⑤ 三相总电源断电，检查断路器输入线端是否松动或接触不良	三相电源供电是三相四线制，三火一零 三相电源常见故障：因为供电线路松动、空气开关烧蚀等原因，导致三相缺相或某相接触不良，压缩机不能正常工作 实际空调器检修时要首查供电源接点是否接触不良或断相
熟悉空调器三相电源电路	① 熟悉三相电源空调器电源的线路结构和连接形式 ② 画制电源原理图或接线图 ③ 拆卸和安装三相电源空调器电源相关电路，以及接触器控制线路	三相电主要提供给空调器压缩机电路和相序检测电路
空调器电源电路检测	① 在空调器内部接线柱上进行三相电压的测量 ② 在空调器内部接线柱上进行分相的单相电压的测量 ③ 断电测量分相的两端阻值是否满足变压器的初级绕组的阻值特性 ④ 测量外机三相电源电压 ⑤ 测量外机交流接触器的输入输出三相电压	三相电源电压测量与检修要注意用电安全 分相所得单相电为电路板及控制电路提供电源。若三相电源正常，但分相电压不正常，则会引起空调器不工作 分相所得单相电和单相电源空调器的电源控制线路一样，直接和变压器初级线圈连接到一起

基本知识

一、空调器电源电路基本结构

1．交流电源主电路

常见空调器的电源电路结构如图 5-1 所示。空调器压缩机电源没有经过保险丝，其他电路电源经过保险丝，变压器初级绕组和空调器电源线直通，次级绕组输出电压经过直流电压变换，为空调器控制电路提供电源。变压器通过插头连接到电路板上。

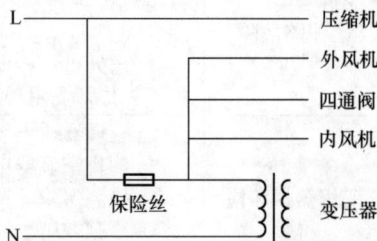

图 5-1　常见空调器的电源电路结构

2．功率继电器和电源电路关系

空调器功率继电器接线结构如图 5-2 所示。电源电路由功率继电器引入到电路板内。

功率继电器上面的两个插片是 L 进线和控制压缩机出线，焊在电路板上是 4 个端子，两个是继电器的线圈端，两个是开关端，和顶上的两个插片是连通的，L 线通过内部通路连到电路板上，给电路板供电。

压缩机、外风机和四通阀电源控制电路由接线柱接向室外。

交流电源 N 端一般是另外单独一根插线连接到电路板上，使交流电源送到空调器电路板上，空调器才能得电工作。在电路板上交流电源主回路上有保险丝，压缩机电源电路是没有经过保险丝的，直接从功率继电器上输出，所以压缩机启动烧坏保险丝，多是电路连接错误引起的。

功率继电器顶端两根线装颠倒，会导致空调器无电源。在拆卸或更换功率继电器时，一定要注意连接正确。

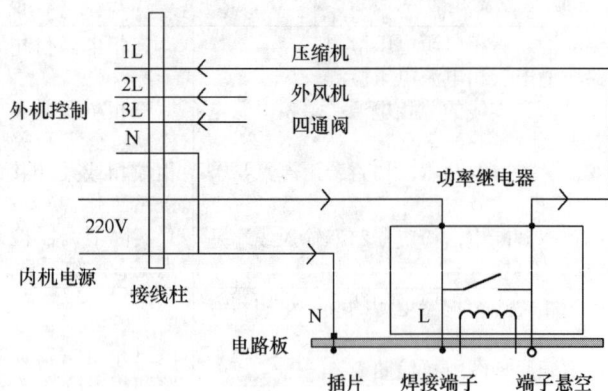

图 5-2　空调器功率继电器接线结构

二、空调器内部电源分配

空调器内部的电源分配，主要由接线柱连接、分线完成。接线柱导线连接方法常用插接和压接。

1．常见空调器电源分配

一般柜机和挂机电路结构基本一致，空调器内部的电源分配大致有两种情况，如图 5-3 所示。

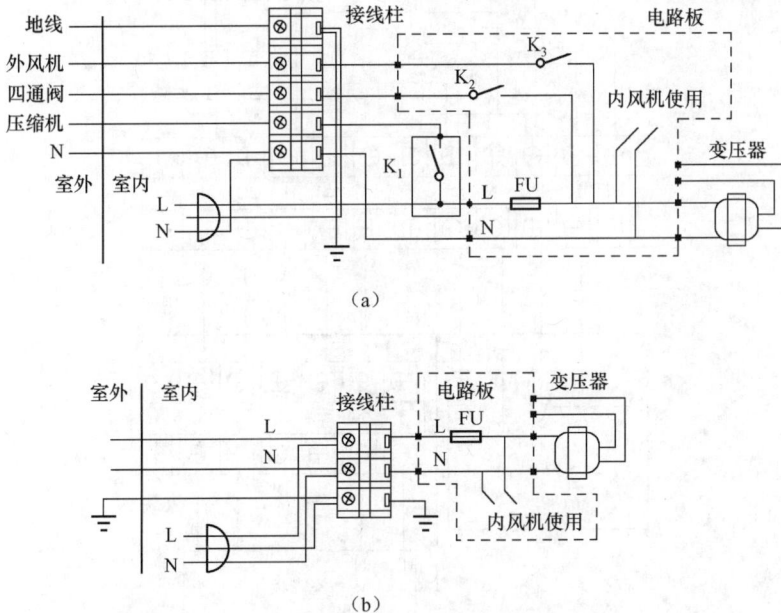

（a）

（b）

图 5-3　接线柱

图 5-3（a）所示为继电器在室内的空调器电源分配。本电路的特点是电路板的电源 L 是由功率继电器接入的，N 是直接接入，在电路维修时要熟悉这种电源结构。K_1 是功率继电器，K_2、K_3 是一般继电器，FU 是电路保险丝，保险丝没有连在压缩机电路上。

图 5-3（b）所示为继电器在室外的空调器电源分配，将交流电源通过接线直接引出到室外机，内机也由接线直接得电。

控制电路所需要的弱电由变压器降压、整流、滤波和稳压而得，变压器通常使用接插头和电路板连接。

2．三相空调器的电源分配

三相空调器的电源分配稍微复杂一点，主要是导线多，但若掌握电源的分配原则，线路也就显得简单了，关键是要从三相电源中分出单相电源给电路板使用，三相电只供压缩机电路使用。三相电源通常使用 3 个字母表示，如 L_1、L_2、L_3，U、V、W 或 R、S、T。

三相电源的三火（L_1、L_2、L_3）一零一地共 5 根线，没有经过空调器室内机，通过电缆从室内的配电箱直接送往室外机，在室外进行电源的分配，如图 5-4 所示。

外机分配到内机的电源线有 L、N、地线，内机控制到室外的电源线有压缩机接触器控制电源 1L、外风机的控制电源线 2L、四通阀的控制电源线 3L。

外机三相电源供给相序检测电路和压缩机，如图 5-4 中 U、V、W 这 3 根火线。

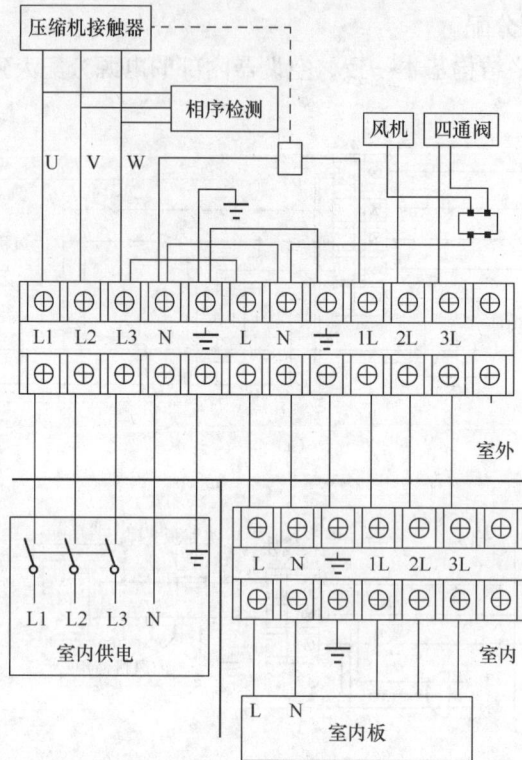

图 5-4　在室外进行三相电源分配

三、220V 交流电源主回路

空调器的交流电源主回路基本都是一样的结构，如图 5-5 所示。从外电网输入交流 220V 电压，经过电路中的保护和处理，在输出端得到比较稳定的交流 220V 电压。实际空调器电路维修过程中，这部分的电路也会出现很多的故障，图 5-5 中所示的电路元件都在电路板上。

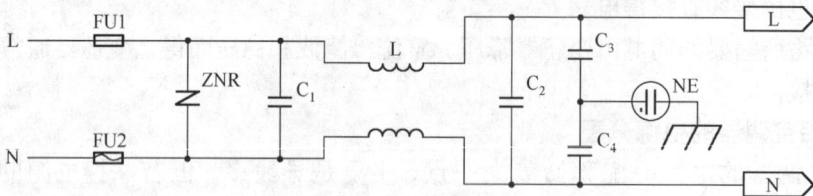

图 5-5　交流电源主回路

1. 压敏电阻和保险丝组合保护电路

电路中的 ZNR 是压敏电阻，ZNR 是对电源电压高低变化很敏感的元件，电压升高阻值急剧降低，至达到短路。用在电源的输入端，主要起到过电压保护和雷击短路保护等多重作用。

常见的空调器电路 ZNR 如图 5-6 所示，呈双端子圆片状，有的空调器还使用防爆的塑胶将压敏电阻裹起来，外形看起来和高压电容差不多，但元件表面的字符标记不同。空调器常用的压敏电阻通常是 "MYG 471K"。

图 5-6　压敏电阻

220V 交流过压时，没有达到击穿电压，但压敏电阻阻值降低引起电流过大，保险丝过载熔断，保护后级电路。这种情况，压敏电阻没有损坏，保险丝熔断，玻璃管内可见熔断的残留物，不发黑，可直接更换保险丝，通电试机。

380V 三相线电压已远超过 300V 的最高工作极限电压，通电瞬间压敏电阻就敏感短路，即可引起保险丝熔断。这种情况压敏电阻一般已经损坏，可见压敏电阻烧碎或外表有黑色的裂缝等，保险丝爆裂或烧黑，可检查电源正常的情况下，直接更换保险丝通电试机。

压敏电阻损坏的都是高压引起短路电流过大烧坏开路，表现的故障就是不工作，检查是保险丝断路。若是以上问题，应急维修可以不用压敏电阻，但空调器已没有了保护作用，极易损坏后级电路，最好补上压敏电阻。

更换压敏电阻最好使用统一类型的空调器电路专用类型，若没有同一类型，可在空调器的旧电路板上拆卸使用。

空调器常用的保险丝有两个，除了和压敏电阻组合的短路熔断保险丝 FU1 外，还有一个空调器工作电流过载延时保护熔断器 FU2，通常称作温度保险丝。当空调器电路过载主要是风机、变压器等电流较大，熔断器 FU2 内部发热、温度升高，当达到一定温度的时候，内部烧断，空调器整机断电保护。

2．抗干扰电路

图 5-5 所示的电路中电容 C_1、C_2 和扼流圈 L 构成交流主回路的抗干扰电路。这个电路具有双向阻隔的功能，电网中的高频干扰不能进入空调器电路，使空调器性能工作稳定，同时空调器电路工作时产生的高频干扰也不能进入外电网，避免设备对电网的污染。

3．防雷击电路

电容 C_3、C_4 和氖管 NE 构成交流回路的防雷击电路，雷击的大电流、高脉冲通过交流电网窜入空调器电源电路，在前两级没有防护好的情况下，再通过防雷击电路向大地放电，氖管是接空调器外壳的，和大地连接，对雷击有吸引放电的作用。

四、空调器电源电路故障分析与检修

电源电路出现故障，接通电源后，空调器没有反应，指示灯或显示屏没有电源显示，使空调器的后续操作无法进行，故障的实质是空调器电路没有电。

空调器的电源故障主要包括空调器的供电电路故障和空调器电路本身内部的电源故障。供电电路故障主要是空调器外部，和空调器无关。空调器不通电的故障，一定要分辨清楚，是空调器自身故障还是空调器外部的供电故障，即判断清楚是空调器故障还是非空调器故障。

1．供电电路故障

空调器的供电电路常见的故障主要是：电源不通空调器没电，电源接触不良空调器工作状态异常，工作电压过低导致压缩机过载等。

空调器插电后没有反应，通常都是空调器的电源不通，空调器的电源不通，很多情况下都是空调器外供电电路的问题。供电电路故障主要是指空调器的电源插座没电，或柜机使用的空气开关没电，插座和空气开关本身，与之连接的线路、线头、空调器插头等都会出现问题，有的是用户的电源线路有问题等，检修时要多方检测。

电源接触不良空调器工作状态异常，通常是电源的插座和插头接触不良，电源插座的接线接触不良，空气开关的触点接触不良，空气开关的接线接触不良等。挂机的电源插座和插头接触不良，空调器在工作时，插座内"呲呲"打火、空调器插头发烫，引起电路电压损耗，压缩机欠压工作会导致压缩机过载保护，严重的情况会导致压缩机启动困难或压缩机启动瞬间空调器停机或保护。空气开关触点接触不良烧蚀，导致空调器不通电或工作在接触不良的欠压工作状态。

空调器的工作电压低，是空调器使用高峰时段最常见的供电问题，这个原因主要是供电功率不足造成的，是无法进行维修的。常见的故障现象是压缩机过载保护，测量电源在压缩机不工作时低于200V，压缩机启动和运转时，有明显的电压下降，或者压缩机无法启动导致启动过载保护。

三相供电线路的相序或电源缺相，空调器保护不工作。三相有一相接触不良会引起压缩机启动时出现故障。

2．空调器本身的电源故障

空调器本身的电源故障，主要是电路板上的保险丝断路，空调器的变压器初级线圈开路，空调器的电路连接线位置错误或接触不良，空调器自身电源线接触不良、断路等，导致空调器不能工作。

任务二　压缩机电路故障的检修

基本技能

一、单相压缩机电路连接和通电试机

单相压缩机电路连接和通电试机见表5-4。

表5-4　　　　　　　　　　单相压缩机电路连接和通电试机

技能标题	操作流程	说　明
制作连接导线	① 选用带插头的电源线一根，线头做上插簧和护套 ② 用 1mm² 护套导线 3 根，长度 30～40cm，导线两端做上插簧和护套 ③ 选用压缩机、过载保护器、启动电容	压缩机和过载保护器用 1HP 功率，电容选用 25μF。连接线路之前要对使用的导线和部件进行检测 使用制作的导线连接压缩机和电源，进行通电试机
连接压缩机电路	① 测量分辨出压缩机 3 个端子、检测过载保护器、启动电容、电源线 ② 压缩机 R、S 端使用制作的导线连到启动电容上，C 连接到过载保护器上 ③ 电源线两端分别连接到过载保护器，电容的 R 连接线的插片上，不能连接到电容的 S 连接线的插片上	电容的一个端子上有 2～4 个插片，电源线和压缩机 R 连线插在一个端子的不同插片上，电容的端子起到分线连接的作用 电路连接如图 5-7 所示。压缩机 3 个端子和插头的连接是有方向性的，反向插头插不上去

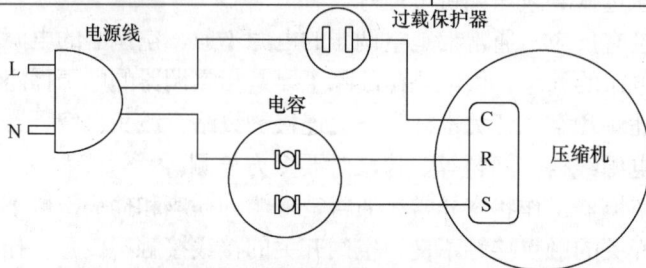

图 5-7　单独压缩机连接通电

续表

技能标题	操作流程	说　明
通电试机	电源线插电，观察压缩机运转	试机时，要检查好连接线路，以免出现安全问题，或压缩机损坏
空调器实物练习	① 在空调器外机进行压缩机电路识别 ② 拆卸压缩机线路 ③ 连接压缩机线路 压缩机的电容端子上还可能有外风机和四通阀的连接分线，注意不要搞乱	可分两步练习 ① 通过记连接压缩机的导线颜色，进行电路连接 ② 通过测量压缩机端子和理清外机电路，进行电路连接

二、空调器压缩机启动电容损坏检修

空调器压缩机启动电容损坏检修见表 5-5。

表 5-5　　　　　　　　　　　空调器压缩机启动电容损坏检修

技能标题	操作流程	说　明
电容检测	① 压缩机启动电容好、坏对照测量 ② 启动电容不同容量测量对比	复习和巩固电容的检测方法
故障现象	① 压缩机得电后不运转，发出"嗡嗡"声，几秒后，过载保护器"咔"一声，断开压缩机电源。几分钟之后，重复上述故障现象 ② 压缩机保护时，外风机运转正常 ③ 10min 后，压缩机和外风机不再通电，空调器进入保护，显示故障代码不再工作	压缩机启动电容损坏是最为常见的空调器电路故障 压缩机过载保护器在 10s 内若没有断开保护，要立即断电，以防压缩机损坏 当空调器出现上述故障现象，主查启动电容，再查压缩机
电容故障试机与检测	① 电容短路启动试机演示 ② 电容开路启动试机演示 ③ 检测电容的损坏情况	实际检测电容时，要将电容上的连线拔掉，压缩机的绕组连接线会造成电容短路的假象

三、压缩机控制电路检修

压缩机控制电路检修见表 5-6。

表 5-6　　　　　　　　　　　压缩机控制电路检修

技能标题	操作流程	说　明
压缩机损坏检修	① 准备绕组短路、开路和正常的压缩机 3 只 ② 测量压缩机绕组阻值并记录数据 ③ 连接压缩机控制电路，注意过载保护器的匹配 ④ 压缩机通电试机 10～30s ⑤ 使用不同的压缩机进行通电试机，掌握表现出的故障现象的不同原因	实际压缩机损坏常见绕组短路、开路、漏电等 压缩机绕组短路故障现象和电容损坏故障现象基本一致 实际维修时，出现此故障现象，先检查电容或更换新电容试机，再检测压缩机绕组阻值，分清是压缩机自身损坏还是启动电容的故障
功率继电器检修	① 准备线圈开路的功率继电器 1 只 ② 在实物空调器上熟悉控制电路板上功率继电器的焊点，分清线圈、电源接入点、悬空点 ③ 通电试机，压缩机运转后，测量线圈端直流工作电压+12V ④ 断电测量线圈两端阻值并记录 ⑤ 将准备好的故障功率继电器换到电路板上 ⑥ 重复上述任务，进行故障检测	功率继电器常见故障是内部线圈开路。功率继电器线圈开路表现的故障现象是压缩机不工作，内机、外机、风机运转工作。开机 1～10min 后出现整机保护不工作，出现故障代码。保护的原因是检流保护或制冷效果检测保护 更换焊接连接功率继电器时，注意操作不要造成人为其他故障 电压测量时，注意表笔的操作安全，不要造成周围端子之间的短路

技能标题	操作流程	说　明
交流接触器检修	① 正常状态下，试机运行 ② 拔掉交流接触器线圈一端的接线，开机观察故障现象：压缩机不启动运转 ③ 三相交流接触器人为使一个触点不能接通，造成缺相，通电观察故障现象：压缩机能通电，但不能启动运行，发出一定的电磁噪声。若5～10s不能自动保护，及时断电	交流接触器损坏是空调器的常见故障，主要是线圈断路不通电或触点接触不良导致缺相 更换三相交流接触器时，要注意三相的相序正确 空调器三相交流接触器线圈的工作电压是单相电220V
三相相序调节	① 观察三相相序错误的空调器故障现象：空调器保护不工作，但空调器有电 ② 空调器外部，在三相断路器输出端调节相序 ③ 若外部电源线无法调节，空调器内部找到三相电接线柱，调节两根线位置也可	三相电源相序错误，导致空调器保护。三相供电源没有明确的相序，空调器在安装时需要进行相序调节 相序检测电路同时具有缺相检测保护的功能 调节相序注意要断电安全操作

基本知识

一、单相压缩机控制电路

1．单相压缩机的运转

单相压缩机的电动机是单相异步电动机，需要在电动机通电启动运转时，利用启动电路产生一个启动转矩使单相电动机能转起来。压缩机一般使用电容串联在启动绕组上，电路连接如图5-8所示，使单相电动机的运行绕组和启动绕组在通电启动时产生一定偏转角的磁场，让电动机运转起来，这个电容就叫启动电容。

电容若错串在运行绕组上，电动机则反转，绕组过流发热，有的压缩机反转不能转动，造成压缩机堵转，相当于短路电流，若保护不及时，则会烧坏压缩机。所以实际空调器电路维修时，一定要注意正确连接压缩机电容。

2．单相压缩机电气控制电路

单相压缩机电气控制电路，由于压缩机的功率不同，通常使用功率继电器和单相交流接触器控制。

（1）功率继电器控制压缩机电路

一般制冷量在5000W以下的挂机和小柜机，由于压缩机工作电流不是很大，所以直接使用功率继电器控制，如图5-9所示。

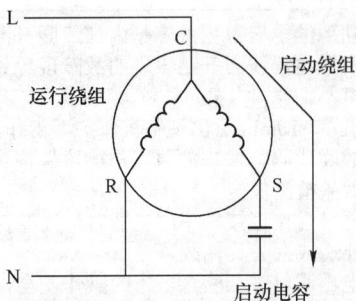

图5-8　单相压缩机和电容连接

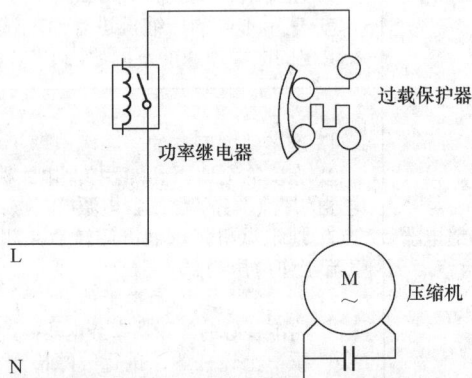

图5-9　功率继电器控制压缩机

（2）交流接触器控制压缩机电路

制冷量在 5000W 以上的柜机，压缩机工作电流较大，使用单相交流接触器控制压缩机，如图 5-10 所示。由于交流接触器的线圈工作电压是 220V 交流电，所以线圈的控制要使用继电器，本电路有继电器和接触器两个控制元件控制压缩机运转。基本控制过程是：CPU 控制继电器闭合，继电器控制接触器线圈得电，接触器开关闭合压缩机启动运转。

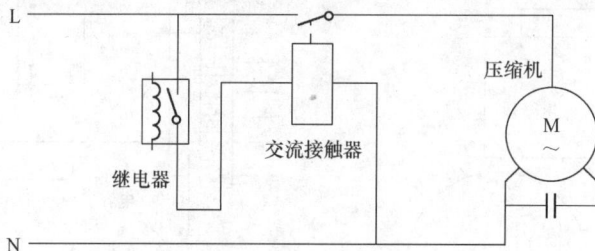

图 5-10　接触器控制压缩机

3．单相压缩机的连接

实际连接压缩机控制电路时，要掌握以下几点：测量分清压缩机的 3 个端子 C、R、S 的 3 根引线；电容是串联在压缩机的 CS 绕组上的；分析控制压缩机的功率继电器在室内机还是在室外机，找清压缩机控制的电路端子；使用交流接触器控制的电路，接触器在室外机。

（1）电容和压缩机的连接技巧

实际连线要考虑电路的具体结构和布线，一般是将压缩机的 R、S 直接连在电容上，再将电源线接在 R 线所在的电容的分线柱上，电源线的另一根接在压缩机的 C 端子上，压缩机和风机均采用这种连接方法，如图 5-11 所示。

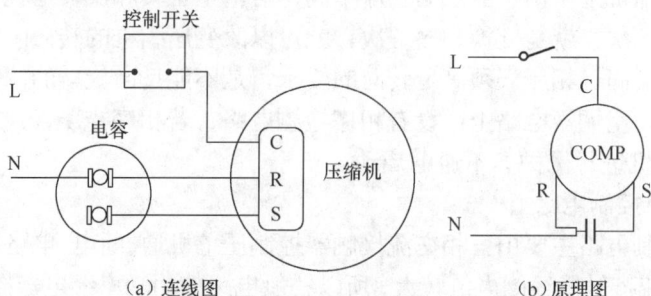

（a）连线图　　　　　　　　　　　　　　（b）原理图

图 5-11　单相压缩机的电容和电源连接

从压缩机、风机和电容的连接可知，正确的连接电路首先必须能分清电动机的 C、S、R 端子，所以对端子的测量方法一定要掌握，并且掌握实际是如何连接线路的。

（2）继电器在室外机的压缩机电路

继电器在室外机的压缩机控制电路，外机电路结构稍微复杂，实际接线如图 5-12 所示。接线柱是室内向外供电的 220V 交流电源，内外机之间还有一束控制信号线，外机有专用的电路板一块。

控制压缩机的功率继电器焊接在外机电路板上，交流电源 L 端通过功率继电器连接到电路板上，N 通过插线直接连到电路板上。但压缩机的回路并不走电路板上，电路板上主要控制外风机和四通阀等。

压缩机的电源回路使用连线直接连到接线柱的 N 端子上，L 端从功率继电器顶部的开关接线片上引出。

（3）使用接触器控制的压缩机电路

控制继电器在室内，使用交流接触器控制的压缩机电路连接如图 5-13 所示。交流接触器两侧的端子是线圈的接线端，受继电器控制，接触器的两路开关通常并联使用，由于电路结构需要，外机电源公共端 N 使用分线器分配电路用于连接外风机和四通阀等。

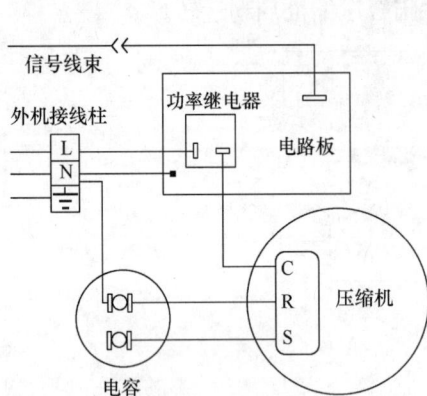

图 5-12 继电器在室外机的压缩机连接

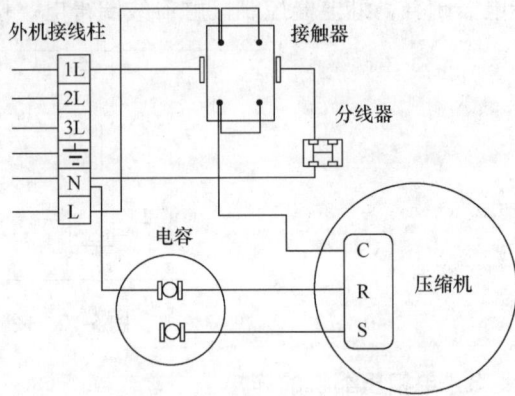

图 5-13 使用接触器控制的压缩机电路连接

二、三相压缩机控制电路

1. 三相压缩机的运转

三相压缩机电动机是三相异步电动机，由于空间对称分布三相绕组，通过三相电后能自动产生旋转磁场，电动机转子随之运转，因此，三相压缩机不用启动电路。

三相电加在压缩机上，由于三相的相序不同，可产生正转和反转两种情况，任意调换两个电源相线的位置一次，就是变换相序一次，就可以改变压缩机的转向。空调器压缩机在正常工作时有规定的转向，相序必须满足转向的要求，是不能反向旋转的，所以为了防止压缩机反向旋转，在三相空调器电路上都设有相序检测电路，若相序错误，则产生检测信号送到CPU，CPU 对压缩机进行保护，不通电启动。

2. 三相压缩机控制电路

三相压缩机控制电路主要由三相交流接触器控制压缩机通、断电，电路控制原理如图 5-14所示。由于三相交流接触器线圈电流较大，所以一般电路使用功率继电器控制接触器的线圈，单相交流接触器线圈一般由普通继电器控制，单相和三相交流接触器线圈工作电压都是 220V交流电压。三相相序检测电路的三相取样连接在交流接触器前端，R、S、T 三相对应的位置是不能乱调的，此处空调器出厂时已调试好。

3. 三相相序检测与调节

连接压缩机线路时，可根据线头和端子的标记对应连接，若字母不一致，则用 R、S、T对应 U、V、W 连接即可，若没有标记则需要进行调试。空调器在安装调试使用电源时，以及在维修更换压缩机时，通常需要调节相序，相序调节时一定要将三相电源关断。

（1）相序检测动作，压缩机无电，不能启动时相序调节

这种情况一般是三相供电的相序错误，在三相电源空气开关控制的位置，断开空开，在空开后将空调器的三相连接线随便两根互换一下位置接好即可，如图 5-15 所示。在调节时，只要调换两根线的位置即可，第三根线不要动。

若外部电源线无法调节，空调器内部找到三相电接线柱，调节两根线位置也可。

调相时一定要记得断电，不可带电操作，防止短路或触电事故发生。

这种情况在维修时经常遇到，主要原因是空调器外电路进行电路改造或电路维修后造成的，这对于空调器来说不是故障。

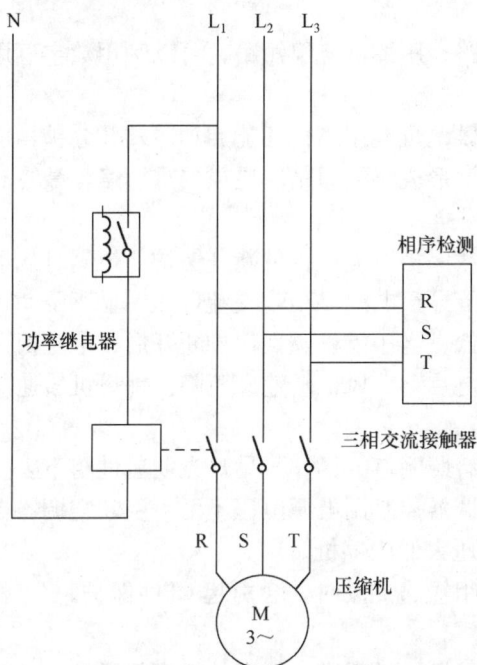

图 5-14　三相压缩机控制电路

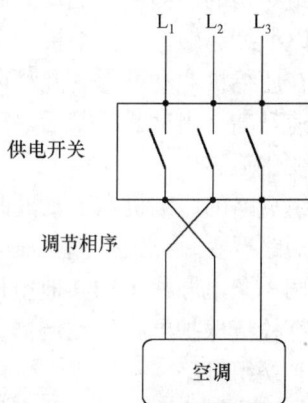

图 5-15　三相空调器的电源相序调节

（2）相序检测正常，压缩机反转时相序调节

压缩机排气端凉、吸气端热，或压缩机噪声大，或启动短时间过载保护等现象可判断压缩机反转。

压缩机反转，说明相序检测电路检测相序正确，没有进行保护。但三相电加在了压缩机上，压缩机反转，说明压缩机的连接线相序错误，这种情况一般是在更换压缩机后连接线路时出现，是在所难免的，但要掌握调试相序的方法。

上述原因说明三相电源接入相序正确，问题是在压缩机的 3 根连线错相。

可将压缩机端子随意两个连接线互换位置，或将压缩机的接触器后控制的 3 个线头随意互换两个即可，如图 5-16 所示，注意不得调换接触器前的线头，因为三相相序检测取样是在接触器前。

调节相序时，一定要断开压缩机三相电源。

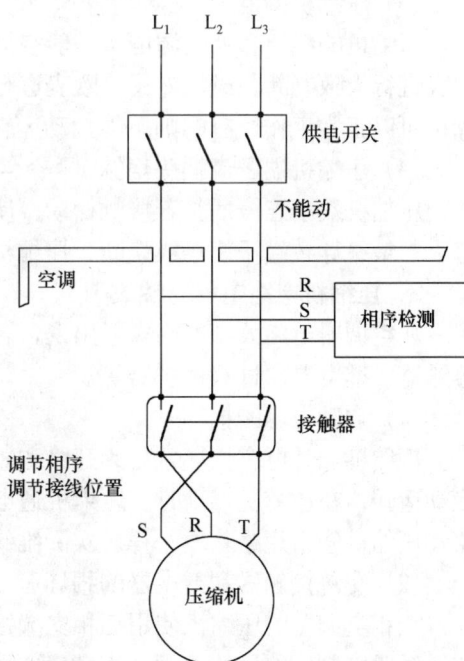

图 5-16　三相空调器的压缩机相序调节

111

三、压缩机电路故障分析与检修

压缩机电路故障主要是两个方面，一是压缩机本身损坏，二是压缩机电路相关部件损坏。

1．压缩机故障

（1）绕组短路

压缩机故障主要是压缩机的电动机绕组短路。压缩机绕组短路，可以利用数字万用表进行测量判断。

压缩机的绕组短路损坏，当轻微短路的时候，可能压缩机还能启动运转几分钟，但绕组短路引起的大电流和发热，使绕组的损坏加强，形成绕组短路明显或严重短路，最终导致压缩机不能启动运转。

绕组短路的压缩机在启动的时候过流，过载保护器几秒钟就断开保护，但同时启动的外风机可以继续运转。在压缩机启动时，短路过流导致电源 220V 交流电压明显下降，可发现外风机在压缩机启动过程的几秒内转速明显降低，当压缩机过载保护断开后，电压回升，外风机转速升高。当过载冷却后，压缩机再次得电启动，风机转速又下降。外风机转速周期性快、慢变化运转。

绕组短路的压缩机在启动的时候过流，若有照明灯的话，可见灯光明显地暗下去。有的空调器短路严重，导致交流电压下降很多，空调器控制用电源电压不足，引起空调器自动停机，在同一条电源线上的其他空调器也会因电压太低而停机。

带有检流保护电路的空调器，在压缩机绕组短路启动时，会引起 CPU 保护。

（2）绕组开路

压缩机绕组开路，空调器工作的时候，外风机运转正常，但压缩机不能运转，一般很容易测量和判断。

（3）压缩机漏电

压缩机的绕组和外壳漏电，一般空调器在启动的时候，电源跳闸。压缩机的漏电可用万用表进行大致判断，或用专用兆欧表进行测试。压缩机漏电若没有漏电保安器保护，有的压缩机可以正常工作，有的则不能启动运转。

（4）压缩机端子或插头烧蚀

压缩机端子连接插簧若接触松动，使接触电阻大，通电运行时电流引起端子和插簧发热打火，最终导致端子烧蚀或烧断，压缩机不能正常通电运行。

2．压缩机电路电气元件故障

从空调器电路故障维修实际出发，容易损坏的电气元件主要有电动机的启动电容、交流接触器、继电器、过载保护器等。

（1）启动电容的损坏

压缩机启动电容损坏常见为开路和短路，以及电容量明显不足。这一切都不能使压缩机启动运转，在压缩机启动时，压缩机通电启动几秒后，过载保护器断开保护。表现的故障现象和压缩机绕组短路基本一样。实际维修时，要注意区分。

（2）交流接触器和继电器的损坏

三相空调器的压缩机使用三相交流接触器控制三相电源，单相大功率空调器使用单相交流接触器控制压缩机的电源，小功率空调器使用功率继电器控制压缩机的电源。

交流接触器和继电器的损坏，主要是线圈开路或触点接触不良。

（3）过载保护器损坏

过载保护器开路损坏引起压缩机不能得电。

更换过载保护器注意和压缩机的功率匹配，功率过大的过载保护器不能很好地保护压缩机，功率过小的过载保护器在压缩机正常工作电流条件下，会进行误保护。

任务三　空调器风机电路的检修

基本技能

一、外风机故障检修

外风机故障检修见表 5-7。

表 5-7　　　　　　　　　　　　　外风机故障检修

技能标题	操作流程	说　明
外风机检修基本操作	① 熟悉外风机几个端子线、电容如何连接、控制电路连接形式等 ② 外风机检测，测量分辨端子和测量判断绕组阻值及好坏 ③ 外风机线路拆卸与安装 ④ 外风机电动机及扇叶的拆卸和安装	风机的拆卸和安装，是维修风机的基本操作，风机损坏通常更换整个电动机 　根据空调器实物，画出外风机控制电路图，注意外机和内机之间的控制关系，画到电路板的插头位置
画图	画外风机控制线路图或接线图	
外风机故障现象	① 制冷压缩机运转，外风机不转，压缩机在一段时间后过热保护停机，手摸空调器外机机壳很热，通常是外风机或启动电容故障 ② 制冷压缩机运转，外风机转速慢，可以通过扇叶旋转看见，工作一段时间后，压缩机过热保护，此故障较为隐蔽，通常是启动电容故障	空调器外风机不转或转速慢，也会导致制热无制热效果或制热效果差 　故障原因主要是启动电容损坏的较多，电容开路、短路、变质容量不足等
外风机故障检修	① 观察故障现象，判断是外风机的故障 ② 通电压缩机运转，用手旋转外风机，判断是否启动电路故障 ③ 检测外风机电源是否正常 ④ 观察电容是否变形，检测启动电容，检测电动机绕组	空调器若长时间不用，风机电动机轴也会因轴承卡死而有较大的阻力，很难启动运转，可先用手转起来恢复灵活，若不灵活则要拆外风机进行加油或调节轴间隙

二、内风机故障检修

内风机故障检修见表 5-8。

表 5-8　　　　　　　　　　　　　内风机故障检修

技能标题	操作流程	说　明
内风机检修基本操作	① 熟悉常见故障现象：内风机不转，内风机转速慢，内风机运转噪声大 ② 内风机控制线路拆卸与安装 ③ 内风机电动机绕组检测 ④ 内风机电动机及扇叶拆卸与安装	空调器内风机电动机拆卸，需要先将扇叶在电动机轴上卸掉，才能拆卸电动机 　拆卸挂机内风机电动机要将内机电气盒整体卸掉，露出电动机体

技能标题	操作流程	说　　明
柜机内风机故障检修	① 制冷内风机不转故障现象:内风机不转不吹风,透过出风栅可见内机盘管结霜 ② 手摸电动机有轻微电磁振动,说明通电 ③ 断电,找到电动机启动电容,检测好坏;检测电动机绕组 ④ 压缩机运转,风机若无电不转,则检测控制电路板继电器控制电路,一般是某一档的控制继电器线圈开路所致,调节到其他风速内风机能够运转。注意一般在压缩机运转之前,内风机是低风吹出的,不受调节控制	部分挂机和柜机内风机通常使用继电器控制调速 制冷状态下,内风机开机即转,制热状态下具有防冷风吹出保护功能,一般要延时运转 内风机转速慢通常是内风机启动电容容量减少所致 "嗯嗯……"内风机运转噪声较大,多是电动机的电磁噪声,需要更换电动机
挂机内风机故障检修	① PG 电动机故障演示:利用测速功能损坏的 PG 电动机,进行空调器运行试机,观察风机运转的过程及故障现象,观察空调器出现的风机损坏故障代码 ② 内风机损坏故障现象:制冷开机内风机运转,转速很快,十几秒后风机停止运转,出现故障代码保护,压缩机不启动 ③ 根据故障代码和故障现象,判断电动机测速电路损坏,更换新电动机 ④ 拔掉 PG 电动机的速度检测插头,观察空调器故障现象	空调器挂机内风机通常是可控硅控制的 PG 电动机,电动机损坏多是电动机内部的测速功能电路故障 若空调器通电没有启动制冷,内风机就运转,多是控制电路的可控硅击穿短路 若空调器制冷开始内风机就不转,说明是内风机调速电路出现故障,或是过零检测电路故障,需要更换控制电路板 PG 电动机损坏较多

基本知识

一、继电器控制的风机电路

继电器控制的风机在早期的空调器内机,以及现在的空调器外机使用极为普遍。继电器控制的内风机电路,一般可以进行两档或三档风控制,外机一般只有一个固定的风速。

1. 风机抽头电动机调速原理

内风机电动机结构特点是绕组通过抽头控制,启动绕组和运行绕组可以进行部分功能转换,改变运行电流和启动电流,从而实现电动机的速度控制。

2. 内风机控制电路原理

以具有三档风功能控制的电动机为例,电路结构原理如图 5-17 所示。图 5-17 中 RY1、RY2、RY3 是带有常开和常闭的继电器开关,图中没有画出继电器的线圈,CN1、CN2 表示风机和电路板的接插件。

内风机抽头调速控制,每个抽头由一个继电器控制,继电器在驱动电路的控制下,分别控制风机的调速抽头,将交流 220V 电压送入风机,完成风机的运转及调速。

图 5-17 中继电器 RY1、RY2、RY3 的常开开关分别控制风机的高、中、低三档风的抽头,由于 CPU 不会同时输出两路及两路以上的信号,所以继电器控制时,只有一个继电器开关接通风机抽头控制,其余两个继电器不会同时接通。

从图 5-17 中可以看出,交流电源不是直接通到继电器开关上的,而是由继电器的常闭开关提供给下一个继电器开关上的,当有继电器开关粘连不能断开时,这种电路结构可有效防止风机两个抽头同时接通电源。在检测风机控制电路的电路板时，注意继电器的常闭开关的连接作用，电路板上是看不见风机电源连接的铜箔。

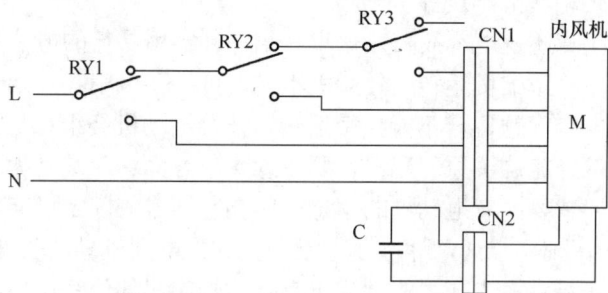

图 5-17 空调器内风机电路

风机控制电路中，风机在电路板外，通常使用插头连接到电路板上，风机电容有的焊接在板内，有的安装在板外。板外电容通过插线直接和电动机连接，基本和电路板无关，常见于柜机控制电路。

3. 空调器外风机控制电路结构

空调器外风机通常没有调速作用，只使用一个继电器控制风机的电源通断。外风机控制继电器根据电路结构的不同，有的在室内，有的在室外（焊接在电路板上，风机通过插头和电路板连接），启动电容在外机。

外风机常见的电路连接如图 5-18 所示。图 5-18（a）所示是三线电动机的线路连接，图中压缩机电容端子作为分线柱使用。图 5-18（b）所示是四线电动机的线路连接，图中的分线器还要连接压缩机和四通阀。图 5-18（c）所示和图 5-18（d）所示是外机有电路板的控制电路，使用插头连接到电路板上。图 5-18（c）所示的电容是焊接在电路板上的，电动机是三线，图 5-18（d）所示的电容在电路板外，电动机是四线。

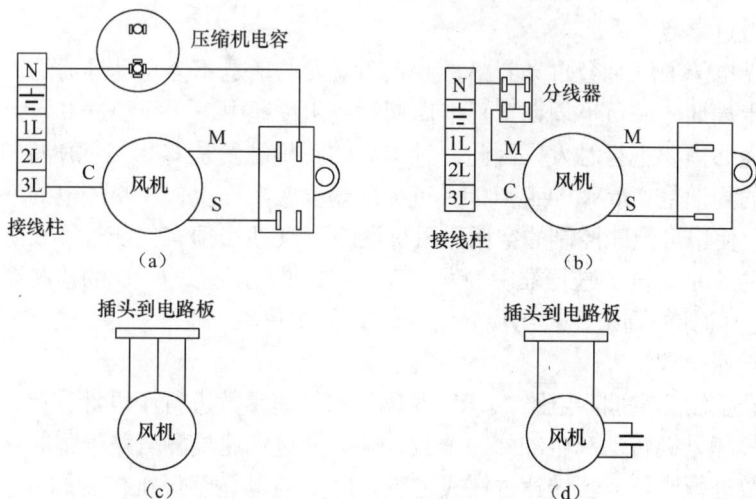

图 5-18 外风机常见的电路连接

4. 风机控制电路检修

空调器风机本身电气或机械故障，需要更换新的风机电动机。

室外风机表现出来的故障现象是风机不转或风机转速变慢。风机不转的主要原因是启动电容损坏、电动机绕组损坏、电动机卡死等。风机转速变慢的原因有电容量不足、电动机绕组轻微短路、电动机转轴润滑不良等。

简单判断电动机故障还是电容故障，这里介绍一种实用易行的方法：拆开外机顶壳，使用遥控器开启空调器，若压缩机运转而外风机不转，可手动风扇叶片启动旋转，启动后能持续运转下去，基本是电容问题，若不能持续运转，怀疑电动机绕组损坏或没有电源。

更换电动机时，最好能购买原厂配件，要注意 4 个方面：一是功率大小要匹配，要更换功率一致或接近的；二是要注意电动机的固定底座和空调器的固定机架位置对应，以免电动机装不上去；三是电动机体积大小要和原来一致，尤其是电动机轴向长度和电动机转轴长度，以免扇叶装上后和机壳相碰或卡死；四是固定扇叶的轴连接部位和原扇叶安装固定方式要一致，否则扇叶装不上去，有的用螺栓连接，有的用螺母连接，规格尺寸也是不一致的。

更换电容时，最好也是原厂配件，电容量要一致。若自行在市场购买的电容，根据维修经验，容量可适当放大一点，比如 2.4μF 可以用 3～4μF 代替。

二、可控硅控制调速的风机电路

继电器调速是传统控制系统的开关结构形式，随着电子元件制造工艺的提高和发展，尤其是晶闸管性价比提高，使得晶闸管的调速在空调器控制电路中普及起来。晶闸管就是通常所说的可控硅，空调器通常使用光耦可控硅进行风机调速。可控硅的风机调速电路可实现四速以上的精确控制，具有转速检测反馈系统。

1．可控硅调压调速原理

可控硅对交流电源具有斩波降压的作用，并且得到的电源还是近似的正弦交流电，具有正弦交流电的基本特性，空调器的风机都是单相异步交流电动机，所以可控硅调压后的电源，不会影响交流异步电动机的正常运转。由于电压是可以变化的，所以能够控制电动机的转速。

2．可控硅调速控制原理有关知识

（1）交流电过零点

可控硅在无电流通过时会自动断路，并且不触发的话是不会自动导通的，而交流电源在正半周期到负半周期，或负半周期到正半周期的变化过程中，必须经过 0 点，可控硅将自动关断，要想导通必须要进行触发，因此，过零后的正确触发是 CPU 必须控制的。

交流电源的周期是 20ms，每隔 10ms 可控硅需要触发一次，在交流电的一个周期内要触发两次，所以，使用可控硅控制的空调器风机电路，CPU 必须有交流过零检测电路，以确保 CPU 能在交流过零后，再次进行准确触发，使可控硅继续导通。CPU 的检测端口必须有每秒50 或 100 个零点的脉冲到来，若出现异常，CPU 保护停机。

（2）风机转速检测

采用可控硅控制的空调器电路，CPU 对风机的转速参数进行了设计存储，控制风机运转的时候，CPU 检测风机转动产生的脉冲个数。CPU 通过转速检测电路得到的脉冲数量和内部存储的转速参数进行比较，若转速过快或过慢，CPU 自动调节风机控制的可控硅触发相位，进行风机转速自动校正，实现风机运转的稳定性。

采用可控硅控制的风机，在风机内部的定子上，装有磁感应装置的霍尔元件和转速处理集成电路，在转子上装有位置对称的永磁装置，霍尔元件将转子的转速转变为脉冲电信号的数量多少，接出电动机外部，这种电动机称之为"PG 电动机"。

由于机械运动和电动机的温升等因素，霍尔元件的检测功能很容易损坏，由于安装在电动机内部，电动机密闭很好，且生产厂家不提供霍尔元件，所以只能更换整个电动机。

PG 电动机是单相异步电动机，同时是可控硅调压调速，所以 PG 电动机的运行原理结构和普通的单相异步电动机一样，电动机外接 3 根电源线，只是内部安装了霍尔元件检测转速，又增加了 3 根信号线。通常 3 根电源线较粗，3 根信号线较细，使用两个三端插头连接到电路板上。

（3）风机控制过程

风机控制信号的正常输出，要在过零检测和风速检测正常的情况下才能进行。空调器通电开机，CPU 先对交流过零脉冲进行检测，若没有检测到过零脉冲，则 CPU 进行保护。若过零脉冲正常，则 CPU 输出风机控制信号，使风机旋转，同时对风机的转速进行检测。若转速等于 CPU 控制的转速，则维持转速不变，若转速偏大或偏小，CPU 则调节控制信号，改变转速到 CPU 设定到的数据。若 CPU 在控制风机运转过程中，或开机运转检测不到转速脉冲信号，则风机强行高速运转，CPU 扫描转速脉冲。通常 30s 左右检测不到转速脉冲，CPU停止风机运转信号输出，并整机保护不工作，出现风机故障代码。

（4）触发信号

CPU 在检测交流电过零后，根据 CPU 设定的风速，输出相位可移动触发矩形波形成风机控制信号，控制可控硅调压对风机调速。

3．PG 风机控制电路

PG 风机的控制原理如图 5-19 所示，通常使用光藕双向晶闸管（双向可控硅）进行移相调压调速，使电动机的工作交流电压有大小的变化，一般可实现 4 档风速控制。

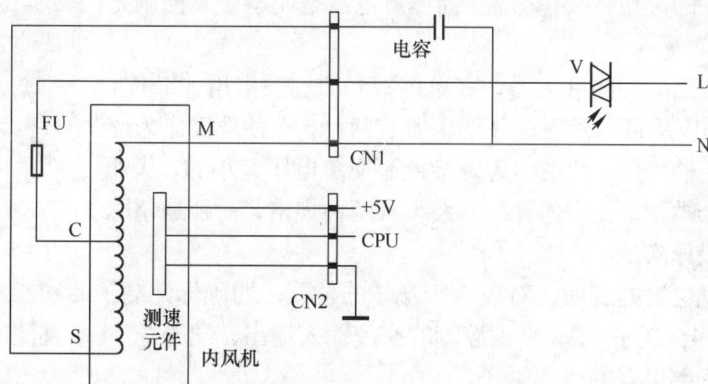

图 5-19　PG 风机的控制原理图

插头 CN1 是电动机绕组，插头 CN2 是测速元件的引出线，　CN1 和 CN2 插到空调器的控制板上，电动机的启动电容和调速可控硅 V 都安装在电路板上。

在 PG 电动机内部，转速的电信号已经经过内部电路的处理，所以风机转速检测电路，一般将风机输出的转速电信号，直接连接到 CPU 检测端子。PG 电动机和电路板之间通过 3个端子的插座连接，这 3 个端子的功能分别是直流电源+5V 的正、负极和转速的电信号。

4．PG 电动机常见故障及检修

PG 电动机常见电气故障是测速元件损坏。测速元件好坏判断较为复杂，一般多根据电动机的故障现象，代换整体电动机试机。测速元件损坏的故障现象是：空调器开机运转，内风机运转工作，但转动速度不正常，通常是失控的高速，说明 CPU 检测不到转速信号，输出转速高信号进行校正，校正失败约 1min 左右，CPU 保护停机。测速元件损坏不能拆开电动机进行更换，只有更换整个电动机，电动机更换要原装配件，否则会无法安装或测速元件输出参数不匹配。

单独的 PG 电动机给风速检测电路加电+5V，用手缓慢转动风机，在转速输出端子，可用万用表检测出明显的电压变化。并且可以观察出电动机每转动一圈，就有脉冲输出。若没有明显的这个现象，可判断电动机内部转速检测电路损坏。也可以在空调器通电不开机的状态下，将电动机转速检测插头连接到电路板，用手转动风机的叶片，使电动机转动，检测风机转速输出端子是否有明显变化的电压，若没有明显的变化说明测速电路损坏。

5．可控硅调速控制电路检修

空调器采用光耦可控硅调速的风机电路，常见的故障主要是 PG 电动机内部转速检测电路损坏、控制交流主回路调压的光耦可控硅损坏，或控制触发电路损坏，也有启动电容损坏的情况。

空调器通电，若没有开机启动，风机却能自动运转，一般是可控硅击穿短路。可断电进行可控硅两端电阻测量，拔掉风机连接的绕组插头，应该是无穷大，若是明显的短路，则说明是损坏。也可断电焊开可控硅的触发电路电阻，若通电后内风机还是自动运转，说明可控硅击穿短路，通常更换电路板。

空调器通电开机后，若内风机不转，一定要先检查启动电容是否损坏。在电容没有问题的情况下，检测风机是否损坏，最后检查风机的控制电路。

三、固体继电器常识

固体继电器也称固态继电器，如图 5-20 所示，具有调压调速和开关控制的功能，在空调器风机控制电路上的应用越来越普及。固体继电器是光耦合类控制无触点电气开关。

空调器常见应用的固体继电器，在电路板和原理图上用"SSR"表示。根据电路的应用可以发现固体继电器有两种，一种是仅作为继电器开关控制使用的，另一种是作为调节控制交流电压大小的。从外形看都是单列 4 个端子，长方体外形，大小有两种规格，一种是超薄型的，另一种是较厚实的。

图 5-20　固体继电器

通常在固体继电器的表面，对应 4 个端子的位置，明确标记端子的功能，排列顺序从右到左是 1、2、3、4，端子 1、2 是被控制的交流输入输出，端子 3、4 是直流电压电源端、控制信号端，相当于继电器的线圈端子。

固体继电器的端子 3 工作电压通常是直流 9～10V，控制信号一般是由 CPU 输出的。

固体继电器表面有裂纹或打火烧蚀的痕迹，说明已经损坏，损坏的情况是开路或短路。

任务四　温度传感器电路的检修

基本技能

一、温度传感器的识别与检测

温度传感器的识别与检测见表 5-9。

表 5-9　　　　　　　　　　　　温度传感器的识别与检测

技能标题	操作流程	说　　明
识别温度传感器	① 根据外形分辨环境温度传感器和管道温度传感器 ② 在空调器上识别温度传感器 找到空调器环境温度传感器，室内管道温度传感器，观察安装方式 ③ 温度传感器拆卸与安装训练	温度传感器故障是空调器最为常见的故障之一 单独温度传感器的包装袋内，有标称阻值的标签，电阻体上一般没有标注 电阻值通常使用数码法标记，502 为 5kΩ，103 为 10kΩ等
温度传感器电阻值检测	① 常温下，测量温度传感器阻值 ② 测量开路和短路的温度传感器 ③ 单独温度传感器，对电阻体人为提高温度，测量阻值随温度变化的特性 ④ 在实际空调器电路板上，找到相关温度传感器插座，拔下温度传感器的插头，测量阻值大小	人为提高温度传感器温度的方法：手心握攥、一杯温水、温热毛巾包裹等。在冬季调试空调器时经常使用这种技巧 注意管道温度传感器的安装和拆卸，不能直接拉导线拆卸

二、温度传感器的故障检修

温度传感器的故障检修见表 5-10。

表 5-10　　　　　　　　　　　　温度传感器的故障检修

技能标题	操作流程	说　　明
温度传感器故障模拟	① 使用短路和开路的温度传感器，安装到空调器电路上，进行故障模拟 ② 使用阻值明显偏大和偏小的温度传感器，安装到空调器电路上，进行故障模拟	短路和开路的温度传感器故障使空调器进入保护状态，并且显示故障代码
内机管道温度传感器故障检修	① 故障现象：空调器通电，开机不能运行，内机出现故障代码 ② 根据故障代码，查阅代码含义，初步判断内机管道温度传感器损坏 ③ 拔下内机管道温度传感器和电路板的插头，单独检测温度传感器阻值，判断损坏 ④ 更换新的温度传感器，通电试机	内机管道温度传感器损坏是空调器最为常见的故障，损坏的情况是接近开路或短路 空调器内机这两个温度传感器的阻值一般是一样的，实际检修可以对比测量的参数进行判断，相关参数主要是电阻值和电阻体两端的直流工作电压值
内机环境温度传感器故障检修	① 温度传感器开路或短路故障，和管道温度传感器检修方法一致 ② 阻值变化过大可能引起压缩机不启动或不停机，进行故障模拟检修	检测管道温度传感器时，若压缩机运转，要注意管道的温度变化，会引起阻值有较大的变化
内机环境温度传感器和管道温度传感器颠倒故障模拟	① 将空调器内机环境温度传感器和管道温度传感器插头调换插接位置 ② 故障现象：开机运转正常，运行一段时间压缩机停机，不出现故障代码	管道温度传感器插到环境温度传感器的接口，则在压缩机运行后盘管温度变化得很明显，CPU 误检测到环境温度已经达到设定的工作温度而自动停机
制热卸荷假象故障检修	① 故障现象：制热吹风有时热有时不热 ② 观察外机压缩机运转正常，外风机时转时停，判断不正常的制热卸荷 ③ 拆机检测内机空气过滤网是否很脏 ④ 检测内机管道温度传感器阻值是否偏低，更换新的传感器试机	空调器制热卸荷由内机管道温度传感器进行检测和控制。内机空气过滤网脏堵，会引起管道温度过高而卸荷；温度传感器阻值偏小，CPU 误判管道温度偏高而卸荷。不正常的卸荷引起空调器制热效果下降

基本知识

一、温度传感器与 NTC 简介

空调器的基本功能就是对环境的温度控制，并且为了保证空调器的正常运行，空调器本身还要检测自身的关键部位温度进行控制，所以温度的检测与控制对空调器来说就显得很重要。温度的检测元件是温度传感器。温度传感器是空调器控制电路的重要元件，又称作感温探头，用于检测空调器所处的环境温度及制冷系统重要管路的温度，以控制空调器的工作状态。

空调器用温度传感器通常是负温度系数热敏电阻，负温度系数（Negative Temperature Coefficient）简称 NTC，在空调器技术资料中泛指负温度系数热敏电阻，即温度传感器。NTC 是指电阻值大小和温度变化成反向的变化关系，即温度升高，电阻值变小，温度降低，电阻值变大。温度传感器的这种温度阻值变化关系可以通过万用表测量出来。

由于温度传感器的阻值是随温度变化而变化的，所以温度传感器的标称阻值以 25℃对应的阻值为准，温度传感器标称阻值各不一样，其中以 5kΩ、10kΩ 居多。

二、空调器温度传感器的使用

空调器温度传感器的常见外形如图 5-21 所示。电阻体由两根导线通过插头和电路板连接，电阻体外型封装通常有塑料和金属两种。塑料封装的温度传感器常见为黑色，主要用于环境温度检测，金属封装的温度传感器常见为不锈钢或铜质，主要用于管道温度检测。

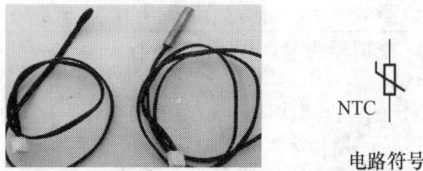

NTC

电路符号

图 5-21　空调器温度传感器的外形和电路符号

空调器常用的温度传感器主要有室内环境温度传感器、室内管道温度传感器和室外管道温度传感器 3 个。控制性能较为复杂的空调器尤其是变频空调器，一般还具有室外环境温度传感器、压缩机排气管温度传感器、压缩机回气管温度传感器、室内出风口温度传感器等。

1．环境温度传感器的使用

环境温度传感器一般位于空调器进风的通道位置，通常使用塑料的座架进行固定，挂机和柜机的室内环境温度传感器分别如图 5-22 所示。

2．管道温度传感器的使用

管道温度传感器一般在需要检测的位置焊接一段铜管道，将传感器插在管道内，在管道内有弹簧卡片固定传感器，使之牢固和贴紧管道，挂机内机管道温度传感器和空调器外机压缩机排气温度传感器如图 5-23 所示。

（a）挂机

（b）柜机

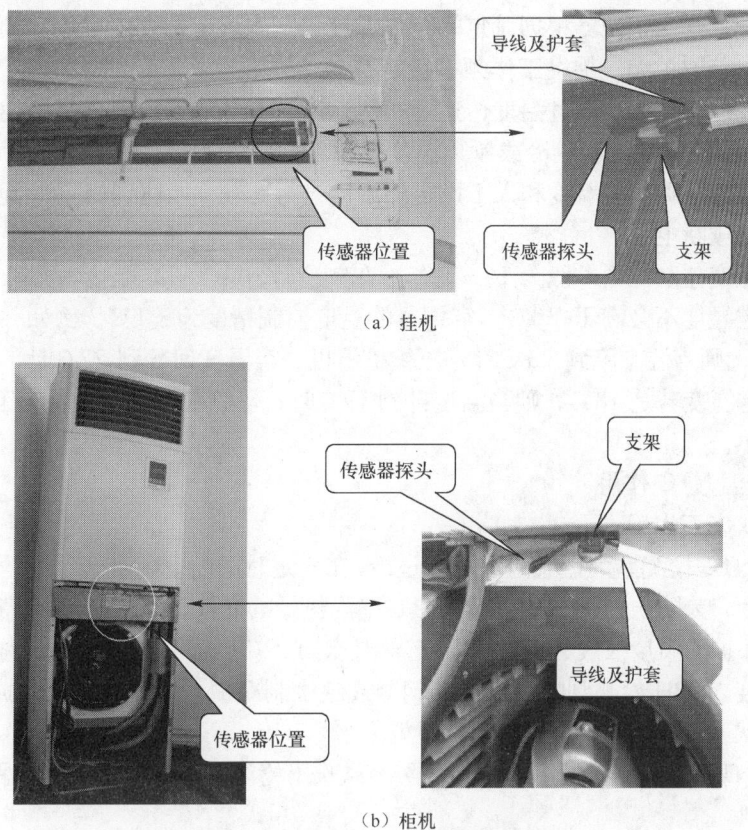

图 5-22　室内环境温度传感器

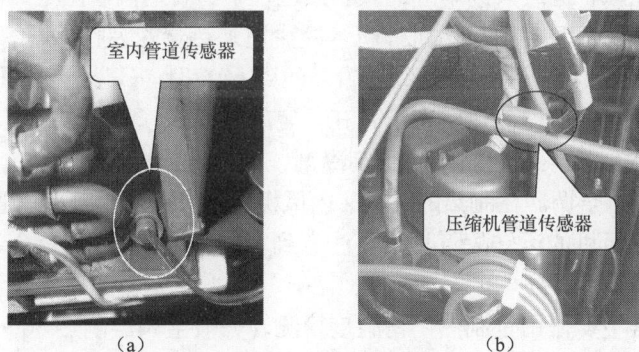

（a）　　　　　　　　　　　　　（b）

图 5-23　管道温度传感器

　　实际维修发现，由于柜机的结构特点，柜机的室内管道温度传感器比较难找和不易拔出来，在寻找时可根据控制板的传感器引线，一般在空调器的室内管道的右侧中下位置能够找到。由于那个位置的管道较多，手可能取不到传感器，可用尖嘴钳伸进去，先试探拉引线，待电阻体从管道内拉出一部分后，用钳子夹住电阻体拉出整个电阻。

三、常见温度传感器的作用

1. 室内环温 NTC 作用

CPU 根据设定的工作状态，通过室内环温 NTC 检测室内环境的温度，控制压缩机通电运转或断电停机。变频空调器根据设定的工作温度和室内温度的差值进行变频调速，在开机后高频运转时，差值越大压缩机工作频率越高。

空调器温度控制主要是通过温度传感器检测制冷、制热的房间温度变化，控制压缩机的通电和断电，从而控制空调器制冷或制热温度。空调器的温度控制主要是指在 CPU 统一指挥下，由温度传感器检测环境温度和人工设定的温度进行比较，当达到相应的温度时，CPU 控制压缩机的通电或断电。

空调器的温度控制范围一般为 16~30℃，在制冷时，最低设定温度不会低于 16℃，在制热时，最高设定温度不会高于 30℃。空调器的温度控制精度为 ±1℃。例如，制冷时设定的温度若是 26℃，则当温度降到 25℃时，压缩机停机，当温度回升到 27℃时，压缩机运转制冷；制热时设定温度若是 18℃，则当温度升到 19℃时，压缩机停机，当温度下降到 17℃时，压缩机运转制热。

2. 室内管温 NTC 作用

(1) 制冷状态下作用

室内管温 NTC 检测室内盘管温度是否过冷、在一定时间内室内盘管温度是否下降到一定温度等。若过冷，为防止内机盘管结霜，影响室内热量的交换，CPU 压缩机停机保护，称过冷保护，过冷保护的温度一般为 0~2℃，正常温度为 +5℃。若一定时间内室内盘管温度没有下降到一定温度，CPU 检测判断制冷系统问题或缺少制冷剂，压缩机停机保护。

(2) 制热状态下作用

室内管温 NTC 在制热状态下的作用是防冷风吹出检测、过热卸荷、过热保护、制热效果检测等。

空调器制热开始内风机的运转受内管温控制，当内管温达到 28~32℃时，风机才运转，防止制热开始吹出冷风，造成人体不舒适。制热过程中，若室内管温达到 56℃，说明管温太高，高压过高，此时，CPU 控制外风机停机，减少室外热量的吸收，压缩机不停，称为制热卸荷。若外风机停机后，内管温温度继续上升，达到 60℃时，CPU 控制压缩机停机保护，这是空调器的过热保护。空调器制热状态下，在一定的时间内，若内机管温没有上升到一定的温度，CPU 检测判断制冷系统问题或缺少制冷剂，压缩机停机保护。

从这里可以看出，空调器在制热的时候，内风机、外风机都受到室内管温传感器的控制，所以在维修制热有关风机的运转故障时，要注意到室内管温传感器。

3. 室外管温 NTC

室外管温传感器主要作用是制热化霜温度检测，一般空调器制热 50min 后，外机进入第一次化霜，以后的化霜就由室外管温传感器控制，管温降到 -9℃时，开始化霜，管温回升到 11~13℃时停止化霜。

四、温度传感器常见故障分析与检修

1. 温度传感器损坏故障现象

温度传感器典型的损坏情况是传感器的开路或短路，空调器表现出来的故障现象是通电开机后保护，压缩机不启动运行，空调器的显示装置出现故障代码。

2. 温度传感器的检测

空调器温度传感器的损坏率较高，但测量和判断传感器是复杂的，主要是传感器的阻值大小不一，阻值受温度影响等，要在实际维修过程中，根据不同的传感器积累经验。

检测传感器的好坏主要有 3 个方面。

（1）传感器有明显的短路和开路性故障，用万用表可以直接测出。一般空调器自检传感器的阻值在 300Ω 以下时，基本能够自动判断传感器是短路故障，所以，在实际测量电阻值时，若明显感到阻值小，基本可认为传感器短路性损坏。同样，测量传感器明显的阻值在 150kΩ（要注意压缩机的排气温度传感器有可能阻值正常）以上，基本可判断开路性损坏。

（2）传感器的阻值漂移，即传感器的阻值和正常传感器比较有一定的误差，阻值偏大一些或偏小一些，但没有明显的短路、开路特性。这种测量情况下，一般要用好的传感器进行测量比较。

（3）传感器的温度特性变差，测量阻值随温度变化而变化时，特性不良。有可能单独测量阻值时基本正常，但使用过程中就会出现问题，一般在处理这种情况，要用好的传感器代换试机。

3．温度传感器损坏情况

温度传感器是热敏电阻半导体器件，损坏情况是阻值变大、阻值变小、开路性、短路性、霉变、生锈、插接接触不良、断线、阻值随温度变化的特性变差、信号传输电路损坏等情况。

温度传感器出现明显开路、短路时，CPU 控制处于空调器保护状态，其他情况导致空调器不能处于正常的运转状态，引起制冷或制热效果下降，工作过程突然停机保护等。

实际维修中发现最易损坏的传感器是内机管温传感器，由于管道温度传感器工作在温度、湿度变化频繁的位置，所以室内、室外盘管传感器损坏率较高，这在维修时要注意。

在维修传感器故障时，可根据空调器的故障现象，采用新、旧传感器阻值对比，更换新品等方法解决。对于已经生锈、霉变的传感器要换新。

实际维修过程中，要判断清楚是传感器本身的问题，还是传感器检测的位置温度的问题，可以快速排除故障。

项目学习评价

一、思考练习题

（1）空调器的控制电路保险丝为什么没有保护压缩机？简述压缩机是如何保护的。

（2）常见挂机空调器的功率继电器若接线端子颠倒，会产生什么故障现象？

（3）常见空调器为什么测量电源插头即可判断电源电路是否基本正常？

（4）电源电路的压敏电阻是如何保护空调器电路的？

（5）画出压缩机绕组（标出端子 R、S、C）、启动电容、过载保护器、功率继电器、交流电源的线路结构图。

（6）单相压缩机使用电容启动运转，三相压缩机为什么不用启动电容？

（7）三相电源空调器上电不工作，一般要检测电源的哪几个方面？

（8）压缩机及其相关线路损坏的情况有哪些？

（9）如何准确测出抽头调速风机几个端子的功能？调速线路的结构是怎样的？说明为什么具有调速作用？

（10）简述可控硅调速风机的变速原理，PG 电动机控制电路一般由哪些控制电路组成？

（11）空调器常用的温度传感器有几个？简述温度传感器所起的作用。

（12）环境温度传感器若阻值偏大过多，试分析空调器可能出现的故障。

二、自我评价、小组互评及教师评价

评价项目	项目评价内容	分值	自我评价	小组评价	教师评价	得分
理论知识	① 电源电路结构及原理					
	② 常见压缩机电路结构					
	③ 常见风机电路结构					
	④ 传感器温度控制原理					
	⑤ 主要温度传感器的作用					
实操技能	① 电源电路检修					
	② 压缩机检测与连接试机					
	③ 压缩机电路检修					
	④ 风机电路检修					
	⑤ 温度传感器电路检修					
	⑥ 电路综合故障检修					
安全文明生产	① 安全用电					
	② 爱护与保养设备					
	③ 操作规范					
	④ 职业与专业素养					
学习态度	① 出勤情况					
	② 车间纪律					
	③ 团队协作精神					

三、个人学习总结

成功之处	
不足之处	
改进方法	

项目六　空调器制冷系统检修的学与练

项目情境创设

空调器制冷系统常见故障有哪些？如何检修呢？

空调器制冷系统是一个制冷剂循环密闭无空气的管路，故障检修需要许多专业的技能，以保证制冷系统的真空度、密封性、制冷剂循环的通畅以及制冷剂量的准确性等，因此，项目六主要学习抽空和排空、回收和充注制冷剂、检漏和查堵、更换损坏部件等制冷系统的检修操作内容。

项目学习目标

	学习目标	学习方式	学　时
技能目标	① 制冷系统的排空和抽空 ② 回收和充注制冷剂 ③ 更换制冷系统部件 ④ 制冷系统漏、堵、效率低故障检修	实习操作	20
知识目标	① 制冷系统结构特点及排空原理 ② 空调器制冷剂循环工作工况 ③ 相关制冷部件更换的注意事项 ④ 制冷系统常见故障原因与分析	现场讲授	10

项目基本功

任务一　空调器制冷系统的排空和抽空

基本技能

一、空调器安装排空

空调器安装排空见表6-1。

表 6-1 空调器安装排空

技能标题	操作流程	说　明
排空操作一	① 室外机气管喇叭口连接紧固到位后，松动 2～3 圈，用于排空跑气 ② 拧开气阀、液阀阀芯密封盖帽 ③ 将液阀阀芯逆时针打开 90° 位置，制冷剂从液阀流出进入配管，将液管、内机、气管内的空气在气阀和气管的喇叭口连接处泄出 ④ 跑气 6～12s，顺时针关闭液阀，制冷剂停止泄出。在气阀和气管的喇叭口连接处继续有气体跑出，直至停止无气跑出，拧紧气管喇叭口 ⑤ 分别打开气阀和液阀，将阀芯拧开到底。装上并拧紧气阀、液阀阀芯密封盖帽，完成排空	安装排空是在空调器安装的时候，利用外机已有的制冷剂，排除空调器配管和内机盘管内的空气，排气路径及操作如图 6-1 所示 此操作方法由于在排空时关闭了液阀，不会担心过多制冷剂跑出，可以从容地拧紧气管喇叭口，适合安装新手使用

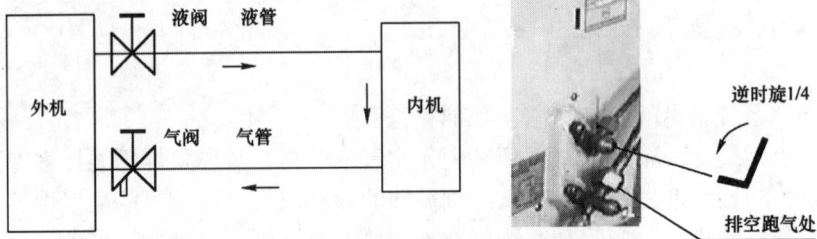

图 6-1　空调器安装排空排气示意图

排空操作二	将液阀阀芯打开 90° 位置，在气阀和气管的喇叭口连接处有气体跑出；跑气 8～10s，拧紧气管喇叭口 此操作方法由于在排空时没有关闭液阀，而是直接拧紧气管喇叭口	要求操作要熟练，动作要快，防止制冷剂泄漏过多导致空调器故障 空调器在安装过程中的排空技术可根据安装人员的熟练程度，进行不同的操作
排空操作三	配管连接时，将气管和液管都拧紧。仍然开启液阀90°，按压工艺口气门芯两次，从气阀的工艺口跑气，每次跑气 5～10s，完成排空操作	

二、真空泵抽空

真空泵抽空见表 6-2。

表 6-2 真空泵抽空

技能标题	操作流程	说　明
安装过程的抽真空操作	① 连接表阀和真空泵：空调器配管安装完毕，在空调器工艺口通过表阀连接上真空泵，打开表阀 ② 抽空及保压：真空泵加电运转，两根配管和室内机盘管内的空气从工艺口被抽出，如图 6-2 所示 真空泵运转 20min，关闭表阀，断电。观察压力真空度，10min 后若压力回升，查找漏点解决，再次抽空；若压力不回升，进行后续操作 ③ 开启截止阀：开启空调器液阀，使制冷剂从外机进入液管、内机和气管，再开启气阀，连通空调器内外制冷系统 ④ 拆卸表阀和真空泵：空调器通电运转，表阀压力由平衡压力变为低压压力，在低压压力状态下，拆卸表阀，拧紧各密封盖帽，完成抽空	此方法用于新型制冷剂的空调器，因为新型制冷剂主要有 2～3 种制冷剂组合而成，若使用外机制冷剂排空的话，会使制冷剂的组分发生变化 注意：空调器在真空状态下是不能撤掉表阀的，要在空调器压力高于大气压或充注完制冷剂后再撤表阀 使用 R22 制冷剂的空调器维修基本不用真空泵

技能标题	操作流程	说　明
	 图 6-2　空调器抽真空示意图	
单独外机抽真空操作	① 维修后待充注制冷剂的空调器室外机，在液阀处通过维修表阀连接上真空泵，也可以不用表阀直接连接真空泵，如图 6-3 所示 ② 打开空调器液阀，关闭气阀 ③ 打开维修表阀，真空泵加电运转，空调器室外机盘管和压缩机内的空气从液阀处被抽出 　真空泵运转 10min 后，关闭表阀，真空泵断电，观察压力真空度 ④ 关闭空调器液阀，卸下真空泵完成抽空	单独空调器外机拆卸拉回维修部进行维修，维修结束后使用此方法对外机进行抽真空和充注制冷剂 　单独室外机充注制冷剂也是从液阀进入的，不是从工艺口进入的 　请自行分析一下为什么不能从工艺口抽真空
	 图 6-3　单独外机抽真空	

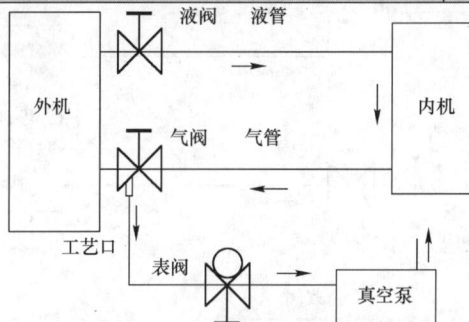

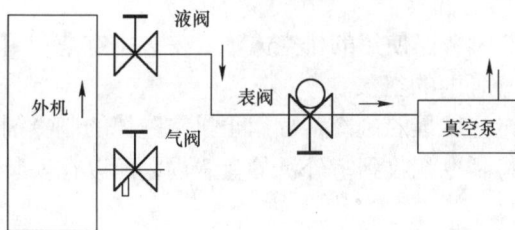

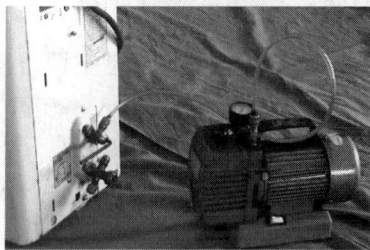

三、空调器自排空

空调器自排空见表 6-3。

表 6-3　　　　　　　　　　　　　空调器自排空

技能标题	操作流程	说　明
充注一定量制冷剂	① 表阀连接到工艺口，充注气态制冷剂，含空气在内使平衡压力在 0.4MPa 左右 ② 撤掉制冷剂，表阀关闭，连接在工艺口不动	空调器自排空制冷系统内要有一定的压力，四通阀才能换向
制热自排空	① 空调器通电制热，观察压力表压力是否升高，若升高说明可以进行自排空，若不能升高，说明四通阀不能换向或其他问题 ② 打开表阀，空调器内空气和制冷剂从工艺口排出，如图 6-4 所示 ③ 压缩机运转 10min，关闭表阀，空调器停机，完成自排空，观察表阀压力的真空度	压缩机不能长时间运转，会引起保护 　制热自排空若怕真空度不够，可以进行二次排空 　第一次排空后，充注一定量的制冷剂制冷运转，再制热运行自排空，将制冷系统内的制冷剂从工艺口处再排出。这样比一次排空真空度提高很多
二次排空	① 第一次自排空后空调器停止运行 ② 充注平衡压力为 0.3~0.4MPa 的气态制冷剂，让压缩机制冷运行 5min ③ 进入制热排空，进行第二次自排空	

续表

技能标题	操作流程	说　　明

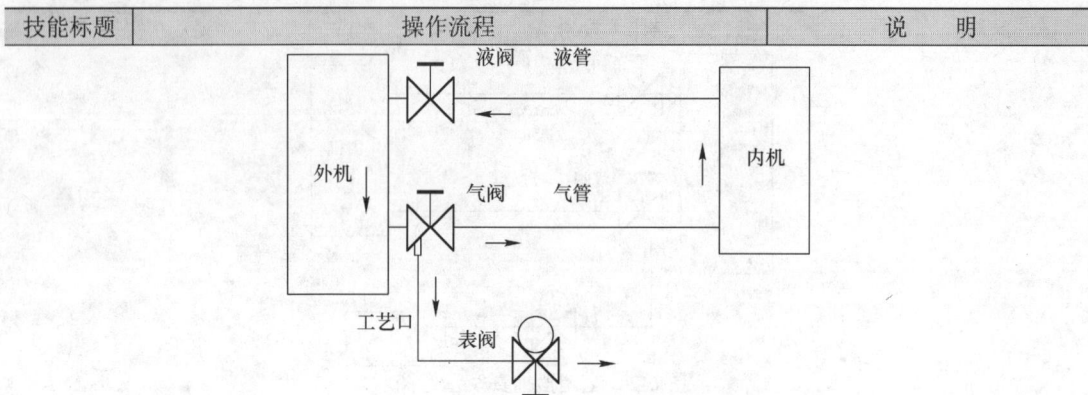

图 6-4　空调器压缩机自排空示意图

基本知识

空调器制冷系统在充注制冷剂前，要保持一定的真空度。若制冷系统内有空气或其他杂质，会引起制冷系统故障和制冷效果下降。制冷系统排空，根据空调器的制冷系统结构特点，可有多种方法。

一、空调器安装排空基本知识

空调器安装排空的方法是空调器在安装时普遍使用的排空方法。安装排空是利用室外机已有的制冷剂，排掉空调器配管和室内机盘管内的空气。

新空调器在出厂时，室外机盘管内已充注足量的制冷剂，用于排空跑掉的制冷剂量已计算在内。拆移的空调器，由于在拆机时已将制冷剂收到室外机的盘管内，所以在安装时也是利用这种方法进行排空的。

空调器安装排空只有在室外机有制冷剂的时候使用。

一拖二空调器的制冷系统由电磁截止阀控制，进行排空时要先插上电源，使电磁阀打开，才能排空，否则无制冷剂泄出排空。

二、真空泵抽空基本知识

空调器制冷系统最标准的排空方法是利用真空泵抽空，但这种方法使用不是很方便，尤其对于上门安装或维修来说，所以一般空调器技术人员不采用，但在新型的共沸制冷剂的制冷系统空调器安装时，必须使用。

使用真空泵抽空后，表阀不能卸下来，必须在充注完制冷剂以后才能取下，否则会进空气。

使用新型共沸制冷剂（两种及以上制冷剂混合）的空调器，要求使用真空泵对配管和室内盘管抽空，然后才能开启室外机的截止阀，使制冷系统接通。因为新型制冷剂多是混合物，混合物各组分的沸点不同，若安装使用制冷剂排空，会引起制冷剂组分的变化，影响制冷剂的正常使用。

三、外气排空基本知识

由于上门维修携带真空泵不方便，所以还可以利用外气排空的方法对空调器制冷系统进行排空。外气排空就是利用外部制冷剂对空调器制冷系统进行排空，可以对配管和室内机盘管进行排空，也可以对整个制冷系统进行排空。

1．对配管和室内机盘管排空

空调器整机关闭气阀和液阀，此时工艺口和气管相通。空调器配管和室内机盘管排空的管路连接如图 6-5 所示，图中箭头为排气方向。

具体的操作步骤如下。

在工艺口用加液管连接制冷剂钢瓶。将液阀的液管喇叭口拧松或者拧下液管，活动有余量，用于跑气。开启制冷剂钢瓶，制冷剂进入工艺口，通过气阀、气管、室内机盘管、液管，从液阀的液管喇叭口连接处排气。制冷剂钢瓶开启若干秒，可根据空调器的不同而定，凭经验判断空气跑干净，关闭制冷剂钢瓶。等液管连接口处无气体排出，拧紧喇叭口，完成排空。

2．对空调器整个制冷系统进行排空

一般没有拆卸的空调器整机，在制冷系统维修后，要对整个制冷系统进行排空，若不用真空泵抽空，也可使用外气排空。空调器整机外气排空的管路如图 6-6 所示，图中箭头为排气方向。

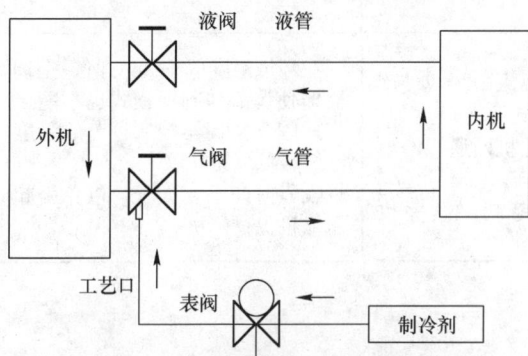

图 6-5　外气排除配管和室内机的空气　　　　　　图 6-6　外气排除整机管路内的空气

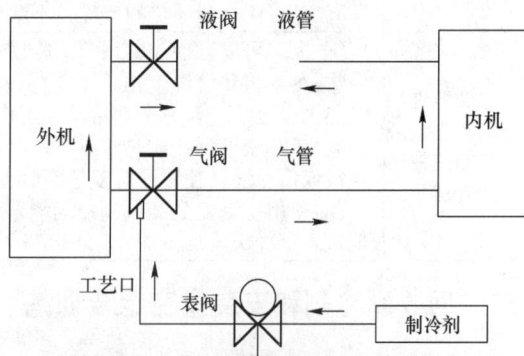

具体的操作步骤如下。

维修后待充注制冷剂的空调器整机，打开气阀、液阀。卸下室外机液阀上连接的液管。在工艺口通过表阀连接上制冷剂钢瓶，最好用表阀控制，可方便后面的连续充注制冷剂操作。打开制冷剂钢瓶，开启表阀，制冷剂从工艺口进入空调器制冷系统。进入制冷系统的制冷剂分两路行走：一路是工艺口、气阀、气管、室内机、液管，从在液阀上的卸下液管的喇叭口排气；一路是工艺口、气阀、室外机，从液阀的液管连接头处排气。

排气若干时间，时间由具体空调器而定，用大拇指堵住室外液管的喇叭口，或制作专用的塞子，此时制冷剂排气主要从第二路进行，因为室外机的压缩机及毛细管阻流较大，所以，开始排气没有堵住液管主要是从第一路进行的，堵住液管主要进行第二路的排空。

第二路排气若干时间，松开拇指，关闭制冷剂钢瓶，关闭表阀。待液管管口气流量较小时，将喇叭口连接上，拧紧喇叭口，排空完成。

任务二　空调器回收和充注制冷剂

🔧 基本技能

一、空调器回收制冷剂

空调器回收制冷剂见表 6-4。

表6-4 空调器回收制冷剂

技能标题	操作流程	说　明
回收制冷剂	① 空调器通电运转，判断空调器工作状态是否正常。空调器若有故障，则不能收氟 ② 空调器处于制冷循环状态，卸下气阀和液阀的阀芯封闭盖帽 ③ 关闭室外机的液阀（小阀体）：使用对应的扳手，旋转液阀芯到进入底，再略加力关死 经过10～30s，可听见压缩机声音有变化，若用压力表观察工艺口，当回到0或负压时即可结束收氟。回收时观察，若液阀处结霜则为液阀关闭不严或没关死 ④ 关闭气阀（大阀体）：使用对应的扳手，旋转气阀芯到底，再略加力关死 ⑤ 及时关机断电，完成收氟 ⑥ 盖好两个封闭盖帽，拧紧不漏气	收制冷剂关闭液阀使制冷剂存在室外机冷凝器中。室内机和配管的制冷剂经气管回流到室外机，从而能实现收氟 收氟时技术要求低压压力不要低于0，以免空气压进管路。拆机后再安装的机器一般要补充适量的制冷剂 拆机收氟后要注意是否能收干净，双阀关闭后是否漏气等
空调器进入制冷状态的几种方法	① 夏季可以直接控制调节制冷模式运转 ② 冬季将环境温度传感器放在一杯温水中，或使用温热毛巾包住，调节空调器进入制冷模式运转 ③ 冬季空调器在制热状态下，断掉外机四通阀的电源线或信号线，使四通阀复位到制冷状态 ④ 使用空调器的强制制冷功能，使空调器在冬季也能进入制冷模式	在环境温度低于15℃时，空调器即使调节到制冷模式也不能工作，因为空调器控制调节的温度一般最低就是15℃ 收氟时间不要太长，以免引起压缩机保护停机

二、回收制冷剂和安装排空组合训练

回收制冷剂和安装排空组合训练见表6-5。

表6-5 回收制冷剂和安装排空组合训练

技能标题	操作流程	说　明
回收制冷剂和排空	① 空调器回收制冷剂 ② 拆卸与安装外机配管 ③ 安装排空	回收制冷剂和安装排空组合训练，浪费一定量的R22是正常的

三、空调器充注制冷剂

空调器充注制冷剂见表6-6。

表6-6 空调器充注制冷剂

技能标题	操作流程	说　明
单独室外机定量充注	① 将盛有制冷剂的大钢瓶倾斜，口向下放在支架上 ② 已抽真空的室外机放在磅秤上，加液管一头和钢瓶接好，微微开启钢瓶控制阀，排净加液管里的空气，和空调器液阀连接，称好重量 ③ 将秤砣再调节到应加的重量位置，打开空调器液阀，开启钢瓶使小流量的液态制冷剂注入室外机内。观察磅秤，当重量达到时，先关闭钢瓶，再关闭液阀，取下加液管，完成定量充注	单独室外机定量充氟，采用称重法，如图6-7所示 定量充注一般不使用表阀进行检测和控制 在安装时利用排空的方法去除配管和室内机的空气

技能标题	操作流程	说　　明
	图 6-7　单独室外机定量充氟	
整机平衡压力估量充注	① 连接制冷剂钢瓶：表阀和空调器气阀工艺口在抽真空或排空时已连接好，在表阀上连接制冷剂钢瓶，如图 6-8 所示。加液管和钢瓶连接，和表阀连接到底后再松开 2~3 圈，以便排空 ② 加液管排空：微微开启钢罐阀门 1~2s，利用制冷剂将加液管的空气从表阀连接处排净。关闭钢瓶，拧紧表阀的加液管 ③ 平衡压力充注液态制冷剂：将钢瓶倾斜倒置，先打开制冷剂阀门，再开启维修表阀，让液态制冷剂注入空调器管路。当压力达到 1MPa（环温 35℃）或冬季达到 0.6MPa（环温 10℃）时，关闭钢瓶和表阀，准备调试	平衡压力充氟可以在用户家里维修时直接操作 平衡压力充注要能估算不同温度条件下，空调器的压力大致是多少 因为小钢瓶压力有限，所以很难达到 1MPa，因此，当空调器压力和小钢瓶压力平衡时，就充不进去 需要通电制冷调试继续吸取 R22 确定量的多少
	图 6-8　平衡压力充注制冷剂	
调试	① 空调器进入制冷状态运行 10min ② 若表阀压力（低压压力）低于 0.5MPa（夏季），开启表阀和钢瓶，使小流量液态或气态 R22，进入空调器，使压力稳定在 0.5MPa。关闭表阀和 R22 钢瓶 冬季制热时高压控制在 1.8MPa 左右 ③ 使用钳形电流表测量外机工作电流，接近铭牌标注的额定电流数据 ④ 测量内机出风口温差，感觉内、外机吹风温度 ⑤ 观察外机气阀、液阀的结露情况，手感较凉 ⑥ 通过以上综合判断，补充或放掉部分制冷剂，完成制冷剂调试	定量充注制冷剂的空调器量的多少不用调试 空调器在平衡压力充注制冷剂后，要通电运转进行制冷剂量的调节 柜机液阀有温感，因为节流毛细管在室内，液阀处于冷凝器的后端 放掉部分制冷剂可以在制冷运行时，卸掉 R22 钢瓶，通过表阀排出

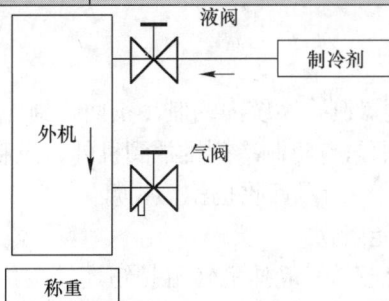

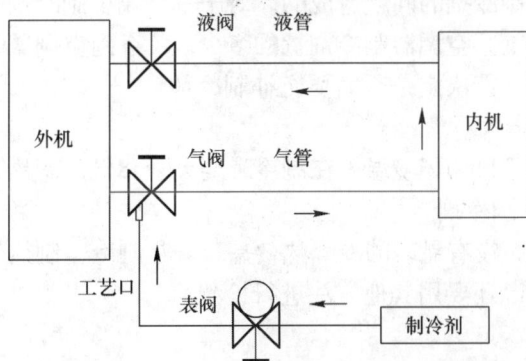

基本知识

一、回收制冷剂基本知识

空调器需要拆机维修或拆移机的时候，将空调器制冷系统内的制冷剂回收到外机盘管中，使用气阀和液阀进行封闭。若空调器不能运转，则只有将制冷剂排放到机外，或利用回收泵进行回收。因为空调器制冷剂是 R22（氟利昂-22），所以回收也称为收氟。

回收制冷剂必须在制冷状态，制热状态下不能回收。

冬季制冷状态不能工作，可进入强制制冷状态（一般挂机轻触按钮连续按住 5s 左右，听见蜂鸣连续响两声）；若没有强制功能，可以进行制热，在外机接线盒内断掉四通阀的电源即可。

实际回收制冷剂时，在没有关闭气阀前，若断电压缩机停转，回收的制冷剂由于压缩机的高压阀片承受高压关闭，在气阀处也不会反向漏制冷剂，所以操作时不必太着急，在这种时候压缩机处于高压状态，若再通电压缩机会过载保护，这在实际操作时要注意不能再通电。

回收制冷剂之前要试机，试机的主要目的是判断空调器的效果及使用性能，以免再装机出现问题，和顾客说不请。有故障的空调器要和顾客说明白、讲清楚。试机时间最低也要20min，观察是否有什么保护或不正常的地方、不正常的声音等，要内外机都观察。

二、判断是否缺少制冷剂

空调器制冷、制热效果出现问题，可能是制冷剂的问题造成的。对于一个缺少制冷剂的空调器，要进行相应的检修处理才能充注制冷剂。空调器制冷剂量的多少，关系到空调器的运行是否正常。要准确判断制冷剂是否缺少，才能决定是否需要充补制冷剂。

1. 感受制冷制热效果

从制冷效果看，空调器技术要求室内机出风口和环境温差在制冷时要大于 8℃，制热时要大于15℃，较大的低于上述温差有可能缺少制冷剂。

在制冷、制热时，人体的感觉及用手感觉，没有显著的冷、热效果，就是制冷、制热效果差。但并不是只有制冷剂缺少才这样的，所以还要用其他方法进行检测。

2. 直观现象观察

从现象上缺氟表现出压缩机运转声音轻快，制冷时室外风机吹风不是很热，室外机两阀没有结露，挂机细的液管及液阀有结霜，室内机盘管有部分霜层，室内机没有冷凝水流出等。制热时气阀及气管不发热发烫，是温热或无温升，室内风机风速不能调节升高一直微风运转等。

室内机或室外机喇叭口连接处有油污或液体油状物，可能有漏点导致制冷剂缺少。

3. 工作电流小

空调器制冷剂缺少，导致压缩机工作电流远小于铭牌标注的额定电流。

4. 测量压力判断

制冷管路堵也会出现和缺氟故障现象一样，所以是否缺氟还要通过压力测量来决定。

我国制冷设备设计规范规定，使用 R22 的空调器工况条件是蒸发温度+5℃，蒸发压力0.48MPa（室外环境温度 35℃，室内环境温度 27℃）。制冷状态下，空调器生产设计蒸发压力基本为平衡压力的一半（表压力）。蒸发压力就是低压压力，空调器的 3 个压力数值见表6-7。在实际维修过程中，可以依据上述的外界环境温度和压力作为参考进行充氟调试。

表 6-7 空调器 3 个压力数据

	高压压力	平衡压力	低压压力
夏季（35℃）	1.8 MPa	1 MPa	0.5 MPa
冬季（10℃）	1.8 MPa	0.7 MPa	0.3 MPa

从 3 个压力参数可以基本判断是否缺氟，在制冷的时候要考虑低压压力和平衡压力的大小，制热的时候要考虑高压压力和平衡压力的关系，不能单凭 3 个压力中的一个压力进行判断。

例如，制冷（环温 35℃时）平衡压力低于 0.9MPa，低压压力低于 0.3MPa 可判断缺氟，制热（环温 10℃）平衡压力低于 0.5MPa，高压压力低于 1.5MPa 可判断缺氟。缺制冷剂明显的时候，只用平衡压力也可以判断。

三、充注制冷剂前的准备工作

空调器制冷系统维修以后，要进行制冷剂的充注及调试。空调器制冷剂以 R22（氟利昂-22）为对象，充注制冷剂通常也说成是充氟。

1. 充氟是否要抽空

制冷状态下低压压力不低于 0.1MPa 可不需抽空直接补充制冷剂。低于 0.1MPa 或为负压时，制冷过程中管路低压低于大气压，由于有漏点会使空气进入制冷管路，所以要对制冷管路进行抽空处理。

上门维修通常采用空调自排空或外气排空，对空调器制冷系统进行操作。

2. 充氟所需工具和材料

空调器使用的制冷剂为 R22，一般装在小钢罐中使用。

充氟工具主要有表阀、加液管、活口扳手和内六角扳手，加液管要配带有顶针的转接头。

调试工具有钳形电流表、万用表、电子式温度计、检漏的肥皂液或检漏仪等。

四、充注制冷剂及量的确定

1. 充注制冷剂

空调器充注制冷剂常见两种情况：单独对外机进行充注制冷剂，对空调器整机进行充注制冷剂。

单独对外机进行充注制冷剂，通常使用加液管连接到外机液阀，使用高压液态 R22 定量充注。

空调器整机进行充注制冷剂，通常使用表阀控制连接到外机的工艺口进行。充注制冷剂时，先根据实际环境温度加到一定的平衡压力，再通电让压缩机制冷进行调试，确定制冷剂的量。

2. 制冷剂量的确定

定量充注制冷剂的量在空调器外机铭牌上有明确标记。

单独外机定量充注制冷剂一般是使用小磅秤对外机进行称重，利用高压制冷剂充注，达到需要的量即可。

整机的定量充注制冷剂一般是使用便携式钩称对制冷剂的罐子进行称重，通常是先充到罐子和空调器达到平衡压力，再通电制冷继续让空调器吸取制冷剂，达到需要的量即可。

制冷剂量的确定，除了定量充注以外，都要进行量的调试，一般根据经验从以下几点进行判断。

（1）压力条件

平衡压力基本正常，低压压力基本正常。环温 35℃时，平衡压力 1MPa，低压压力为 0.5MPa；环温 10℃时，平衡压力 0.7MPa，低压压力 0.3MPa，高压压力 1.8MPa。由于温度对压力有较大的影响，以上数据仅作为参考。

（2）温差条件

室内机出风口温差满足制冷要求。制冷大于 8℃，制热大于 15℃。

（3）电流条件

整机工作电流不大于铭牌标注的额定电流，要接近额定电流。

（4）经验判断

根据维修经验通过观察来确定制冷剂量的多少，像观察两阀的结露情况、感觉两阀及两管的温度、室外机的换热情况、压缩机的运转声音、冷凝水等各个方面。

① 充氟量正好时气液管阀均无结霜现象，挂壁空调器双阀有结露，柜式空调器气阀有结露。若气阀结霜为制冷调剂过多，液阀结霜为缺氟或堵，可通过压力测量判断。

② 可用身体感觉室外机冷凝吹风，热气逼人表示制冷剂不缺，否则为不足。

③ 压缩机运转声音沉闷制冷剂过多，运转轻快制冷剂过少。

④ 空调器室内机盘管结露水均匀，没有结霜的位置，有结霜说明制冷剂不足。

根据以上条件对空调器进行调试，决定对空调器进行适当的补氟或放氟。补氟以气态制冷剂或小流量液态制冷剂。

3．补氟的方法

当制冷低压不小于 0.1MPa 时，若缺氟可以对管路直接补氟，不用抽空，当然，要处理好漏点。这种情况多是管路泄漏较慢形成的。

补氟操作在工艺口连接好表阀和制冷剂瓶，使空调器进入制冷状态。开始以小流量的液态制冷剂充注，当低压压力达到制冷 0.45MPa（环温 35℃）、制热 0.3MPa（环温 10℃）时，停止液态充氟，以气态制冷剂或更小流量的液态制冷剂进行调试。

任务三　空调器主要制冷部件的更换

基本技能

一、压缩机更换

压缩机更换见表 6-8。

表 6-8　　　　　　　　　　　压缩机更换

技能标题	操作流程	说　明
拆卸压缩机	① 压缩机损坏判断与检测 ② 清理出压缩机周边空间，拆卸外机边壳 ③ 拆卸压缩机连接线路 ④ 拆焊压缩机排气管和回气管 ⑤ 拆卸压缩机底脚固定螺丝，移走压缩机	压缩机是空调器的重要部件，价格昂贵，且更换较为麻烦，只有在确保检测压缩机确实损坏的情况下进行压缩机更换
更换压缩机	① 选取功率匹配，底脚间距一致的新压缩机 ② 压缩机安装到位，固定底脚 ③ 焊接压缩机排气管和回气管 ④ 连接压缩机线路 ⑤ 整理压缩机周边管道，安装外机壳	拆卸压缩机时底脚的胶垫在安装时还要使用，记得从旧的压缩机上拆下来 焊接时火焰不要烧到压缩机的连接线

二、拆焊四通阀管道

拆焊四通阀管道见表 6-9。

表 6-9　　　　　　　　　　　　　　拆焊四通阀管道

技能标题	操作流程	说　　明
拆卸四通阀	① 清理四通阀周边管道 ② 拆卸四通阀线圈及连接线路 ③ 拆焊四通阀加长中间管道 ④ 移走四通阀及加长连接管道	更换四通阀也是较为复杂的操作，且要求也很高很多 　在水中焊接时注意不要有水进入管道内
更换四通阀	① 卸掉新四通阀线圈 ② 准备一盆水，将新的四通阀 4 个管口朝上，阀体浸入水中，水面刚好没过阀体即可，4 根管道露出水面固定好 ③ 在原四通阀上拆焊一根加长管，根据原管道方位焊接到新四通阀对应的管道上。以此方法完成 4 根管道焊接 ④ 从水中取出新四通阀，擦干水分 ⑤ 根据原四通阀的方位，将四通阀的 4 根加长管焊接到原始位置 ⑥ 装上线圈，连接四通阀线路	阀体一定要浸在水中，否则就会烧坏内部的塑料阀芯 　因阀体是浸在水中需要很多的热量，要快速高质量焊好，对焊枪操作要求很高 　4 根管道不要焊错，否则新的四通阀来回焊接有可能损坏

基本知识

空调器制冷系统维修，常见的部件更换主要是压缩机、四通阀和过滤器，部件的更换包括拆焊、拆卸和安装、焊接、调试等程序。空调器制冷系统部件的更换，要求焊接技术高，焊接技术差的直接后果是焊堵或焊漏，形成空调器的二次故障。

要确保制冷系统没有制冷剂和空调器断电的情况下，才能动气焊。

一、压缩机的更换

1．压缩机拆焊

拆开室外机的顶盖和边罩，条件允许的情况下，压缩机周围的外壳边罩最好都拆下，以方便拆卸压缩机的固定螺丝。

整理压缩机周围的管道和导线，方便拆焊排气管和回气管，管道可适当弯曲，导线最好移开或拆下。

拆下压缩机外面包裹的毛毡。

拆开压缩机的接线盒，把压缩机连线及过载保护器拆走。

用气焊把压缩机排气管和回气管焊下。

拆焊、拆卸管道时，在看到管口烧到开始发红，焊接处焊料呈流动样时，用钳子把管道从焊接的管道中拔出，然后再对拔出的管道进行表面光滑处理，即继续用焊枪对管道加热，使管道表面剩余的焊料充分溶化流动，表面无结粒或块状物，目的在于换新压缩机时，管道能顺利插入。用钳子拔管道时，不要用力太大，避免造成管道受力损坏。

这样，整个压缩机就和空调器脱离制冷系统和电气的关系。

2．拆卸压缩机

压缩机的底座有 3 颗或 4 颗螺钉和室外机底座固定在一起，同时为了降低压缩机振动和室外机产生共振噪声，底座上装有减震橡胶圈，拆卸压缩机的固定螺母较为费事。

若室外机只是打开前面罩，则可以直接用扳手拆掉外面的两个螺母，里面的螺母则需要用套筒插扳从上面插到下面，才能卸下。若是室外机的侧面和后面罩都打开，则所有螺母都可以直接用扳手卸下。具体操作时要灵活应用，条件允许的情况下，还是要大拆的好。

卸下固定螺母，压缩机即可向上搬起，取下压缩机。在搬下压缩机的过程中，由于四通阀一般都是在压缩机的正上方，所以有可能碍事，要将四通阀轻轻扳向一边，注意不要损坏管道。

3. 选取与安装压缩机

压缩机选用最好采用原厂的原装压缩机。压缩机要选取功率一致、外形大小基本一致，尤其是固定的底座孔眼要和室外机的螺钉位置一一对应，才好安装。压缩机的排气和回气端口要有密封措施的，敞口的压缩机不要使用。

安装前，最好对压缩机进行运转测试。观察启动运转是否正常，要直观感觉排气性能良好。

在安装压缩机时，注意压缩机的排气和吸气端口方位，要和原来的方位一致，否则和空调器的对应管道无法连接。

在安装压缩机时，固定在螺钉上的减震圈不能漏掉不装，否则会产生较大的噪声。

固定压缩机的螺母，由于有减震圈垫在底下，不要把螺母拧得过紧。

固定好压缩机以后，整理管道，准备进行管道焊接。

压缩机在焊接前，要把连接管道整理到位，连接管道要插入到压缩机的端口中，呈自然状态，不要受力，所以要用手弯曲整理到位，管道的插入深度，可以看原来管道上遗留的焊接痕迹决定。

4. 焊接压缩机

压缩机的排气和吸气管道，在焊接实际情况中，有垂直方向的，有水平方向的。垂直方向的焊接会造成焊堵问题，水平方向的焊接会造成焊漏问题，这在实际焊接时要注意。

在焊接前，先整理管道插入压缩机排气管和回气管。由于管道已经弯曲和插入到位，无须另外受力固定，在焊接时若在焊接处出现管道移动现象，说明管道整理没有到位，要用钳子固定好位置焊接。

管道焊接时，焊条使用量要适当，不要过多，尤其是垂直焊接时，过多的焊条熔化流动可能会引起焊堵。

焊接完成后，一定要对连接处进行全面检查，主要是否有漏焊，看不见的位置，用小镜片反射观察。

5. 压缩机线路连接

在压缩机焊接好以后，连接上压缩机的电气控制线路。一般在更换压缩机之前，都要对压缩机进行电气测试，测量好绕组的端子。

（1）三相压缩机连接

三相压缩机的连接主要是3个端子相序的连接，若相序接反，导致压缩机反转，会引起压缩机损坏。对于往复式压缩机没有相序要求，或无相序检测的空调器，三相电源和压缩机可随意连接。

三相压缩机的3个端子一般用字母R、S、T或U、V、W来进行标记，由于压缩机的绕组是三相对称，所以用阻值测量的方法是不能分辨3个端子的，在连接时，可随便连接后，进行相序调试。

相序调试可以在充注一定量的制冷剂连机运转后进行。压缩机运转，用手感觉压缩机的排气是否有温升感觉，若有温升，说明压缩机的三相端子连接正确；若没有温升或是有降温感觉，说明压缩机的三相端子连接错误，可以把压缩机上的 3 个端子随意找出两个，将两个插头互换位置即可。

（2）单相压缩机连接

单相压缩机的连接，主要是要测量出压缩机的 C、R、S 这 3 个端子。和功率继电器连接的控制线接压缩机的 C 端子，和启动电容连接的两根线分别接压缩机的 R、S 端子，其中电容和电源连接的端子，对应接压缩机的 R 端，如图 6-9 所示。

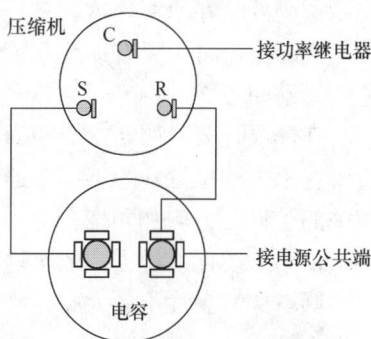

图 6-9　压缩机的单相连接

二、四通阀的更换

要在充分确定是四通阀换向问题的情况下，才能进行更换，否则会导致费时费工，还有可能焊接技术不好，使换新的四通阀损坏。若检查是四通阀的线圈断路损坏，一般只要更换线圈即可。

更换四通阀最好在维修部进行，和更换压缩机一样，将相关的顶盖和边罩都拆下。由于四通阀内部换向阀芯是活动的，材料是塑料的，在焊接时要注意不能高温使阀芯变形，阀芯变形就会使换向卡死或不到位，造成新换四通阀损坏。

更换四通阀一般要遵循以下流程。

1．拆卸线圈

四通阀的线圈是可拆卸的，能和四通阀体分离，在拆焊四通阀之前，要先把线圈拆下，以免在拆焊时烧坏线圈。

四通阀线圈是由轴向中心的一颗固定螺钉拧在电磁阀上，用起子或钢丝钳卸下螺钉，即可取下线圈。

取下线圈的过程中，有可能要拔线圈的插头，要记住插头的连接位置。

2．拆焊四通阀

更换四通阀时，不要直接拆焊四通阀，而要拆焊和四通阀管口相连的加长辅助管道，目的在于焊接新的四通阀时，避免使新的四通阀受高温损坏。

一般空调器的四通阀的 4 个管道都是通过一段加长辅助管道和相关管道焊接在一起的。高压进气管道和压缩机排气之间有一段管道，拆焊时最好拆焊压缩机的排气管口；低压出气管和压缩机气液分离器之间有一段管道，拆焊时最好拆焊压缩机的气液分离器连接处，另外两根管道分别和气阀及室外管道连接，连接中间也有一段管道，拆焊四通阀时，最好是把连接管道都拆下。

因此，拆卸四通阀其实是拆下了相关的 4 根管道。要注意的是，拆下的管道要保持其原有的形状和方向性，以便换新的四通阀进行参照。

3．焊接新的四通阀

焊接新的四通阀，对焊接技术要求较高，主要是做好散热处理和确保焊接质量，安装的四通阀要保持阀体水平，焊接的位置不能泄漏。

新的四通阀在焊接前，要将线圈拆下。焊接方法主要有两种。

（1）浸水焊接

将新的四通阀线圈卸下，准备一盆水，用于四通阀焊接散热，水深可以浸没四通阀体即可，不宜过多和过少，过多在焊接时可能使管内进水，过少可能会使散热不良。一般四通阀的 4 个管道都是朝着统一方向的，单独的高压端是弯曲回来的，所以可以将 4 个管口朝上，使四通阀浸没在水中，这样在焊接四通阀时，就不会使四通阀温度过高。

实际操作时，要有助手帮忙，主要是帮助固定四通阀在水中的位置，只要用钳子夹住四通阀不动即可。

在焊接时要对照新、旧四通阀的管道连接方向和位置，一根一根拆焊和焊接；固定好四通阀在水中的位置；焊下旧四通阀的某一根管道；将焊下的管道焊接在新的四通阀上，对应相关的管口、方向和角度。

依据上述操作流程，依次焊接其余的 3 根管道，这样由于四通阀是浸没在水中焊接的，四通阀本身的温度不会太高，确保内部阀芯换向活动自如，但由于散热较快较多，对焊接要求也相应高。

焊好的四通阀和制冷管路对照，看相关的 4 个管道是否能连接到位，进行调整，调整的时候要保持原四通阀的位置和方位，阀体要呈水平，不要有倾斜。

将对应的 4 个管道焊接到原来的位置，此时就不用害怕四通阀会焊坏了。

装上四通阀线圈，完成四通阀更换。

（2）湿毛巾包裹焊接

这种焊接是直接焊接四通阀，在拆焊四通阀的时候，没有拆焊加长管道，直接把四通阀焊下，一般是对空调器室外机不好拆卸，在用户家里直接进行的操作。

先拆下线圈，将四通阀和对应的管道插好，用湿毛巾裹好阀体，毛巾要有较多的水分，但不能有流动的水，以免水流进四通阀的管道内。焊接时，速度要快。可以焊完一个管道，将毛巾取下，湿水后再焊下一个。

焊完检查后，装上线圈即可。

4. 安装线圈

四通阀焊接完成之后，经检查没有问题，即可进行四通阀线圈安装。线圈要依据原样安装到位，拧紧固定螺丝。将新线圈的两根插线和四通阀的控制电路连接好。连接线最好使用原来的护套线进行保护，防止连接线碰在高温的管道上，烫伤形成漏电或其他故障。

四通阀线圈安装位置不到位，制热通电后会产生一定的电磁噪声。

三、过滤器和毛细管的更换

堵故障几乎都是更换过滤器才能解决，过滤器或毛细管更换，主要是注意管道插入和焊接两个方面。

1. 管道插入

过滤器内部只有过滤网，没有干燥剂，过滤网在看的时候是通透的，不仔细看好像没有网一样。

虽然过滤器有多种，或有多个连接管口，但在连接时，一般过滤器两边分别和毛细管、铜管焊接，毛细管和铜管要插入到过滤器内部，对其技术要求就是插入深度。插入过深会触及过滤网，使过滤网的流通面积减少，易造成脏堵；插入过浅，在焊接时会导致焊接形成故障。

实际操作时，管道的插入深度如图 6-10 所示，两边管道要向里插进一定深度，防止焊口焊堵，但又要和过滤网保持一定的间距。

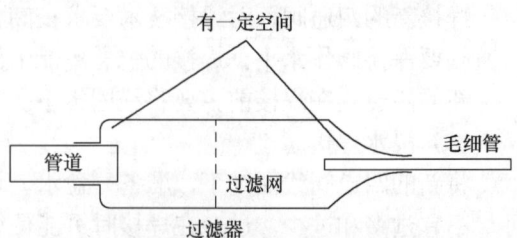
图 6-10 过滤器和管道连接

2．管道焊接

过滤器或毛细管更换焊接，焊接的问题主要是毛细管细、过滤器粗大，两个部件加热要注意连接处温度的一致性，避免毛细管烧坏了、过滤器还没烧红的情况。加热时，注意火焰的移动，多烧过滤器，少烧毛细管。

任务四　制冷系统常见故障检修

基本技能

一、空调器制冷系统检漏

空调器制冷系统检漏见表 6-10。

表 6-10　　　　　　　　　　　　空调器制冷系统检漏

技能标题	操作流程	说　明
判断制冷系统漏	① 空调器制冷或制热效果明显差或没有效果。制冷时空调器外机液阀结霜 ② 制冷系统管道连接头位置有明显的油污，若以前没有维修过，基本可以判断漏，且漏点就在油污处周围 ③ 使用钳形电流表测量压缩机工作电流，明显低于铭牌上标注的电流数值 ④ 测量空调器制冷系统压力，若明显偏低，可大致判断制冷系统漏：夏季制冷测量平衡压力低于 0.8MPa，低压压力低于 0.2MPa，冬季制热测量平衡压力低于 0.5MPa，高压压力低于 1.2MPa	在判断制冷剂缺少的情况下，可以判断空调器制冷系统泄漏 制冷系统漏和堵故障，都会引起制冷制热效果差，以及压缩机工作电流小，通过测量压力可以分出漏和堵 平衡压力低或为 0，说明制冷系统有漏点
观察法检漏	① 外观检漏：检查室内机、室外机和配管连接的喇叭口处，需要的话对室内机或室外机内部进行观察。对没有修过的空调器，若裸露的截止阀及管道位置有明显的油污，尤其是有湿的油污，说明有漏点 ② 拆卸喇叭口包扎保温管检漏：拆开喇叭口连接处的保温层，若有明显油污，说明喇叭口泄漏；没有明显的油污，可用手指擦喇叭口及管道周围，若手指上油污，也说明此处泄漏 ③ 外机检漏：拆开室外机，观察室外机管道各处，若有明显的油污，则可判断此处泄漏，室外机的泄漏主要观察管道的焊接处，尤其是压缩机、四通阀、单向阀、毛细管周围等	观察法是指用眼睛看、用手摸的方法对怀疑的位置进行检查 泄漏制冷剂，制冷系统的冷冻油也同时泄漏，保温层内的油污基本都是透明的，其他管道位置暴露在大气中灰尘较多造成油污 配管检查时，要将所有保温层剥去，仔细查找漏点，若是加长焊接的管道，可直接查找焊接处，剥去保温层进行检查
肥皂泡检漏	① 测量空调器平衡压力：若压力高于 0.6MPa，可使用肥皂泡检漏，若压力不足，可充注相应压力的气态制冷剂后，再进行检漏，压力不要大于正常平衡压力 ② 肥皂泡检漏：空调器不要工作，保持整个制冷系统的压力一致，在管道连接头位置及截止阀的盖帽涂抹肥皂泡，四周涂满，底部可以用手指头兜一下，静观 1～3min，看是否出现泡泡 ③ 对怀疑的其他位置进行肥皂泡检漏	有的泄漏点很微小，泄漏时可能只有气态制冷剂逸出，冷冻油液态泄漏不出没有油污 肥皂液要配好，不能太稀，否则检漏处存不住液体，无法正确找到漏点

续表

技能标题	操作流程	说　明
分段保压检漏	① 压力调节：空调器静置一段时间，测量空调器的平衡压力，若没有压力，可充注液态制冷剂稳定到0.8MPa左右 　压力表阀装上不拆，要确保表阀和连接管道不漏气记录当时的时间和压力 ② 分段保压：关闭室外机液阀、气阀，要确保关死两阀，空调器可分为室外机盘管、室内机盘管和配管两大部分，如图6-11所示 　关闭两个截止阀后，表阀的压力数据为室内机和配管的压力，若压力下降，则是室内机和配管泄漏，若压力不下降，说明室内机和配管不泄漏，则是室外机泄漏 ③ 故障判断：第二天的相同时间，观察压力 　若压力偏低，打开两个截止阀。若压力回升到记录的数据，说明不漏；若压力回升不到记录的数据，说明室内机和配管泄漏 　若压力和记录压力一致，打开两个截止阀。若压力保持在记录的数据，说明不漏；若压力下降不到记录的数据，说明室外机泄漏 　室内机和配管泄漏也包括截止阀的密封盖帽泄漏 ④ 室内机和配管泄漏：若室内机和配管泄漏不能分辨，使用专门的连接头或自制连接头及表阀，可以对室内机和配管分别进行保压检漏，判断出室内机漏还是配管漏	由于分体式空调器的制冷系统有室内机、室外机、配管，所以在检漏时最好能先分出哪个部分漏，再针对哪个部分具体检漏 分段保压检漏的检测周期一般为24h，相当于在第一天的某一时间开始分段保压，到第二天的相同时间来观察压力的变化，目的是这两个时间对应的环境温度基本相同，这样才能对压力的判断基本正确 空调器检漏要根据具体情况，使用各种方法，一般要进行观察有无明显的漏点，再用肥皂泡检漏，若查不出来，使用分段保压检漏，区分开泄漏管路，进行电子检漏或浸水检漏。实际上门维修时，最有用的方法就是分段保压检漏和肥皂泡检漏

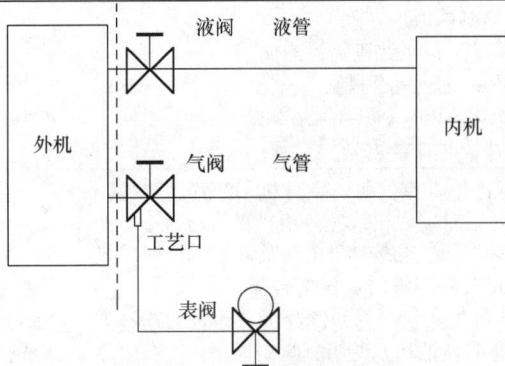

图 6-11　分段保压检漏

二、空调器制冷系统查堵

空调器制冷系统查堵见表 6-11。

表 6-11　　　　　　　　　　　　　　空调器制冷系统查堵

技能标题	操作流程	说　明
判断制冷系统堵	① 空调器制冷或制热效果明显差或没有效果，制冷时空调器外机液阀结霜 ② 测量空调器制冷系统压力：夏季制冷测量平衡压力不低于1MPa，低压压力低于0.2MPa；冬季制热测量平衡压力不低于0.7MPa，高压压力低于1.2MPa	制冷系统出现这些现象，说明堵故障，但还没堵死 平衡压力正常，低压很低，基本是堵故障

续表

技能标题	操作流程	说　明
制冷系统堵死判断	① 平衡压力正常 ② 制冷低压压力为负压，或制热开机后高压压力超过 2.3 MPa	制冷系统出现这些现象，说明堵死
常见检查方法	① 检查截止阀：对于新装空调器，首先要检查两个截止阀是否打开或打开到底 ② 检查配管：检查配管弯曲的地方是否有弯扁变形、打折堵情况，尤其是粗管弯曲的任何地方都要检查，对怀疑的地方要拆开保温层，眼观手摸，找到明显堵的地方 ③ 空调器过滤器堵检查：平衡压力正常，制冷状态压力偏低很多或为负压 　制冷状态压力偏低很多，液阀结霜，过滤器堵但没堵死。制冷状态压力为负压，过滤器堵死	若液阀没有打开，出现低压压力为负压情况；气阀没有打开，低压压力要略高于平衡压力 　粗的气管在弯曲时易出现扁死故障，使制冷时制冷剂没有回流，低压出现负压，制热时制冷剂不能流动冷凝，出现高压过高保护，或压缩机过载保护

基本知识

从维修的实际情况和空调器的制冷循环分析得到的经验是，空调器制冷系统故障很多时候属于制冷剂泄漏、制冷剂流动被堵塞、制冷剂循环动力不足等，造成空调器制冷、制热效果差。无效果或空调器不能工作等故障现象。在处理这些故障时，要会对故障现象、测量的各类参数进行分析判断，确定空调器的故障所在，以排除故障。

一、制冷系统"漏"故障

1．空调器制冷系统的常见漏点
制冷系统泄漏是空调器最为多见的故障。常见的泄漏位置是配管连接的喇叭口处、两个截止阀的密封盖帽、各管道的焊接处等，室内机、室外机、配管都有可能泄漏，有先天性的出厂泄漏、安装造成泄漏、使用以后造成泄漏等。泄漏量有大有小，维修时可能漏光或部分泄漏等。

2．空调器泄漏的判断
空调器制冷、制热效果差，或压缩机运转但不制冷、制热，首先要怀疑是制冷系统泄漏，导致制冷剂缺少或没有，当检测判断制冷剂不缺的时候，再去进行其他检查。

判断制冷剂是否缺少的方法如下。

夏季环温 35℃对应平衡压力大约为 1MPa，冬季环温 10℃对应平衡压力大约为 0.7MPa，若明显低于这个数据可判断制冷剂缺少，若远低于这个数据或压力为 0，则制冷剂已泄漏太多或漏光。

若平衡压力和正常压力相差不大，夏季空调器进入制冷状态，测量空调器的低压压力。低压压力若远小于正常值 0.5MPa，进行一定量的制冷剂充注，查看低压压力是否提高，若提高，停机后平衡压力若没有明显提高，可判断缺少制冷剂。原因是原来呈现的平衡压力，由制冷系统内的气态制冷剂形成的，由于泄漏，内部已没有了液态制冷剂，所以，平衡压力看似正常，但低压压力基本没有。

经测量空调器的压力，若判断空调器缺少制冷剂，则说明制冷系统有泄漏的位置。

3．空调器制冷系统漏点的处理
找到漏点，要根据具体的问题采用具体的措施进行处理。

（1）补焊

补焊主要是对焊接处泄漏进行补焊。补焊前用干净抹布将油污擦干净，焊接前要将管道内的制冷剂排放干净，补焊时注意不要产生其他问题。

（2）更换盖帽

若截止阀的盖帽破裂，一定要换新品。截止阀盖帽松动，可以加劲拧紧。一般的截止阀阀芯都是漏气的，要靠密封盖帽密封。

（3）重新连接喇叭口

若喇叭口处泄漏，一般要拆开喇叭口备帽，观察喇叭口是否损坏。若喇叭口损坏，须割掉原来的喇叭口，重新压制新的喇叭口连接；若备帽破裂，一定要换新品。

重新压制喇叭口之前，一定要记住先在铜管上串上备帽。

（4）更换部件

若是制冷部件本身泄漏，要更换新品，最好不要补焊，例如压缩机机体、四通阀阀体上毛细管接口、单向阀组件等。

4. 空调器制冷系统检漏和处理的经验

最常见的漏点是喇叭口连接处，从安装造成的故障实际情况可依次排出其漏的顺序：室内机的粗管→室内机的细管→室外机的细管→室外机的粗管。

粗管多为拧得不紧，细管多为拧得过头使喇叭口拧紧强度降低、拧破或喇叭口挤出来。

粗管拧得过紧也会出现上述情况，但由于其强度较高基本没问题，但热胀冷缩会使备帽裂缝造成漏氟，这是检漏时常见的故障，用手可摸出喇叭口连接处的气管上有油迹，或用扳手加紧时没有力量。

空调器检漏多使用肥皂泡法，平衡压力须在 0.6MPa 以上，压缩机不工作状态。漏点或怀疑的喇叭口要拧开即可发现是拧得不紧还是拧得过紧造成的，损坏的要重新扩制。

新机安装时室内机打开喇叭口的螺丝堵头，若无保压制冷剂外泄则室内机漏，室外机排空时无制冷剂排出则室外机漏，以上两点可作为判断新机漏的依据。

安装时气液两阀打开没有到底也是漏的一个不容忽视的方面，尤其是气阀的工艺口是受阀的开启度控制的空调器。

双阀的 3 个盖帽松动也会引起漏氟。

无明显漏点或检漏无结果的，对喇叭口重新拧紧可起到意想不到的效果。

对空调器管路系统室内、室外机的漏可关闭气液两阀进行分段保压。

二、制冷系统"堵"故障

空调器制冷系统堵塞，故障现象呈现出制冷、制热效果差，或无效果，所表现的现象和制冷系统泄漏完全一样。在实际维修时，要采用一定的方法，进行故障区分和判断。

1. 空调器制冷系统常见堵的位置

空调器常见堵的位置是过滤器、毛细管、单向阀、气管配管、压缩机的气液分离器等。根据堵的程度可分为堵死和虽堵但没有堵死两种情况。根据造成堵的原因可分为安装造成的堵和正常工作造成的堵。

2. 空调器制冷系统堵的判断

（1）压力测量及判断

根据空调器的压力分析，即可判断空调器制冷系统是否堵塞。

夏季环温 35℃ 对应平衡压力大约为 1MPa，低压压力基本为 0.5 MPa；冬季环温 10℃ 对应平衡压力大约为 0.7MPa，高压压力基本为 1.8 MPa。

在空调器平衡压力正常的情况下，让空调器运行。

夏季空调器进入制冷状态，测量空调器的低压压力，低压压力若远小于正常值 0.5 MPa，进行一定量的制冷剂充注，查看低压压力是否提高，若不提高，再停机后看平衡压力明显提高，可判断制冷系统堵。

冬季空调器进入制热状态，测量空调器的高压压力，若高压压力基本和平衡压力相差不大，进行一定量的制冷剂充注，查看高压压力是否提高，若不提高，再停机后看平衡压力明显提高，可判断制冷系统堵。

冬季空调器进入制热状态，测量空调器的高压压力。若高压压力急剧上升不回落，远大于正常工作压力，且不断升高，也可判断制冷系统堵。

由于堵的位置不同，造成的压力变化也是不同的。

（2）外观观察和检查

检查观察截止阀是否打开。

在确定是堵故障的条件下，截止阀是否结霜。液阀结霜，说明液阀开启度不足、毛细管堵等；气阀结霜，说明配管或室内机有堵，主要是气管堵。

可以打开室内机和室外机，观察管路的其他位置是否有结霜现象，结霜的位置一般有堵的情况出现。

3．堵的位置判断

（1）回收制冷剂判断

若调试截止阀和观察配管没有发现明显堵的迹象，可进行以下操作。

回收制冷剂判堵的示意图如图 6-12 所示。

关闭液阀收制冷剂，制冷剂能收干净，说明是室外机内管路堵；制冷剂不能回收，说明是气管堵。制冷剂是否能收，卸下液管即可知道。

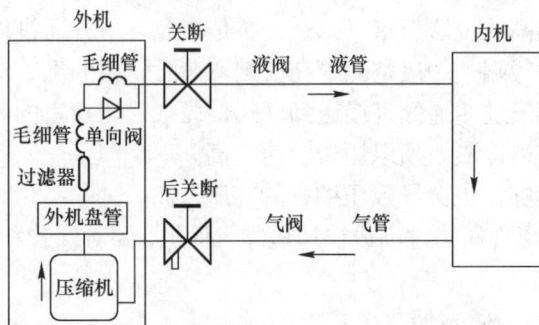

图 6-12　回收制冷剂判堵

具体操作如下。

空调器停机一段时间，恢复到有平衡压力出现。

空调器制冷运行，低压压力消失，说明是堵了。

关闭液阀，再工作 1min，相当于收制冷剂的操作，关闭气阀，然后停机。

卸下室外机的液管，若液管无制冷剂泄出，说明配管和室内机的制冷剂经气管被回收干净，可判断室外机内部堵死，配管和室内机没有问题。再轻度开启液阀，观察液阀是否有大量制冷剂泄出，若没有，基本可以判断是室外机的过滤器堵死。

卸下室外机的液管，若液管有制冷剂泄出，说明配管和室内机的制冷剂经气管不能被回收，可判断配管或室内机有堵。

再松开室外机气管喇叭口，若没有制冷剂泄出，基本可以判断是气管堵死。

室外机内部堵一般在过滤器和毛细管。

配管一般是气管在安装的时候弯堵，尤其是柜机的气管较粗，很容易在弯曲的时候造成变形堵死。只要有弯曲的地方，都可能会出现这种情况。

室内机一般是安装时走向弯曲时根部变形堵死，如图6-13虚线所示。

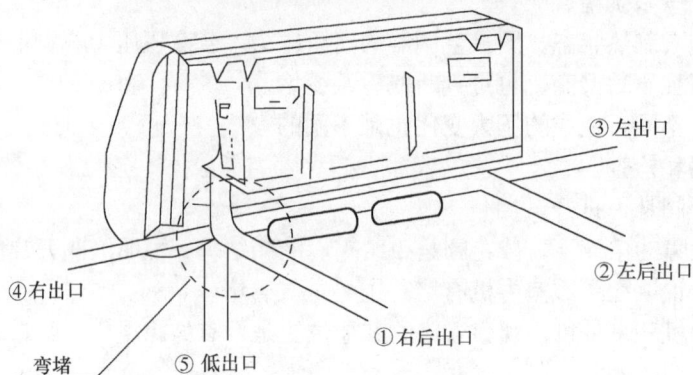

图6-13　挂机安装易堵位置

（2）制热状态高压压力过高或一直升高到保护，高压排气有堵

制热状态高压压力过高，一般是指压力稳定保持在远高于1.8MPa的数据上，比如是2.2MPa，不是启动过程的某个时间达到又回落，而是始终保持这个数据，这说明空调器的高压排气管道有堵塞的情况，但还没有堵死。

制热状态高压压力一直升高，直至空调器保护停机，说明空调器高压排气管道堵死。

这两种情况一般是相同的位置有堵，只是一种是堵死，一种还没堵死。实际维修经验说明堵的位置在压缩机的排气端，一般是配管在安装弯曲时，粗的气管弯扁或堵死。因为压缩机排出的高压气态制冷剂通过四通阀直接送到气阀，经气管送到室内制热，当粗的气管堵塞时，气态制冷剂不能到室内冷凝，所以压力快速升高。

当然若气阀开启度不够，也会导致压缩机的高压过高。

空调器制热状态下，出现压力过高或快速压缩机保护，要对气管和气阀进行仔细的检查，主要是在气管弯曲的地方。

4．过滤器或毛细管堵故障检修

低压压力为零或为负压，原因是制冷剂没有回流，出现的问题在压缩机排气开始，到气阀结束这一段管路中，在这段管路中容易堵的部件主要有过滤器。

焊下过滤器，用眼可以看见和冷凝器连接的过滤器粗管口内部的过滤网，看是否有固体脏污杂质。一般焊拆后都呈现黑灰色块状固体或粉末，有的杂质可以从粗管口用力在地面上咯出来，有的杂质就附着在过滤网上下不来，若从管口看过滤网的对面管口不透光，说明过滤器是堵死了。

过滤器检查是开机查堵的第一步工作，不管脏的程度怎么样，最后应该换上新的过滤器。

若脏的情况不像是堵死的，就要继续查找堵死的位置，即使过滤器堵死了，换好新品后，也要对后面的毛细管管路进行检查。

三、制冷系统效率降低故障

空调器制冷系统故障，除了制冷系统漏、堵外，制冷系统的效率下降也是常见的问题。制冷系统效率下降，空调器制冷、制热效果差或没有效果。主要问题是压缩机吸、排气能力降低和四通阀串气。

1．制冷效率低故障的分析

（1）压缩机效率低

压缩机排气性能降低或不能排气，是压缩机的常见故障，尤其是使用年限较长的空调器，表现的故障特征是制冷剂量正常的情况下，制冷低压压力偏高，或低压压力接近平衡压力，制热高压不高，或是接近平衡压力，也有的空调器表现在开始制冷正常，一段时间后制冷效率下降。

（2）四通阀串气

四通阀表现的问题是四通阀内部串气，是内部的高压和低压切换不彻底，换向阀芯没有到达位置，将部分高压气态制冷剂在四通阀内直接回到压缩机的回气端，使压缩机高压不高，低压不低，导致制冷系统制冷剂循环量和制冷量、制热量下降。

（3）制冷效率低的现象

不论是压缩机效率低还是四通阀串气，所表现的故障现象是一样的，都是制冷、制热效果差或没有效果。表现的故障压力也都是高压不高，低压不低，压缩机的工作电流也都是小于额定电流，实际维修时很难准确判定是压缩机还是四通阀的问题。

2．制冷效率低故障的处理

制冷系统效率下降的原因主要是压缩机排气性能降低或四通阀串气。

最好让空调器工作在制热状态，然后可以交替插拔四通阀的控制信号，让四通阀来回换向，使四通阀内的阀芯活动自如，同时可以用工具敲击阀体，对内部造成振动，若四通阀有问题，四通阀阀芯有可能恢复正常。

经过上述处理后，若故障依旧，放掉空调器制冷剂，开管路大修。

焊开压缩机排气管道，在压缩机排气口焊上表阀。开启表阀，压缩机通电运转。逐渐关闭表阀，增加排气阻力，压力升高，压缩机电流也逐渐升高，若能达到额定电流，说明压缩机基本正常，问题可能是四通阀串气。焊下四通阀，直接将制冷系统焊接成制冷模式，焊接上压缩机，再验证压缩机是否正常。

项目学习评价

一、思考练习题

（1）单独空调器外机抽真空为什么选择在液阀而不是工艺口？

（2）使用新型制冷剂的空调器在安装时，排空操作为什么不能直接使用外机内的制冷剂？

（3）为什么空调器回收制冷剂不能在制热模式下进行？

（4）简述空调器在冬季进入回收制冷剂时，进入工作状态可采用几种方法。

（5）说明对空调器如何判断是否缺少制冷剂。

（6）简述调试空调器制冷剂量从哪些方面进行判断？

（7）更换空调器四通阀应该注意哪些方面？

（8）空调器常见的制冷系统故障主要有哪些？如何进行诊断？

（9）空调器常见的漏点有哪些？通常如何进行检查？

（10）柜机在安装的时候由于操作不当，使内机外出的气管弯扁了很多，试分析空调器在制冷、制热时会出现什么现象。

二、自我评价、小组互评及教师评价

评价项目	项目评价内容	分值	自我评价	小组评价	教师评价	得分
理论知识	① 空调器制冷系统结构					
	② 空调器工况					
	③ 空调器 3 个压力					
	④ 空调器漏、堵故障分析					
实操技能	① 画常见空调器制冷系统图					
	② 空调器安装排空操作					
	③ 空调器充注制冷剂及调试					
	④ 回收制冷剂与排空组合					
	⑤ 四通阀焊接					
	⑥ 空调器制冷系统检漏					
安全文明生产	① 安全用电					
	② 气焊安全操作					
	③ 设备爱护					
	④ 职业与专业素养					
学习态度	① 出勤情况					
	② 车间纪律					
	③ 团队协作精神					

三、个人学习总结

成功之处	
不足之处	
改进方法	

项目七 空调器安装的学与练

项目情境创设

空调器的"三分质量，七分安装"，说明安装的重要性，人们为什么要这么说呢？

空调器在购买以后需要进行安装，将内、外机通过管路和线路连接起来才能使用。安装质量直接影响到空调器的使用性能和品牌信誉，因此，空调器的安装是空调器技术人员需要掌握的最基本技能。项目七主要学习常见分体式空调器挂机和柜机的安装和拆移技术，掌握基本的安装技能和安装技巧，以及空调器安装后若出现故障的分析和解决方法。

项目学习目标

	学习目标	学习方式	学 时
技能目标	① 空调器管路连接，调器线路连接 ② 拆移空调器基本操作 ③ 空调器内、外机的安装 ④ 空调器安装常见故障维修	实习操作	8
知识目标	① 空调器管线装接工艺常识 ② 空调器安装步骤、技术要求、安全要求、注意事项 ③ 空调器安装常见故障原因分析	现场讲授	4

项目基本功

任务一 空调器管线安装工艺

基本技能

一、空调器配管连接与包扎

空调器配管连接与包扎见表 7-1。

表 7-1   空调器配管连接与包扎

技能标题	操作流程	说　明
扩压喇叭口	① 割掉配管原喇叭口，取下紧固螺母 ② 处理管口 ③ 套上紧固螺母，扩压喇叭口	配管做喇叭口时，要记住先套上紧固螺母
喇叭口连接	① 手持铜管，将喇叭口和外机截止阀对准 ② 手动拧紧喇叭口的螺母到拧不动为止 ③ 使用扳手拧紧喇叭口螺母 ④ 将铜管另一端喇叭口和内机连接头对接，将喇叭口螺母拧紧，完成内机喇叭口连接	内机喇叭口连接要使用两把扳手，一把用于固定连接头不动，另一把拧备帽夹紧。外机截止阀是固定在机体上的，不用再使扳手固定
内机喇叭口包扎	① 空调器挂机喇叭口绝热包扎练习 ② 空调器柜机喇叭口绝热包扎练习	绝热包扎主要防止制冷时内机喇叭口处凝露使内机漏水

二、空调器内外机线路连接

空调器内外机线路连接见表 7-2。

表 7-2   空调器内外机线路连接

技能标题	操作流程	说　明
熟悉内外机控制线路	① 查看内、外机接线盒，整理连接线，判断内外机之间的电路联系 ② 查看说明书，掌握电路连接要求	内外机之间的电路练习主要是判断有几根连接线或几个插头，使用何种连接方式等
内机线路装接	① 拆开内机接线电气盒，找出接点位置 ② 连接空调器内机导线 ③ 根据颜色或编号连接向外输出的导线 ④ 使用定位夹固定好导线，装上内机电气盒外盖	一般原装空调器内机线路都已经连接好，可直接使用 　练习装接时线头要连接紧密 　电气盒内接线柱上有内外机对应的颜色表示或编号，连接时要对应好 　实际训练时可以自制导线和接头进行线路连接。导线设定好线色或序号
外机线路装接	① 拆开外机接线电气盒，判断接点位置 ② 根据颜色或编号连接内机来的导线 ④ 使用定位夹固定好导线，装上内机电气盒外盖	

三、管线包扎和整理

管线包扎和整理见表 7-3。

表 7-3   管线包扎和整理

技能标题	操作流程	说　明
内机排水管安装	在内机体排水管口，套装加长的排水软管，如图7-1所示。套装位置要密闭不漏水，若加长管套接口较大，可在空调器管口上绕一定圈数的生料带或电工胶带再插套确保密封	内机体自有排水管很短，都需要进行加长处理。新机附件带有原装加长水管可直接套装

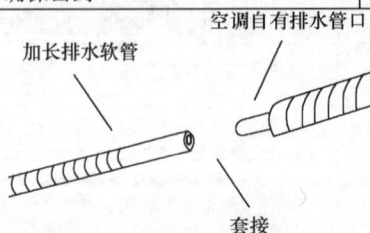

图 7-1　内机加长排水管

续表

技能标题	操作流程	说　明
管线包扎	① 理直内机已经连接好的配管、内外机连接导线、排水管 ② 使用专用包扎带，将配管、导线、排水管等包到一起，如图 7-2 所示	内机管线包扎便于管线通过墙洞伸出室外，同时满足工艺美观要求。管线包扎不要太紧，以免压实了配管的保温套管

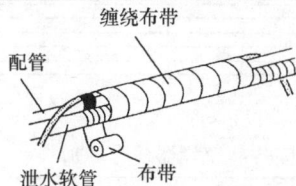

图 7-2　空调器管线包扎

技能标题	操作流程	说　明
管线整理	① 室外出管向上管线整理：手动弯管做出回水弯，如图 7-3 所示 ② 多余管线整理：将室外多余的管线盘圆，放到室外机和墙壁之间，留出一定直管道连接到截止阀 ③ 排水管整理：排水管出墙要向下，不能再随包扎的管线向其他方向走	管线伸出室外时要注意不要和墙洞摩擦太狠，以免磨破导线或排水管 出管向上的一定要做回水弯，作用是防止下雨时雨水倒流进墙洞内 排水管的走向一定要注意

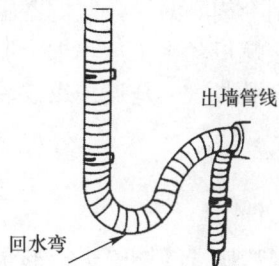

图 7-3　管线外出的回水弯

四、空调器安装管线加长

空调器安装管线加长见表 7-4。

表 7-4　　　　　　　　　　空调器安装管线加长

技能标题	操作流程	说　明
焊接管道	① 根据测算所需长度，选取相同管径铜管 ② 割掉配管一端喇叭口和取下螺母，在管头扩制杯形口 ③ 焊接加长配管，套上对应长度的保温管 ④ 套上螺母，做出喇叭口	配管的焊接位置要计算好，不要留在墙洞内，同时焊接点位置不要在需要弯曲的位置 扩喇叭口前记住在加长的管道上先套上保温管
加长线路	带有插头的信号线加长 ① 测算长度，接头位置不要处于墙洞内 ② 查看多股信号线是否有颜色一致的，若没有，在测算好的位置剪断；若有，要做好对应标记再剪断，以防混淆 ③ 根据颜色或标记一根两个点绞连焊接好，做好绝缘、防水包扎，再做第二根	强电电缆要整根更换，两头做上插片，插片和线头使用焊接，或专用压线钳压接 带有插头的信号线要进行加长，通常使用原来的插头。导线剪断最好错位，如图 7-4 所示，以防同一位置包扎突起较大

续表

技能标题	操作流程	说　明

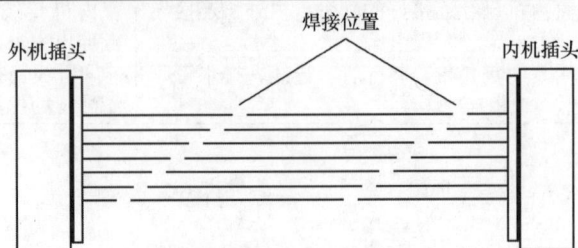

图 7-4　空调器信号线加长

基本知识

一、空调器配管连接工艺

空调器配管是连接室内机和室外机制冷系统的重要管路，配管两端是喇叭口形状，和内机、外机是通过喇叭口螺母及连接头螺纹连接。配管安装是空调器安装的重要操作，连接不当或连接质量欠佳都会引起空调器制冷剂泄漏导致空调器出现人为造成的故障。连接喇叭口一般会出现 3 种故障情况：一是连接螺母紧密力度不够，制冷剂泄漏；二是连接螺母紧密力度过大，喇叭口变形或挤破，制冷剂泄漏；三是连接螺纹没有对好，导致喇叭口螺母及连接头螺纹损坏。

1．喇叭口管道弯曲要求

（1）喇叭口和连接头要正对

喇叭口在连接之前要将配管的喇叭口端的铜管进行形状弯曲处理，使喇叭口和连接头之间轴心正对，弯曲后的铜管喇叭口用手拿住稍用力就能和连接头正对好，否则喇叭口的紧固螺母不能顺利旋进螺纹内，或喇叭口连接偏移易损坏。

（2）喇叭口端的铜管要留出一定的直管

喇叭口一般要留有一定长度的直管，如图 7-5 所示，不能在喇叭口的根部进行弯曲，否则喇叭口和连接头就会不到位，导致喇叭口的螺母拧不上，或拧上后受扭曲力损坏喇叭口结构。

2．喇叭口弯曲

空调器管道的弯曲无法使用弯管工具，只能手工进行，手工操作失误会导致管道弯扁或打折，引起管道节流或堵死。一般管道弯曲使用双手对握方法，有的柜机内机连接头较低或管道不能抽出一定的长度，也可以用双手顺握方法进行弯曲。

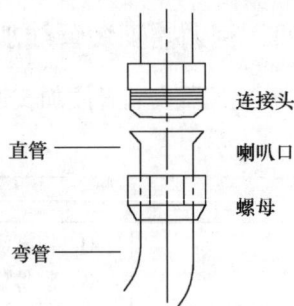

图 7-5　喇叭口管道弯曲要求

3．喇叭口对接

喇叭口对接之前，用手先将喇叭口和连接头对准看看是否正好。

一手将喇叭口轻压在连接头上保证对好紧密，用另一手将螺母拧上连接头，拧到底后，拿管手左右轻晃喇叭口铜管产生一定的间隙，同时用手加紧喇叭口螺母，直到用手拧不动为止。

严禁直接用扳手拧螺母的操作，目的防止螺母和连接头螺丝错位受力损坏，而用手拧的时候错丝喇叭口是拧不上的。

4．喇叭口拧紧

喇叭口用手拧紧以后，才能用扳手加劲拧紧。

对于内机的喇叭口拧紧，要用两把扳手，如图 7-6 所示，一把用于夹持连接头位置使之不动，一把用于旋转拧紧螺母。因为外机喇叭口是连在截止阀上的，只用一把扳手直接拧螺母即可。

在对接喇叭口的时候，为了保证喇叭口和连接头的紧密性，通常在喇叭口和连接头上涂上一层冷冻油，使接触面形成一层油膜。一般新机在安装附件里都配有一小瓶冷冻油。

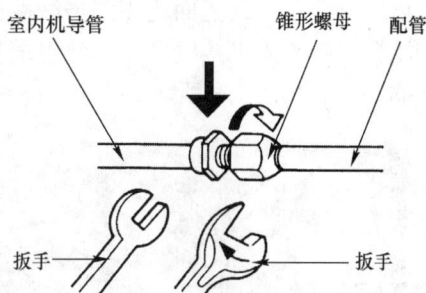

图 7-6　拧紧喇叭口

5．内机连接喇叭口的包扎

内机的喇叭口连接处必须进行包扎绝热。夏季制冷时内机气管喇叭口连接处温度低，若不进行绝热隔离包扎，会形成大量的冷凝水，造成内机漏水故障。

内机喇叭口连接位置包扎用绝热管套。挂机就用内机本机连接管上的绝热套，出厂时留出了一定的长度。实际操作时挂机将两个喇叭口连接头包在一起，如图 7-7（a）所示。柜机一般在安装附件内配有专用的绝热管套，柜机将两个喇叭口连接头分开包扎，如图 7-7（b）所示。

包扎时管道及喇叭口连接头既要裹好，但又不必太用力或太蓬松，要保持绝热管套的弹性。若挂机包扎体积过粗，会导致内机下部翘起来不能安装到位，柜机过粗，则引起底部进风面罩鼓起不能安装到位。

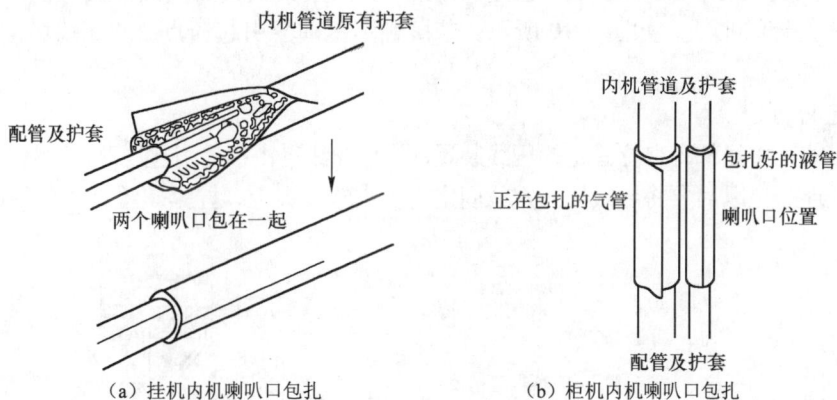

（a）挂机内机喇叭口包扎　　　　　　（b）柜机内机喇叭口包扎

图 7-7　空调器内机喇叭口的包扎

二、内外机导线连接工艺

空调器的内外机之间连接导线主要有两大类，一类是电源线，另一类是信号线，电源线内部通过的是大电流，信号线内部通过的是控制信号。无论什么线连接错误或接触不良都会导致空调器出现故障。

1．空调器内机导线连接

一般空调器内机连线都在出厂时连接好了，安装时主要进行外机连接，但也有部分空调器的内机是需要连线的。

挂机内机连线要掀起或拆下进风栅，在挂机右部卸下内机接线盒盖，将电缆从挂机后面通过导线孔伸到前面连接到接线柱或插头上，如图 7-8 所示。柜机内机连线要拆下前面的进风栅，卸下内机接线盒盖，将电缆从柜机后面通过柜机的管线孔，伸到前面连接到接线柱或插头上，如图 7-9 所示。

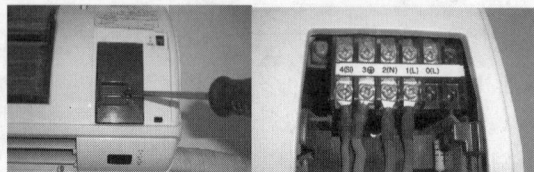

图 7-8　挂机内机导线连接

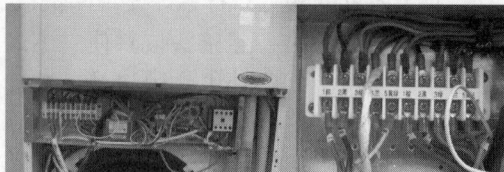

图 7-9　柜机内机导线连接

2．空调器外机导线连接

外机连线要卸下外机把手的接线盒盖，将连线连接到接线柱或插头上。有的大柜机外机连线需要卸下外机侧面板或前面板才能连接上，这在实际安装中要注意。

3．电缆连接注意

（1）连接对应标记

空调器安装时由于不能拆开内部电路进行电路控制分析，所以空调器的连线在线头和接线柱上都有对应字母标记、数字标记、颜色标记等，安装人员可以根据对应的标记将线头和接线柱按照一致的标记连接即可。

（2）接线紧密

所有线头要插好、压好到位，压线片的螺丝要拧紧；插头的接插件要到位。不能随意更改原装线头的连接形式，如图 7-10 所示。若接触不良则会引起接点打火，烧坏接线支架，产生事故或故障。

（3）定位固定

空调器的连接线都有定位固定的压线装置，防止导线自由移动引起脱落、短路、漏电或其他故障。导线连接完以后要将导线压入定位固定的护皮软线夹上，拧紧螺丝，如图 7-11 所示。

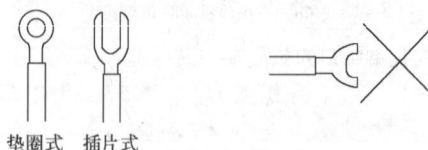

垫圈式　插片式

图 7-10　空调器内外机连接线头

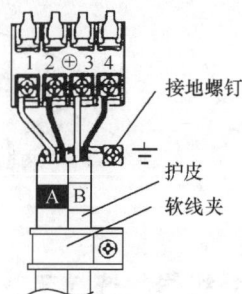

接地螺钉

护皮

软线夹

图 7-11　连接导线的固定

三、管线的加长、包扎和整理

1．管线加长

空调器在实际安装时，由于环境的因素可能导致随机的配管和导线不够长，则需要加长管线。加长管线的标准要求是更换整体的配管和导线，这样管线中间不会有接头，减少人为故障的产生，但实际操作一般还是进行加长。

配管的加长是采用气焊杯形口的方法，焊接所需长度的铜管。铜管要使用相同的规格，加长的铜管也需要使用绝热套管包好，套上喇叭口连接螺母，压制好喇叭口。

导线的加长条件允许的话，最好更换整根铜芯线，使用电缆或多股护套线，不能小于原来的线径。若是加长操作则需要使用锡焊连接线头，使用防水绝缘胶带进行线头包扎。

2．管线的包扎

空调器管线装接完成以后，需要对配管、排水管、电缆等进行包扎整理。

将连接导线和排水管顺着配管方向延伸，使用空调器包装内自带专用裹带进行包扎，从配管下侧重叠裹带 1/3 进行缠绕。配管和电缆一般是包扎到底的。管线包扎不要太紧，但又不能太松。包扎时，要注意排水管的走向，排水管位于配管和电缆的下方，如图 7-12 所示。在包扎时，不要使排水管盘绕或弯曲，以免排水困难。

包扎前要确定排水管的长度和室外排水位置，在包扎时在相应位置将排水管留出，为了使管线能顺利伸出墙洞，水管的管头最好再夹在包扎带内，管线伸出墙外时，把管头拉出即可，如图 7-13 所示。

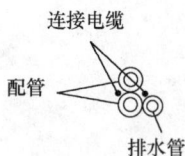

图 7-12　管线的包扎

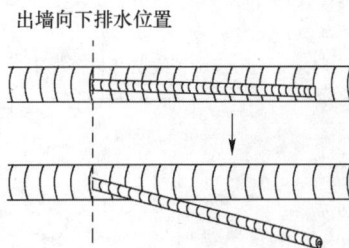

图 7-13　排水管出墙的方法

3．空调器管线出墙处理

空调器管线出墙处理要有灵活性，根据不同的安装环境一般可进行如下两种操作。

（1）连接好管线再出墙

管线安装先在室内连接包扎好，安装时管线从墙洞中穿出，移动室内机到安装位置，将室内机固定。一般适合室外机和室内机距离较大、外部操作不方便等情况，挂机安装多采用此方法。

（2）配管从墙外向里插再连接内机

若室外有专用平台，安装人员可以在室外操作，或者可以先将室外机支架安装好，安装人员能站在架子上操作，在室外操作方便，柜机安装多采用此方法。

将内机的排水管和导线先伸出墙外，在室外将配管放开部分长度，其余部分保持原来盘圆状不变，将放开的配管从室外插进室内，进行内机管道的连接。

任务二　空调器安装技术

基本技能

一、空调器内机安装基本技能

空调器内机安装基本技能见表 7-5。

表 7-5 　　　　　　　　　　　　空调器内机安装基本技能

技能标题	操作流程	说　　明
挂机内机位置确定	① 确定墙面：根据房间的内外实际环境，以及房屋的墙壁结构，确定安装的墙面，外墙面要确定一定是在室外，不要将墙洞开到另外的房间内或其他隔壁人家 ② 确定走向：根据选定的墙面确定内机管线的走向，常见 3 种走向为右出、左出、背出，如图 7-14 所示 ③ 确定位置：使用挂板为参照物，在墙面上确定内机的高度、左右距离，做好挂板位置的标记。注意挂板的位置不要贴在房屋结构的横梁或柱子上，这些位置很难固定	要和用户协商，在用户的同意下，确定室内机安装位置 室内管道不要保留过长，管线右出时内机喇叭口连接头不能处在墙洞内

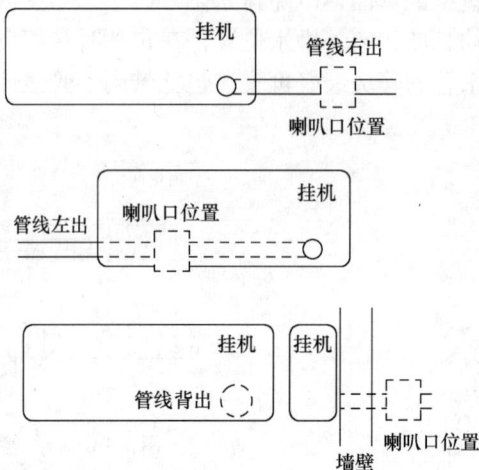

图 7-14 　空调器内机管道可能的走向

挂机挂板固定	① 根据墙面上做好的挂板位置标记，放上挂板，先随便在一角固定一颗钉子 ② 找好挂板的水平，再固定其余钉子。挂板的固定如图 7-15 所示。挂板安装要水平牢固，一般用 4～5 颗射钉	挂机安装是卡挂在金属挂板上的，若管线背出，在墙洞开通后，才能安装固定挂板

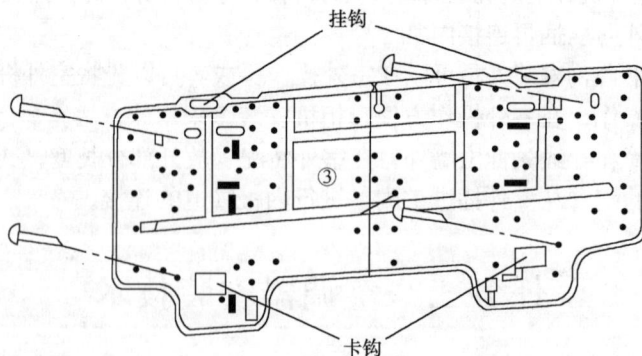

图 7-15 　挂板的固定

二、膨胀固定螺丝的使用

膨胀固定螺丝的使用见表 7-6。

表 7-6   膨胀固定螺丝的使用

技能标题	操作流程	说 明
膨胀螺栓的安装	① 根据膨胀丝的规格选择钻头打出墙孔，在膨胀丝头多套一个螺母，用锤子将膨胀丝打入孔中，如图 7-16 所示 ② 卸掉两个螺母，将被固定支架套在螺栓上，再将螺母拧上，用扳手加紧，内部膨胀体被螺栓喇叭头膨胀开，和墙孔紧固到一体	膨胀丝的作用主要用于空调器外机支架固定 在膨胀丝头套两个螺母，防止锤子打坏螺栓头，无法卸掉螺母影响后续安装

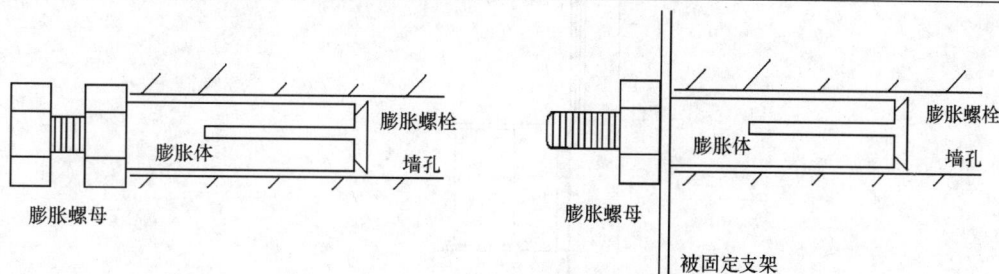

图 7-16   膨胀螺栓的安装

膨胀管的安装	① 用电钻打出符合膨胀管规格的小孔 ② 用锤子把膨胀管敲入孔中 ③ 用自攻丝拧入管中，塑料体膨胀，即可将安装件固定，如图 7-17 所示	一般挂机的挂板用射钉或水泥钉固定，但当墙壁坚韧、钉子打不进去的时候，就要考虑使用膨胀管

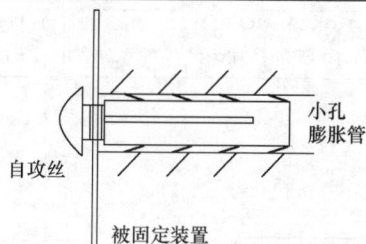

图 7-17   膨胀管的安装

使用木塞固定挂板	① 用刀子削一段长条木头，形成木塞 ② 在墙上用电钻打孔 ③ 用锤子在孔中打入木塞 ④ 使用自攻丝拧入木塞固定悬挂板	安装内机固定时，若没有膨胀管，且不能使用钉子，可以在小孔中用力打入木塞，再用自攻丝固定即可

三、空调器外机的安装

空调器外机的安装见表 7-7。

表 7-7   空调器外机的安装

技能标题	操作流程	说 明
外机位置确定	① 规划布局：室外机安装时，要兼顾外墙所有空调器室外机的整体布局，尽可能安装位置统一，排列有序。除了考虑美观、排水等因素外，尽可能便于安装操作和以后的维修 ② 位置选择：室外机位置一般选定在窗户底下或预留的平台，应通风良好。空调器室外机所在位置是公共空间的，最低点离地高度不低于 2.5m 两层楼以上具体室外机安装如图 7-18 所示，图中说明室外机顶部高度不超过窗台，最低安装点不能低于室内地平	室外机安装要符合国家安装规范的规定 位置选定一定要和用户协商好，协助用户选定空调器的安装位置，询问用户安装空调器是否已取得物业管理、房产管理或市政管理部门的同意，否则的话有可能会拆卸重装 室外机位置要考虑配管的长度够用，若不够用，要和用户说明，加长管道，需要用户另外付费

续表

技能标题	操作流程	说　明

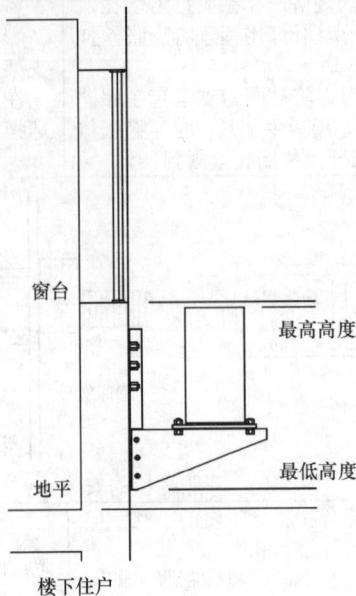

图 7-18　室外机安装

支架组装	将支架根据技术要求，用螺丝组装好，组装时各螺丝要拧紧，图 7-19 所示是其中的一根支架	原厂支架都提供散件，需用螺丝连接组装，支架由左右两只组成

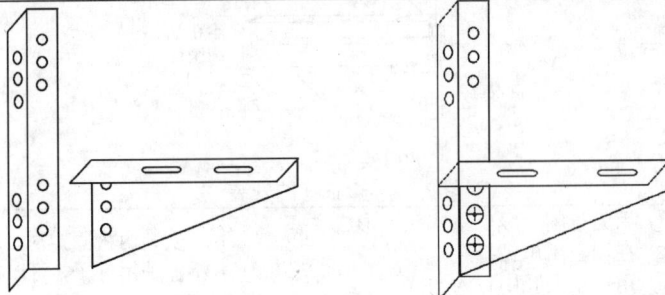

图 7-19　外机支架的组装

外机支架安装	① 定位 a. 确定支架的安装高度：用卷尺先测量出外机的高度，在窗台以下墙面相应的高度位置做好水平记号，参见图 7-20 用一个支架放到要安装的位置，使支架的水平支撑杆高度和空调器高度记号的高度一致，根据支架的孔眼高度和外机的高度，找出支架固定上边两个孔眼到窗台的高度，即孔高 b. 确定支架的左右宽度：用卷尺测量出外机底脚左右之间的间距，在窗外做好的高度记号上，再根据底脚的宽度，确定出另一个支架的两个孔高 ② 安装膨胀螺丝：在定好的 4 个孔高位置开孔，安装膨胀螺丝 ③ 安装固定支架：将支架通过孔眼挂在膨胀螺丝上，装上备帽拧紧固定即可	外机安装后顶面的高度不要高过窗台 外机支架安装一般使用 4～6 颗膨胀螺丝固定，每边支架用上面 2～3 颗固定即可 操作时上身和胳膊可伸出窗外，为了在室内弯腰够得着打孔安装，外机支架垂直的支撑杆的固定孔，一般使用最上面的两个孔 外机安装要水平，所以安装支架时要找好水平。在安装支架时可先装完一边，再根据做好的记号和装完的对比，再安装另一边

续表

技能标题	操作流程	说　明

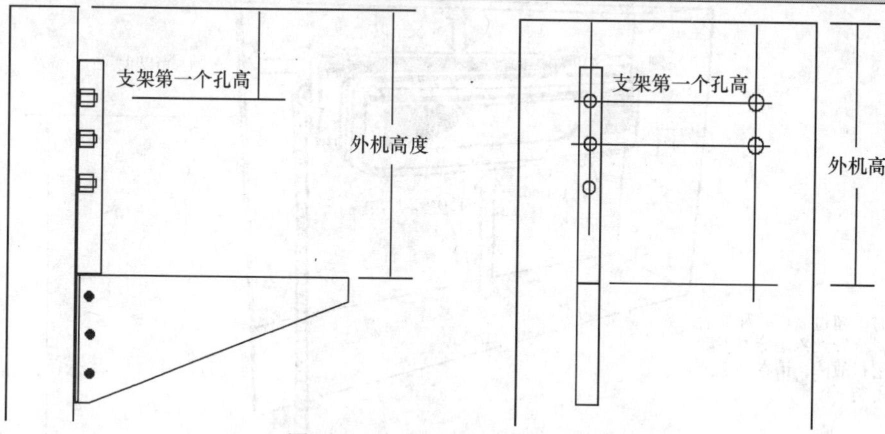

图 7-20　外机支架的安装示意图

| 外机安装固定 | ① 将外机抬上外机支架
② 稍微调整外机和支架的相对位置，使外机底脚的固定孔和支架的固定孔槽对准，小心在左右两边插上固定螺丝，一边一个装上螺母，这样外机相对就稳定了，再将另外两个螺母装上，4 个螺母不要拧紧
③ 前后左右调节外机在支架上的位置，达到最佳，拧紧 4 个固定螺母，完成外机的安装固定 | 空调器外机通过底脚上的孔用螺丝和支架拧在一起
外机安装时，有外机底脚带有减震橡胶的一定要装上
抬外机出窗台和安装固定螺丝时，因为外机和支架还没有固定在一起，一定要注意安全以防外机脱落 |

基本知识

一、空调器安装基本要求

1．基本技术要求

分体式空调器有室内和室外两个空调器机组，两个机组通过管道和电缆连接。在安装时，要做的主要工作是：安装固定室内、室外机，连接内外管道，连接内外电缆，管线包扎整理，通电运行试机等。根据工厂的技术参数和实践的经验，空调器挂机和柜机在安装时，主要考虑到机体的四周空间、机体的固定、内外机高度差、配管长度、内机排水、外机排水、配管和连线包轧等，如图 7-21 和图 7-22 所示（图片来源于厂家空调技术文件，内容不作修改）。

2．基本安全要求

空调器安装要遵循 "GB17790—1999" 的 "国家标准房间空气调节器安装规范"，同时要注意以下几点。

（1）室外地面人或物

在安装空调器进行开墙洞或上室外机时，一定要确保室外下面没有人或车等其他物品，实际工作时，最好有专人负责看守好地面。试想一块砖头掉落，砸在人的头上或砸在小车的玻璃上，造成的后果及损失是无法预计的。

（2）固定外机打孔注意

外机安装支架，需要用冲击钻先在墙上打眼安装膨胀螺丝，一般的操作都是站在室内探出身体，在室外使用冲击钻。要防止冲击钻脱手掉落，用绳子把冲击钻系牢固再探到室外工作，在即使脱手的情况下，冲击钻不要跌落，既保护了冲击钻，又防止砸伤人或砸坏物品。

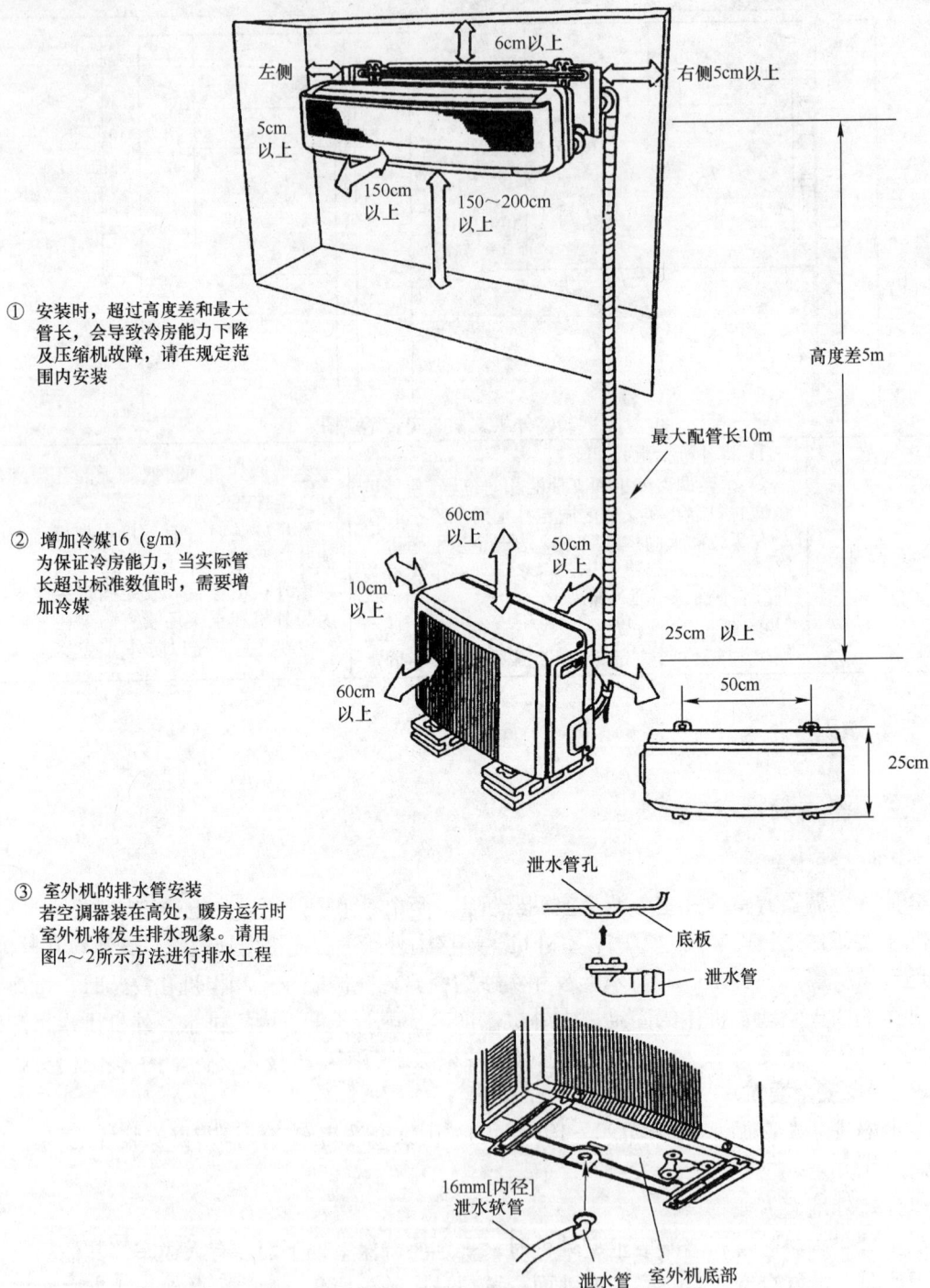

① 安装时，超过高度差和最大管长，会导致冷房能力下降及压缩机故障，请在规定范围内安装

② 增加冷媒16（g/m）
为保证冷房能力，当实际管长超过标准数值时，需要增加冷媒

③ 室外机的排水管安装
若空调器装在高处，暖房运行时室外机将发生排水现象。请用图4～2所示方法进行排水工程

图 7-21　挂机安装示意图

（3）增强自我保护意识
空调器安装是高空作业，危险性很大，要注意自身安全。空调器安装操作时一定要站稳，

同伴要做好保护，系好和拉住保险带，能不到室外操作的就在室内。

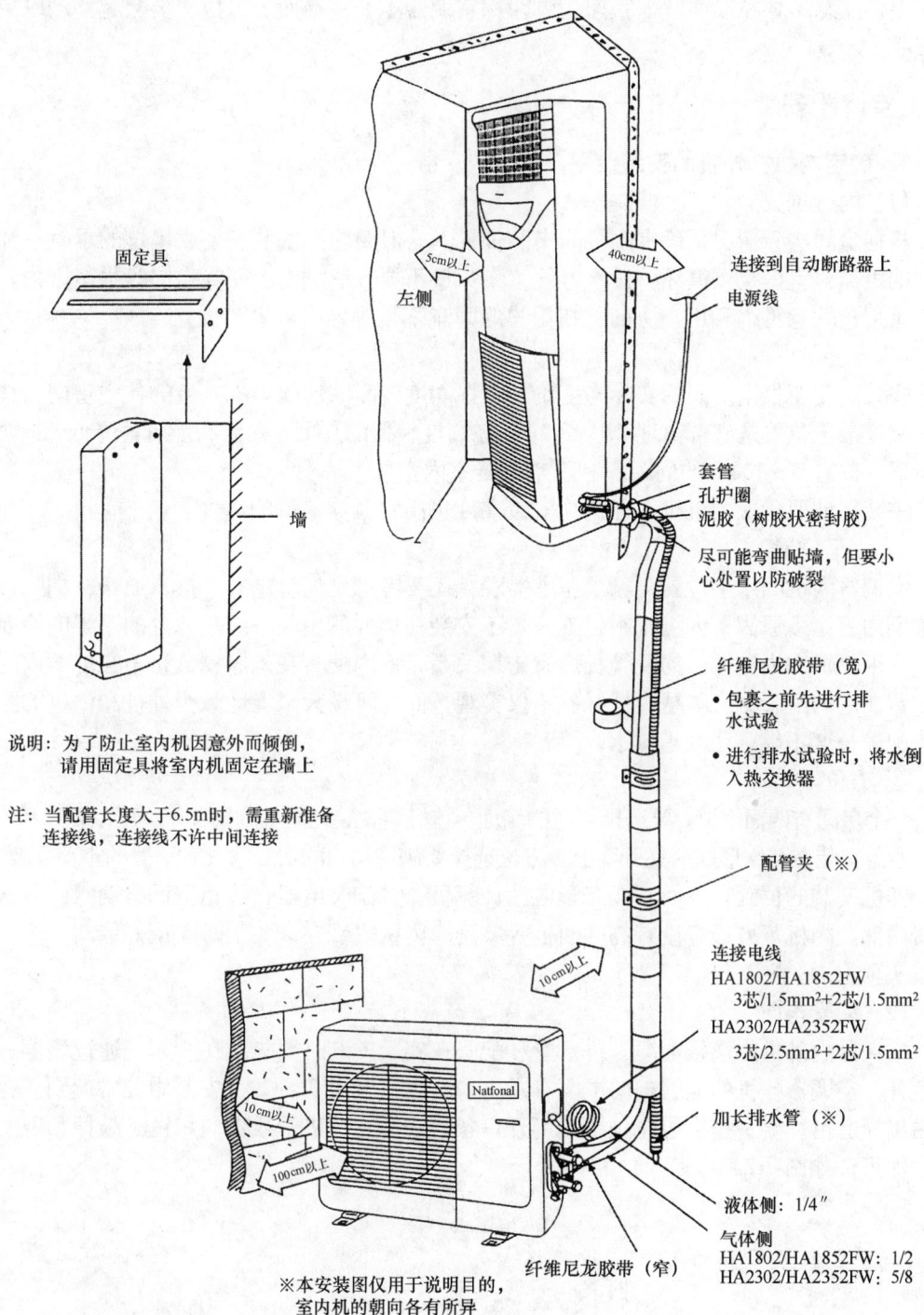

固定具

左侧

5cm以上

40cm以上

连接到自动断路器上

电源线

墙

套管
孔护圈
泥胶（树胶状密封胶）

尽可能弯曲贴墙，但要小心处置以防破裂

纤维尼龙胶带（宽）
• 包裹之前先进行排水试验
• 进行排水试验时，将水倒入热交换器

说明：为了防止室内机因意外而倾倒，请用固定具将室内机固定在墙上

注：当配管长度大于6.5m时，需重新准备连接线，连接线不许中间连接

配管夹（※）

10cm以上

连接电线
HA1802/HA1852FW
3芯/1.5mm²+2芯/1.5mm²

HA2302/HA2352FW
3芯/2.5mm²+2芯/1.5mm²

加长排水管（※）

10cm以上

Natfonal

100cm以上

液体侧：1/4″
气体侧
HA1802/HA1852FW：1/2
HA2302/HA2352FW：5/8

纤维尼龙胶带（窄）

※本安装图仅用于说明目的，室内机的朝向各有所异

图 7-22　柜机安装示意图

（4）职业素养

安装空调器过程中，要注意不要将空调器划伤和磨损、跌落和摔掉等，爱护用户财物，安装结束要给用户打扫卫生、移动的物品恢复到位等，保持用户的环境整洁。例如使用用户

的凳子要在上面铺一层报纸、布、毛巾等进行保护，墙体开洞时不要野蛮操作，以免破坏墙面装潢，注意不要在墙面留下手印、脚印，空调器不要在地面上拖拉，要搬起移动以免损伤地板等。

二、空调器安装

1. 确定内机、外机的安装位置

（1）内机位置

根据房间实际情况，确定内机的安装位置。一般要注意安装高度、墙壁的承重、和外机之间的距离、室内空气循环、排水方便、喇叭口不要在墙洞内、配管走向等很多因素，同时要尊重用户的意见，和用户协商，在用户的同意下，确定内机安装位置。

① 高度

安装高度要根据房间的实际高度确定，在高度较高的房间里或一般的住宅房间，挂机的安装高度最佳位置是底部离地 2.1～2.2m。在高度较低的房间，安装高度可再降低，但要保持空调器上部有 5～10cm 的间距，利于空调器室内空气循环。

安装高度要确保内机排水通畅，安装高度也决定了穿墙洞的高度。

② 水平位置

空调器内机的水平位置，除了考虑美观，还要考虑到配管走向、排水通畅、喇叭口不能在墙洞内等诸多原因。内机水平位置一般不安装在墙面的中间，而是靠外的一半的墙面上。

水平位置和内机露出的配管长短有密切关系，室内配管在确保喇叭口不在墙洞内的情况下，留在室内配管尽可能越短越好，不仅美观，而且可最大限度地减少外机和内机的距离，防止配管长度不够，还利于排水。

③ 方位

一个房间有四面墙壁，要选择合适的墙面。挂机要安装在结实的墙面上，所以要选择实体墙壁，避免安装在装修形成的夹壁墙上。方位选择要满足用户的实际情况和一般的审美需要。

挂机安装的位置，下面不能有彩电、计算机、音响等电器，防止空调器滴水、漏水进入电器内部。内机下方最好没有高的橱柜等家具。内机安装在床头上时，最好偏向一边，避免在正头顶上。

（2）配管走向

空调器内外机的连接电缆、排水管和配管在实际安装时要包扎在一起，通过墙洞一起伸到室外。空调器挂机的配管走向主要有左出、右出、背出 3 种，在安装中经常遇到。在左出和右出管道时，要将挂机边壳预留的可开口塑料去掉，柜机管线走向用锤子敲掉预留的金属圆片即可，如图 7-23 所示。

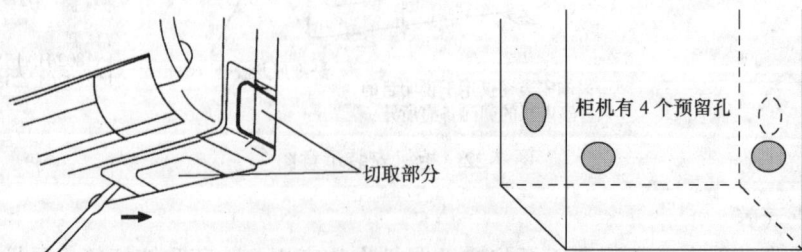

切取部分

柜机有 4 个预留孔

图 7-23　管线走向和外壳切取

① 左出

配管从内机的左侧伸出，配管是顺着内机的原来方向。内机在安装时，直接在内机的配管连接处，将配管的喇叭口拧上即可。内机配管左出时，要将内机左边机体上预留的边盖用钳子掰下，配管即可通过机体伸出。

② 右出

内机配管右出时，要将内机右边机体上预留的边盖用钳子掰下。配管从内机的右侧伸出，配管是逆着原来方向，要将内机的连接管道拉出旋转180°，使方向反过来，反过来的配管要正好放在掰开的边盖位置。管道在反转方向时，要慢慢操作，小心用力，以免扭扁损坏管道，空调器内机连接管弯曲位置都有保护弹簧，防止管道弯瘪。

③ 背出

配管从内机的背面伸出，配管和内机的原来方向呈90°。内机在安装时，要将内机的连接管道拉出旋转90°，使方向和内机垂直，管道的位置在内机的右下方，不用切取边盖。

（3）外机位置

外机位置要考虑配管的长度够用，若不够用，要和用户说明，加长管道，需要用户另外付费。

外机安装时，要兼顾外墙所有空调器外机的整体布局，尽可能安装位置统一，排列有序。

2．内机管线连接

（1）连接内机电缆

内机电缆有的空调器已在出厂时连好，有的则需要在安装时自行连接，电缆连接主要是位置正确、连接紧密牢固。电缆线头和接线柱位置都有醒目的标记，要将电缆和接线柱对应连接。常见的标记有字母标记、数字标记、颜色标记等，在实际连接时，一定要对应好，不能出错。

（2）连接内机配管

内机利用喇叭口连接头和配管喇叭口连接，内机的连接头一般都有堵头，有的内机还装了试压的制冷剂。

① 理直配管

将盘圆的配管放开理直，一般配管两端都有堵头，可以拆开一端用于和内机连接，另一端堵头在伸到室外后，连接外机时再拆，防止进入脏物。

根据实际安装位置，确定空调器内机配管出机方向，用钳子掰下出管的内机预留盖板，根据出管方向，弯曲内机配管到相应角度。

② 配管连接

先连接粗的气管，再连接细的液管。一般的空调器厂家，在附件里都有一小塑料瓶冷冻油，主要是用在内、外喇叭口连接时，涂抹在喇叭口和连接头的表面，增加密封强度。

（3）连接排水管

空调器内机都有一段安装好的排水管，但实际安装时其长度不够，安装附件有加长排水管，要将加长水管安装到内机的排水管口处。加长水管根据实际需要，可以截取适当长度。

加长水管是罗纹塑料软管，接头处是平滑的，截取后的水管在安装时，注意用平滑的那头套到排水管口，防止漏水。

内机已装的排水管管头是硬的塑料圈，加长水管是直接套上去的。

在套加长水管时，若感到较紧，套到一定深度即可；若套的时候感到很松，则要对连接头进行加固和填充处理，防止水管松动或掉下来。一般原装的水管连接都是很紧密的。

（4）管线包扎和定位

配管、排水管和电缆在安装出墙时是一起的，为了操作方便和室内美观，要将所有的管线包扎在一起。连接和包扎管线时，注意不要使内机跌在地上。

管线包扎后，挂机后部有一个专门用于定位管线的塑料卡，将管线固定到位，这样挂机挂在挂板上才到位，如图 7-24 所示。柜机也有专用的卡片固定管线。

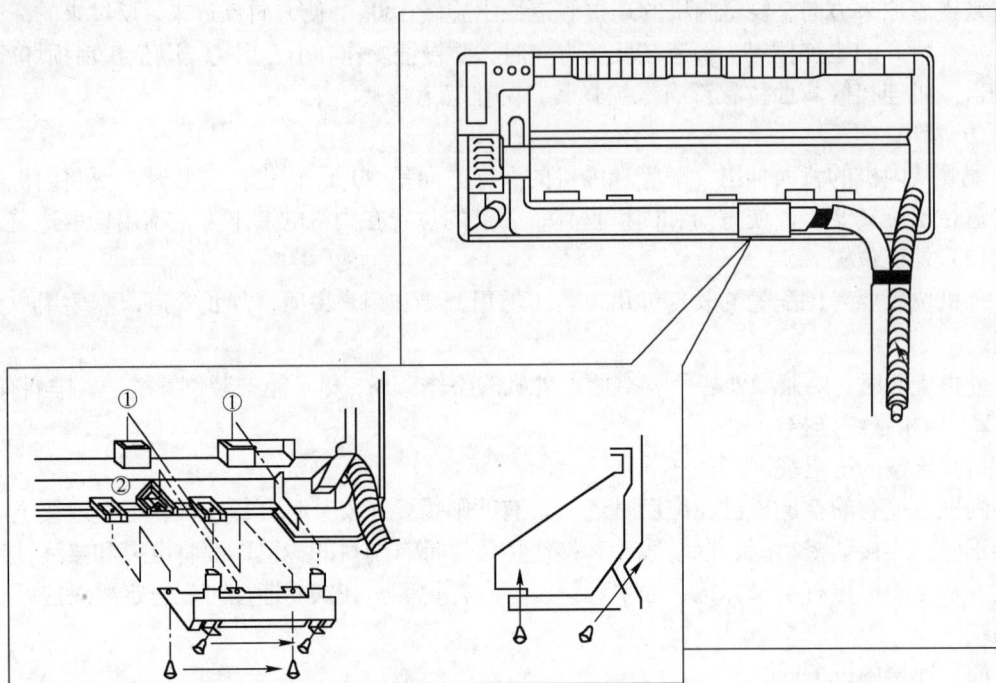

图 7-24　内机管线的定位

3．开墙洞

为了快速和美观地开出墙洞，开墙洞的方法很多，常用的是采用空心冲击钻，也有使用水钻的。现在家庭装修时，一般用户都将墙洞开好，方便了安装。

（1）墙洞高度

墙洞高度的基本要求是从空调器出来的管线要顺着降低的趋势，而不能抬高，如图 7-25 所示。不管是挂机还是柜机的管线出墙都要满足这个要求，主要是使室内机的冷凝水能通畅地流到室外。

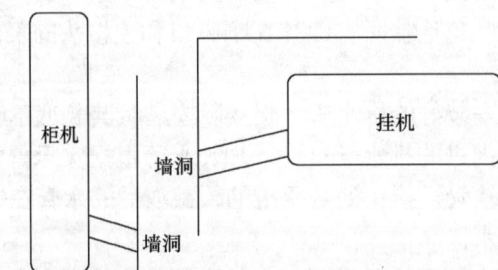

图 7-25　墙洞和内机的位置关系

挂机管线背出的墙洞高度一般可根据挂板上的标记进行。常见的两种标记方法如图 7-26 所示，或根据挂机和挂板实际的相对位置关系进行确定。

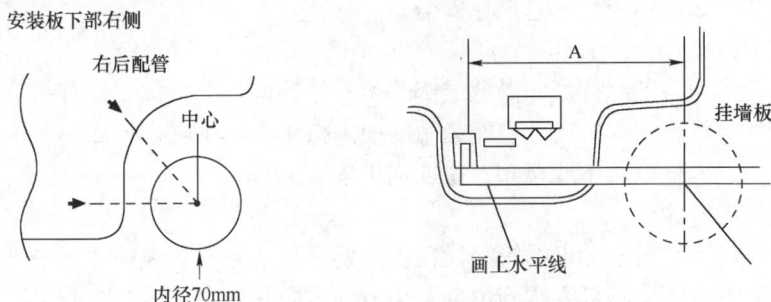

图 7-26　挂机墙洞位置的确定

（2）墙洞内高外低

对开墙洞的一个重要要求是内高外低，就是墙洞内外不是水平的，要有一定的高度差，更不能开成内低外高的朝天孔，如图 7-27 所示。开墙洞目的有两个，一是让室内冷凝水能通畅地流到室外，二是防止下雨时室外雨水倒流进墙洞和室内，墙洞的倾斜也不必过大，略有高低差别即可。

实际空调器安装时可以使用原装附件穿墙护套管套到墙洞内，保护穿墙的管线。套管的室内面有装饰的盖圈，盖住墙洞的边缘，室外面在护套管外和墙洞之间要填装油灰以防雨水进入墙内，原装空调器安装附件有油灰。

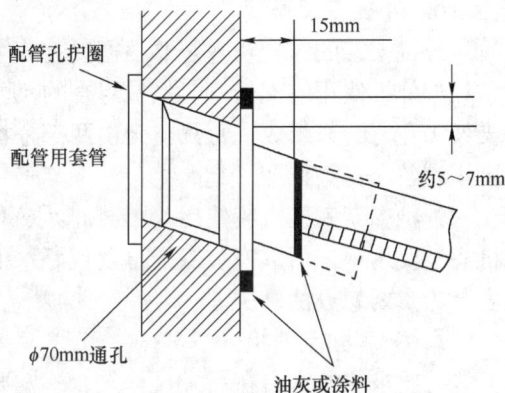

图 7-27　墙洞的内高外低

（3）具体开洞技巧

开墙洞的时候要注意不要损坏室内和室外的墙面。室外墙面打出墙洞时不能直接将电钻打出，这样会使外墙面大面积脱落，既破坏了外墙面影响美观和质量，又会在下雨时雨水侵蚀墙面渗水。处理的方法是在快要打通之前停止电钻，在外墙面用锤子对准出洞的地方用力击打，使外墙面出洞位置质地变松散，再用电钻就不会使外墙面损坏。如果便于操作的话，可以在室外对内电钻，使内外在墙内接通可以很好地保护外墙面。

4．安装挂机挂板

空调器挂机都是挂在墙上的，是在墙上先固定一个挂板，再将内机挂在挂板上。

挂板上部均匀分布 2～3 个片状挂钩，用于挂内机，下部又均匀分布 2～3 个片状卡钩，用于固定空调器，使空调器内机不能活动。空调器内机不是单纯地挂在挂板上，而是卡在挂板上的。挂板上分布很多孔眼，可用于固定挂板选择使用。挂板中间还有用于找水平的标尺线。

固定挂板可使用水泥钉、射钉，还可以使用塑料膨胀管，塑料膨胀管一般都是厂家附件带的，但实际固定时用钉子较为方便。钉子固定时，因为墙面较为坚固，要用锤子用力打击，注意安全。

5．安装内机

（1）伸出管线

一人正面抱着内机，一人拿包扎好的管线，将管线的头塞入墙洞，边出墙，边将内机靠近安装位置。

出管线时，不要用力拉拽，以免墙洞磨坏包扎带、损坏管线等。墙外的管线要看好，不要碰、挂、缠在什么物体上，注意操作安全。

（2）固定内机

挂机到位后，先将上部挂好，保证上部的所有挂钩都挂上到位，没有悬空。整理和挤压内机后面的包扎管线，使内机底部也能紧贴墙面。按压内机下部，使底部卡钩卡在内机外壳上。再轻轻用力，内机底部不能掀起，说明内机安装到位。

（3）整理室内管线

内机固定好以后，对于侧出的管线，在室内要进行适当的美观整理，主要是理直，有拐弯的地方要弯曲到位等。柜机安装到位后，调节好方向和位置，适当弯曲出墙口附近管线，使柜机和管线之间不受向左的力。

6．外机支架安装

外机支架的结构及安装要根据安装的实际环境来决定，一般空调器外机都是挂墙式悬挂。常见的外机使用的支架一般都是组合的，原厂支架都提供的散件，需要用螺丝连接组装使用，支架由左右两只组成，每只支架由两部分构成，用三颗螺丝连接成一体，空调器外机通过底脚用螺丝和支架拧在一起。

外机支架安装一般使用 4~6 颗膨胀螺丝固定，每边支架用上 2~3 颗螺丝固定即可。外机安装要水平，所以安装支架时要找好水平。实际在安装支架时，会遇到各种各样的困难，安装人员要想办法解决。

7．安装固定外机

若要求安装人员在室外操作的，一定要系好安全带，配合人员一定要做好安全防护。

两个人将外机抬到室外的支架上，保证放好，因为两个支架之间没有连接支撑，所以空调器在上面是很不稳定的，放上和停止时都要看好，保证外机有一定的牢固性。放上外机时，要使底脚的固定孔和支架的连接孔对好，支架的连接孔为了和不同的空调器通用，孔是长的，可使空调器内外位置调整。外机有减震胶垫的，在室内准备的时候就要先套上，若怕在抬到室外时脱落，可用细绳扣一下。

将外机固定的 4 个底脚螺丝插进连接孔，拧上螺丝，使外机没有脱落的危险。调整外机的位置到合适，将底脚螺丝拧紧，外机固定完成，如图 7-28 所示。

8．室外管线连接

（1）管线整理

空调器外机在安装时，外机位置有的高于内机，有的低于内

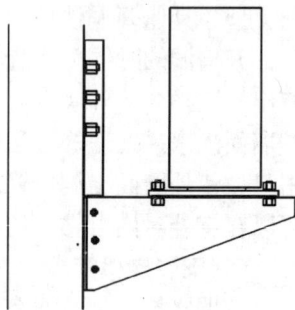

图 7-28　外机安装固定

机，使得内机出墙后的管线走向不一致，在实际操作过程中，要根据管线的走向对管线进行适当的整理。管线整理时，要注意力度，防止内机受力跌倒跌落。

外机在连接配管喇叭口时，要使喇叭口正对截止阀的连接口，所以要在连接喇叭口之前，把管道弯曲到位。同时，要把包扎在一起的管线整理到位，该弯曲的弯曲，该盘圆的盘圆，该固定的固定，因为在连接完喇叭口以后，不能再乱动管道，以免损坏喇叭口。

整理管道时，要掌握好力度和位置，以免将管道弯坏。弯曲管道时，安装技术人员一般都是站在室内窗口，弯腰到室外进行。如果是在室外进行弯曲，要注意安全保护。

多余的管道一般都是处理盘在外机后面。

（2）配管连接

室外配管连接，是配管的喇叭口对接在截止阀连接头上，用备帽固定紧密。一般是先连接粗的气管，再连接细的液管。

拆下喇叭口上的塑料堵头，在连接头和喇叭口上抹上冷冻油，将喇叭口正对贴紧连接头，用手将备帽拧上，若拧不上，多是喇叭口没有和连接头贴紧对好。用手将备帽拧紧，在拧紧的时候，另一只手轻轻晃动喇叭口的铜管，可以使喇叭口到位。

用手拧不动的时候，才能用扳手加力紧固，为了防止损坏连接头，不允许直接使用扳手拧喇叭口备帽。

由于要利用气管喇叭口排气，排除室内机和配管的空气，所以，用扳手加力紧固喇叭口备帽时，气阀的喇叭口拧紧一下，再松开 2～3 圈，用于跑气。

液阀的喇叭口用扳手直接一次性紧死。

（3）电缆连接

卸下外机接线盒的螺丝，取下盖板，根据电缆线头和接线柱的标记，对应连接。

连接线头时，压线螺钉要拧紧，相邻的线头不要有碰触以免造成短路，插接线或插头插座要插接到位。

将连接电缆用接线盒内的固定卡卡好，防止连接线头受力造成脱落或断线。

将连接电缆从接线盒盖板下部的出线口理好，盖上盖板，拧上螺丝，完成电缆连接。

（4）排水管处理

将排水管的管头从包扎带中拉出，排水管在出墙孔位置，顺着回水弯方向向下，不能跟随配管向上走向，即使横向排水，整个排水管道出墙后要一直处于倾斜向下状态，不得向上回弯。

排水的管头要请用户制作专用的排水通道，不能流得到处都是。排水的管头插入到专用通道中时，要注意不能使管头弯曲或受阻，要保持排水通畅。

根据空调器的安装技术要求，由于冬季空调器外机要化霜，外机也要安装相应的排水管道，空调器安装附件有专用的排水塑料管头，插入外机底部的排水管，再连上塑料排水软管，引导排水管道即可。

9．配管和内机的排空

空调器商品机的制冷剂都是预装在空调器外机中的，内机和配管在安装时，要将内部的空气排除，否则会引起空调器制冷系统出现故障。空调器排空是空调器安装的一个重要环节，空调器配管和内机的空气，在空调器安装技术中，一般都是利用空调器外机的制冷剂进行排除的。

空调器配管和内机排空，一般是开启外机的液阀，使制冷剂从液阀泻出，经液阀、液管、内机、气管、气阀等管路，将相应管路内的空气从气阀和气管的连接处排除。配管在连接时，液管在外机已连接紧密，气管在连接时，已松动 2～3 圈，用于排空跑气使用。

一拖二空调器的制冷系统由电磁截止阀控制，进行排空时要先插上电源，使电磁阀打开，才能排空，否则无制冷剂泻出排空。

空调器的排空技术可根据安装人员的熟练程度，进行不同的操作。

10．空调器试机

（1）检漏

空调器内外之间的管线安装完毕，制冷剂打开后，要对连接的喇叭口和外机的气阀、液阀的密封盖帽进行检漏。由于内机安装时，管线都已包扎好，在确保不漏的情况下，可只对外机进行检漏，否则内机要在检漏以后才能进行包扎。

检漏主要是使用肥皂泡涂抹在截止阀的密封盖帽的边缘、喇叭口的紧固螺母两边缘、工艺口的密封盖帽边缘等处，观察在一定的时间内是否有气泡吹出，若有则说明有漏点，要进行密封处理。

检漏完毕要将肥皂泡擦干净。检漏时空调器不要通电试机。

（2）排水

掀起挂机进风栅面板，取下空气过滤网，将一杯清水顺着内机盘管的翅片倒进去，观察室外排水管是否立即有水排出，以及观察内机是否有滴水或流水等，判断内机的排水效果。若效果不理想，要检查内机安装是否水平，机体是否到位，排水管是否不通以及走向朝上等问题所在。

排水完毕，装好空气过滤网和进风栅面板。

（3）通电运转

空调器的插头比普通插头大，要用专用的插座配套。空调器安装过程中，一般不包括电源的安装，要由用户事先准备。

夏季操作遥控器进入制冷，温度设定到最低 16℃，风量开到最大；冬季操作遥控器进入制热，温度设定到最高 30℃，风量开到最大。

开机后观察内风机、压缩机、外风机运转是否正常，运行 15～30min，观察空调器制冷或制热效果是否正常，在整个试机过程中，注意空调器运行状态及各种情况是否有异常等。

（4）结束工作

空调器试机正常，进入结束工作。结束的工作主要有用安装附件所带的白灰粉填充墙洞的外墙面多余空隙、安装墙洞内墙面装饰板、教会用户使用遥控器、填写安装有关信息文字、收拾用户环境等。

三、空调器的移机

空调器的拆移机比起新空调器的安装要复杂得多，下面对空调器拆移的重要环节进行简单说明。

1．拆机操作

（1）通电试机

这一步很重要，试机的主要目的是判断空调器的效果及使用性能，以免再装机出现问题，和顾客说不请。有故障的空调器要和顾客说明白、讲清楚，请顾客决定。

夏季制冷，出风口温差要在 8℃以上；冬季制热，出风口温差要在 15℃以上。达到这个效果，空调器基本没什么问题，试机时间允许的话最低也要 20min，观察期间是否有什么保护或不正常的地方、不正常的声音等，要对室内室外机都观察。

（2）制冷剂回收

将空调器制冷管路内的制冷剂回收到外机盘管中，使用气阀和液阀封闭在外机中，便于拆卸和转移机器。

若空调器不能运转，则只有将制冷剂排放到机外，或利用回收泵进行回收。

（3）拆室外机的管线和机体

在拆卸室外机的管线时先线后管，便于操作。管线拆完以后再拆室外机。

拆线时注意连接的原位或做记号，以便安装时分清。

拆管注意管头喇叭口和两阀的喇叭口连接口包扎，以免进入异物。

若底脚 4 个螺丝锈死，可用绳子捆好机体，拆固定支架的膨胀螺母，连机带架一起拆下。拆卸室外机一定注意安全，除了自身还要注意机器下的人和物，防止室外机跌落。

（4）拆室内机

一般情况下，由于管线是包扎在一起的，挂机将室内机和管线一起拉进房内，柜机视情况决定是一起还是拆开。在拉扯管线时，要注意不要把管道弄扁或打折等造成损坏，若知道造成了损坏，一定要在安装时进行处理，以免出现故障而到处查找原因。

挂机挂板可用钢凿凿掉钉头或用锤子击打使钉子和挂板脱开，也可撬下固定的钉子取下挂板。

（5）整理

主要处理配管喇叭口、室内室外机的连接管头和室外机的截止阀，防止有脏东西进入制冷系统内，用堵头封好或包扎好。盘好配管和导线，盘圆大一点，避免管道损坏。3 匹机的粗管的两头在整理时要保持原来的弯曲形状，便于再安装。

2．运输

空调器的拆移一般都要进行运输，到其他地方安装。在运输时，极易造成空调器的损坏，主要表现在配管压坏或挤坏、各管口或阀口进入异物、室外机放倒或反向放置、机体磨损等。所以在运输前要进行空调器防护处理，和运输人员讲清楚，最好自己参与运输全程。

3．再安装时的注意事项

空调器的再安装就是重复空调器的安装过程，不过由于是旧机，在安装时有很多注意的地方。

（1）重扩喇叭口

根据空调器的技术要求，重新安装的空调器都要重新做喇叭口，但实际的操作基本没有重做喇叭口的，一般都是直接使用原来的喇叭口，这样会有两个弊端。一是喇叭口的韧性变差，造成密闭不严，引起喇叭口泄漏；二是在重安装时，为了保证不漏制冷剂，通常是在连接喇叭口时，用足了力量拧紧螺母，极易造成螺母破裂，制冷剂还是泄漏。

（2）补充制冷剂

根据空调器的技术要求，重新安装的空调器都要补充适量的制冷剂。空调器装好以后进行试运转，根据实际需求，补充制冷剂。

（3）配管弯曲处理

新铜管的柔软性好，能较好地进行弯曲处理，但旧铜管就变得硬得多，弯曲形变需要较大的力量，操作不当或疏忽就会使铜管扁、瘪、折，造成损坏。所以弯曲配管时最好能利用原来的弯，这要求在拆机整理管线时要特别注意。

任务三　空调器安装常见故障及排除

🔧 基本技能

一、空调器制冷系统安装常见故障检修

空调器制冷系统安装常见故障检修见表 7-8。

表 7-8 空调器制冷系统安装常见故障检修

技能标题	操作流程	说　明
气阀没有打开	① 故障现象：空调器通电调试没有制冷效果 ② 故障分析检修 　a. 安装排空时，外机明显有制冷剂泄出排空，排除无制冷剂故障 　b. 配管安装的喇叭口位置，没有明显的制冷剂泄漏，不会使制冷剂漏光 　c. 到外机检查两个截止阀是否打开到底	排空时一般打开液阀90°，操作完成忘记打开以及忘记打开气阀，造成堵故障 对于新装机通电调试没有制冷效果故障，主要检查外机的截止阀是否打开
排空不彻底或过度	① 故障现象：空调器调试制冷效果差 ② 故障分析检修 　a. 新装机出现制冷效果差故障现象，在检查工作电源正常的条件下，要考虑制冷系统内有空气或制冷剂偏少 　b. 测量制冷系统平衡压力，若压力偏低，说明制冷系统制冷剂偏少。制冷剂偏少主要有两个原因，管路有漏点或排空时过度。压缩机运转，补充适量制冷剂到正常，用肥皂泡检查内外机4个喇叭口及截止阀盖帽无漏点即可 　c. 测量制冷系统平衡压力，若压力基本正常偏高一点，压缩机运转后再测量低压压力却偏低很多，压力表指针有抖动，说明制冷系统内部有空气。不能试图添加制冷剂提升低压压力来解决，要放掉制冷剂对制冷系统进行排空处理	空调器安装排空不彻底含没有排空，导致制冷系统内含有大量空气，空气是不冷凝气态，占用一定的蒸发和冷凝容积，使蒸发和冷凝受到影响，制冷效果差，且压力不稳定和低压偏低 排空过度是制冷剂排出量过大，空调器缺少制冷剂 制冷系统内有空气或制冷剂偏少，表现的现象是制冷效果差，但在新装机调试时，一般当时不会发现有什么问题，使用一定时间后压缩机会出现过载保护现象，出现不制冷故障，此时顾客可能才会报修
喇叭口泄漏	① 故障现象：空调器制冷效果越来越差 ② 故障分析检修：新装机制冷效果正常，但经过一段时间的使用，制冷效果越来越差，直至没有制冷效果，这是典型的制冷剂泄漏故障 有的空调器几天都没有制冷效果，有的当年使用正常，下年却无制冷效果 新装机的漏点主要是喇叭口连接处，截止阀阀芯盖帽、工艺口盖帽等	此类故障不能直接加注制冷剂，一定要找到漏点解决 喇叭口在检查时不是单纯地夹紧螺母，有的是螺母过紧挤坏了喇叭口 若空调器柜机在经过冬季使用后，到夏季出现无制冷效果，制冷剂漏光，多是内机气管喇叭口螺母过紧导致制热膨胀出现裂缝

二、空调器线路安装常见故障检修

空调器线路安装常见故障检修见表7-9。

表 7-9 空调器线路安装常见故障检修

技能标题	操作流程	说　明
外机压缩机和其他部件接线颠倒	① 故障现象：空调器通电试机，突然空调器断电，且重新上电也没有反应 ② 故障分析检修 　a. 空调器首次通电试机，突然断电后，空调器再也不能通电，初步判断是空调器内部保险丝断了 　b. 检查外机压缩机连接线连接的位置是否错误，即是否和外风机、四通阀连接位置颠倒 　c. 拆内机检查控制电路板上保险丝是否断路，更换新的保险丝 　d. 检查内外机连接线位置是否颠倒，调节后通电试机	新装机的内外机连接线在线头上有明显的序号数字标记或字母标记，连接时要连接到对应标记的接线柱上 保险丝在试机时断的原因是压缩机回路由于连接错误经过了保险丝。当空调器试机时，在压缩机没有启动时正常有电，压缩机一旦启动即烧掉保险丝 外风机和四通阀连接线也不能颠倒

续表

技能标题	操作流程	说　明
内外机电源连接故障	① 故障现象：空调器通电有显示，但不能启动进入保护状态，有的空调器显示故障代码，含义是室外机故障 ② 故障分析检修：新装机在试机时能通电但没有运行，一般是空调器安装时线路装接出现了问题。不工作进入保护状态通常是外机的电源和内机的电源 L、N 没有对应连接，尤其是三相空调器引入三相电时要更加注意	外机的通信或检测信号等线路连接错误也会引起空调器保护不工作 三相空调器的相序颠倒或缺相，三火一零一地的连接出现问题等，都会引起空调器保护 三相火线和零线颠倒还可能引起高压保护烧掉内机保险丝
线路连接不规范	① 故障现象：家庭供电装置跳闸 ② 故障分析检修：连接线不规范引起搭线短路或漏电保护。检查各连接线接点是否有脱落、搭连等	线路连接不规范主要是随便更改接线片的接触面积、接点压接松动、裸露导线过长、电缆导线没有进行包扎固定等

📺 基本知识

空调器产生故障的原因有很多，其中由安装造成的故障是一个主要方面。空调器安装造成的故障有的在安装后试机就会出现，有的要在一段时间后或更长时间后才出现。

一、整机不通电

空调器整机不通电是指空调器接上用户电源后，空调器无反应，主要表现在电源指示不工作、遥控和面板按键都不能操作等。空调器整机不通电故障主要从以下几个方面着手处理。

1. 检查用户电源

用万用表检查用户的电源是否有电，用户电源安装是否有问题。

由于电源有火线、零线和地线，也有可能 3 线有接错或接倒的情况存在。有很多用户的电源是分路控制的，要检查提供空调器使用的电源支路开关是否接通。有的用户原保险丝容量不够，在开机瞬间烧掉。如果电源接线不紧密或接头氧化接触不良等也会导致空调器不通电。

2. 检查空调器电源接入电缆连接

经测量空调器使用的电源没有问题，就必须检查空调器的电源连接电缆了。

空调器上电，用万用表测量空调器电源进线连接端，是否有正常的电压。若没有电压，空调器断电后，测量连接电缆是否有断路。若有电压，检查连接点是否为空调器的正确位置，可以根据安装技术要求，观察连接线头颜色或数码是否对应等，也可以根据空调器的控制原理，整理电路发现问题等。

观察空调器控制电路是否有插头没有连接好或脱落等。

二、室外机不工作

空调器室外机不工作是指空调器通电，可以进行遥控和面板操作控制，但室外压缩机、风机、四通阀等都不工作。

1. 操作或设定温度有误

空调器 3min 延时过后，若空调器室外机还不能启动运转，要首先考虑是否是空调器使用操作不当造成的。

2. 检查室内、室外机连接线

检查连接线是否按照规定的字母、线色或数字标记对应，尤其是室内、室外机的电源连接，一定要"L"和"L"对应，"N"和"N"对应。

对于有连接插头的线路，要注意插头内的插针是否有弯曲或断掉，连接是否紧密接触等。检查连接线有无断开。对于加长的线路一定按照规定进行焊锡连接，保证其连接强度和紧密度，连接头绝对不能接倒。

3．开机保护

空调器安装后进行试机，由于安装的失误会造成保护现象。

（1）三相相序保护

三相相序保护在安装时最为多见，这是不可避免的。因为三相电源不好进行明确的标记，必须在试机的时候进行调试。

（2）通信保护

对于室内机、室外机都有CPU的空调器，由于内外CPU之间的通信由220V交流电源作为回路，所以容易把通信线和电源线接错，这种错误导致室内机、室外机之间通信不正常，空调器进入保护状态。出现空调器保护，要检查室外机连线是否按要求装接在对应的接线柱上。

（3）漏电保护

空调器插电或开机后用户触电保安器跳闸，说明空调器有漏电。

4．室外机工作状态错误

空调器室外机工作状态错误，是指压缩机、室外风机、四通阀工作状态不正常。空调器安装后试机，在室内控制功能正常的情况下，室外机可能出现工作状态错误，这首先要考虑安装室内、室外机连接线接倒。

夏季安装空调器出现的连接线路错误情况：压缩机启动瞬间爆熔断器；制冷压缩机运转，室外风机不转，室内机吹热风；制冷室外风机运转，压缩机不转等。

冬季安装空调器出现的连接线路错误情况：通电制热开机，压缩机不启动就爆熔断器；制热压缩机启动爆熔断器；制热状态室外风机不停机等。

三、安装后制冷效果差故障的排除

空调器安装后制冷、制热效果差，也包括无制冷、制热效果，其前提条件是压缩机已运转。

1．无制冷、制热效果

（1）空调器安装前室外机泄漏

在空调器安装时，需要利用空调器室外机的制冷剂，对配管内的空气进行排空，在排空操作时，可以基本判断空调器制冷剂量的多少。

在排空时若气流充足，出气声较响，可基本判断空调器室外机制冷剂量足够。一般出厂时制冷剂量灌注足量，包括排空要跑掉的制冷剂，并且室外机的各封闭盖帽都封闭严密。若一台空调器排空时，无制冷剂排出，说明室外机有漏的地方，要对室外机进行维修，不能安装完就不管了。

（2）气阀没有打开

由于在空调器安装时，排空操作都是打开液阀，在气阀的气管连接处排出空气，排空完成后，只是拧紧气管和气阀的连接，而忘记打开气阀和全部打开液阀。

（3）管道有扁堵死的地方

空调器在安装过程中，由于配管的连接位置或较粗的配管在连接和弯曲时，若操作用力不当，会导致配管扁堵或管道打折堵死，导致制冷剂不能循环或循环量很少，使空调器无制冷、制热效果。

（4）喇叭口连接处漏制冷剂

空调器制冷剂泄漏是常见的故障，主要是由于配管喇叭口连接质量差造成的。

一般新安装的空调器在试机时效果基本正常，但若喇叭口漏，由于漏的程度不同，可能短时间或较长时间出现无制冷、制热效果。若现场装完就无制冷、制热效果，一般都是喇叭口在安装过程中损坏破损了，导致大量泄漏。

2．制冷、制热效果差

空调器安装后进行试机，没有强冷、强热的效果，安装造成的这种故障主要表现以下几个方面。

（1）配管排空排气过多

排空排气过多会使制冷系统内制冷剂量减少，会引起空调器制冷、制热效果差，可能的原因主要如下。

① 液阀开启过大

排气时液阀没有按照要求，开启量过大，导致排气速度和排气量过快过多。排气时液阀的开启要求是打开 90°角度，使一定流量的制冷剂泄出进行排空。

② 排气时间过长

由于配管和室内机盘管的容积各不相同，所以空调器的排气时间和排气量是不同的，空调器的排气主要靠液阀的开启度和排气时间控制。掌握了液阀的开启度，对于排空的技术要求就是控制排气的时间了。

为了避免造成排气量引起的问题，在空调器排空时一定要遵循液阀的开启度和排气时间完成要关闭液阀的两个原则进行。排气时间过长导致制冷剂缺少。

（2）液阀、气阀没有打开到底

液阀、气阀没有打开到底，也包括只有一个截止阀没有打开到底，使制冷剂的循环量降低。

四、室内漏水故障的排除

空调器制冷状态下，室内机漏水是常见的一种故障现象，原因较为复杂。对于新安装的空调器，漏水问题也是经常会出现的，一般情况都是由安装处理不当造成的，空调器漏水要在空调器制冷一段时间后才会出现。在空调器安装后试机时，一般都是用水直接倒在蒸发器上，看水是否能顺利流出进行排水试验。

1．挂机漏水

（1）室内机挂得不水平

空调器挂机在安装时，要求室内机水平，不仅为了空调器视觉上的美观，从技术角度上看，主要是为了让室内机的冷凝水能通畅排出。

有的安装人员把机器装得略有偏斜，认为利于冷凝水排出，其实完全是错误的。一是空调器集水槽较浅，偏斜会导致大量冷凝水产生时溢出集水槽；二是偏斜时方向是不一定的，若集水槽的出水口在低端，连接的排水管可能反方向排水，使水从低处向高处流动，则会导致集水槽溢出漏水；反之，若集水槽的出水口在高端，则会使集水槽内存留大量的水，也会造成空调器漏水。

（2）挂机底部不能定位贴墙

实际安装时，由于挂机背面下部横着空调器的管线，若包扎处理不当，则会使挂机下部突起，不能进入定位卡槽，使下部悬空，不仅会造成挂机脱落的隐患，也会引起室内机漏水。

（3）挂机顶部向外倾斜

实际安装空调器时，由于安装的粗心，或挂板的不水平，有的安装人员为了修正空调器的水平，就会在悬挂时只使用空调器挂板一边的一个挂片，一个挂片的所承受空调器重量，会使空调器挂机顶部向外倾斜，出现这种情况，空调器会有运转噪声，也会使室内机漏水。

2．柜机漏水

安装造成柜机漏水的主要原因是墙洞位置偏高，造成室内机排水水位上升受阻。

3．排水管道引起的空调器漏水及处理

（1）排水管走向偏高

挂机的排水管离开空调器体后的走向，应该是向下的趋势，连水平都不行。

空调器安装时室内留的管线比较长，造成中间下沉，或首尾高度差别太小等；空调器安装时，室外的管线是向上弯曲的话，可能使排水管也跟着向上弯曲，造成不能排水；空调器管线整理包扎时，可能使排水管不是直线走向，而是盘曲缠绕状，则会影响排水；为了使室外排水口能放到专用的排水管道中，人为地抬高室外排水管的管口，造成排水不畅或不能排水等。

（2）加长排水管挤扁或扭曲堵死

空调器本身的排水管为了保证包扎时，排水管不会挤扁或扭曲堵死，使用的都是带有骨架的排水管，但和空调器排水管连接的加长排水管，一般都是软管，所以在空调器安装整理包扎管线时，对于加长的软排水管要注意保护，当排水管受力挤扁或扭曲时，都会引起排水不畅。

（3）加长排水管破损

加长排水管一般都是塑料软管，很容易破损或划破，在使用前要检查一下是否有破损的地方，在安装过程中，进或出墙洞时，要注意不要被墙洞划破。

（4）加长排水管接头不紧密

加长排水软管和空调器本身的排水管连接，是直接套插式的，一般都是软管的管头套在排水管的管头上。原装空调器配的软管管头是专用的，套插后很紧密，一般不需采用其他密封措施。

加长排水管有配合连接头使用的光滑管道，其余为螺线管，连接时一定要用软管的光滑专用位置，不要使用软管螺线管的位置。

（5）加长排水管保温不好

空调器本身的排水管是带有保温层的管道，因为制冷产生的冷凝水温度较低，若排水管直接和空气接触，则空气中的水就会凝结在排水管的表面，加了保温层以后，就防止了这种情况的发生。加长排水管是单层的软塑料管，因此，管线的包扎若没有单独对排水管另加保温层，则会在包扎管线的外围形成冷凝水，水分积攒过多，就会使室内机漏水。

一般的空调器加长排水管在使用时几乎都没有使用保温措施，因为加长的排水管基本是在室外，外界环温较高，冷凝水不易凝结。所以，对于室内使用加长排水管，若室内管道较长，要注意这个问题。

（6）排水管口有排放阻力

对于排水困难还有一个不易察觉的地方，那就是排水管室外管头排放问题。技术要求排放管头要悬空，不能浸没在水面以下，还有就是现在的楼房都有专用的空调器排水接头，将排水管放入接头内，要注意管口不能受力变形或堵死。

（7）室内机配管连接包扎不良

空调器安装中保温处理是一个重要的环节，无论挂机还是柜机，室内机配管连接管道和接头，要求都要进行严格的保温包扎，目的就是防止空调器制冷时，在连接处的管道外壁产生冷凝水，造成室内机漏水。如安装过程室内机配管连接处没有包扎好，制冷会造成漏水的故障。

五、噪声大故障的排除

空调器的噪声虽然不会影响空调器的制冷、制热效果，但噪声严重影响用户的使用心情，有的机械摩擦的噪声产生，时间长了会使摩擦部位受到破坏，例如管道破裂、线路短路等。所以，空调器安装后试机若有明显的不正常声音或噪声，要及时处理。

1. 室内机噪声

空调器室内机的噪声，和安装有关的，表现在机体振动发声，用手扶住室内机或用力按住室内机，声音减弱或消失，主要表现在挂机。

挂机室内机体发声，主要是室内风机运转，制冷剂流动，室外机振动通过配管传入等声源，由于安装的原因产生共振或共鸣，可能的原因主要有以下几条：室内机上挂、下卡不到位；室内机只悬挂在挂板一边的一个挂片上；挂板没有紧贴墙；挂板固定松动；配管弯曲不自然，有吃力的地方；配管弯曲有扁堵的地方，造成制冷剂气流声加大；配管弯曲位置不妥，制冷剂流动声加大等。

柜机的噪声主要是室内机安装不稳定、安装地面地基不平等问题。

2. 室外机噪声

室外机噪声和安装有关的问题，主要表现在以下几条：室外机安装倾斜；室外机支架承重不够；室外机支架材料制作单薄；室外机底角固定螺丝没有固定好或缺少螺丝，甚至不用螺丝等；室外机底角固定时没有安装减震橡胶；室外机支架固定不牢等。

项目学习评价

一、思考练习题

（1）安装空调器内机出来的管线在外部需要进行哪些处理？

（2）空调器安装需要注意的安全事项有哪些？

（3）简述空调器安装步骤。

（4）空调器安装完成需要进行哪些方面的调试？

（5）简述空调器拆移机操作步骤。

（6）空调器安装试机，空调器不通电该如何检修？

（7）空调器使用 2h 后内机漏水，安装出现了什么问题？

二、自我评价、小组互评及教师评价

评价项目	项目评价内容	分值	自我评价	小组评价	教师评价	得分
理论知识	① 空调器管线连接常识					
	② 空调器安装步骤					
	③ 空调器安装技术要求					
	④ 空调器常见安装故障分析					
实操技能	① 空调器排水实验					
	② 制冷效果判断					
	③ 管道弯曲及喇叭口连接					
	④ 加长管道和导线					
	⑤ 模拟安装故障检修					

续表

评价项目	项目评价内容	分值	自我评价	小组评价	教师评价	得分
安全文明生产	① 安全用电					
	② 安装职业素养					
	③ 安装安全规范					
	④ 爱护设备					
学习态度	① 出勤情况					
	② 车间纪律					
	③ 团队协作精神					

三、个人学习总结

成功之处	
不足之处	
改进方法	

项目八　空调器常见故障检修的学与练

项目情境创设

空调器出现故障，该如何着手进行分析和检修呢？

空调器常见故障主要是在制冷系统或控制系统两大部分，但实际空调器表现出来的故障现象并不能直指是制冷还是控制系统的故障，而维修者接触空调器得到的信息是故障现象，因此，项目八从空调器表现出的不工作、不制冷、制冷效果差等几个主要故障现象入手，学习空调器常见故障的检修思路和方法。

项目学习目标

	学习目标	学习方式	学时
技能目标	① 判断机器和非机器故障 ② 空调器不制冷故障检修 ③ 空调器保护故障检修 ④ 空调器制冷效果差检修	实习操作	40
知识目标	① 机器和非机器故障 ② 空调器不制冷原因 ③ 空调器制冷效果差原因 ④ 空调器故障保护代码	现场讲授	20

项目基本功

任务一　空调器非机器故障的检修

基本技能

一、内机空气过滤网清洗

内机空气过滤网清洗见表 8-1。

表 8-1　　　　　　　　　　　　　内机空气过滤网清洗

技能标题	操作流程	说　明
故障现象	① 空调器运转，制冷或制热效果差 ② 空调器内机吹风距离不远，循环风声异常 ③ 靠近出风口感觉出风制冷温度很低、制热温度很高，但风量小	空气过滤网脏是空调器最为常见的非机器故障。实际检修空调器时，通常都要先检查一下空气过滤网，再去检查其他问题
故障检修	① 拆开内机进风栅 ② 观察空气过滤网表面脏物过多 ③ 空调器停机，拆卸过滤网 ④ 清理过滤网，使用清水逆着进风方向冲洗 ⑤ 晾干水分 ⑥ 装好过滤网和进风栅，然后试机	使用空调器的季节，通常两周清洗空气过滤网一次，以保证空调器内机的换热良好 拆卸和安装空气过滤网不要生拉硬拽，要找到相关的卡钩拆卸，以免损坏进风栅或过滤网
调试	① 空调器通电运转 ② 风量明显增加，吹风距离较远	空气过滤网不能拆卸不用，否则脏物直接附着在内机盘管上，无法清洗

二、供电源故障检修

供电源故障检修见表 8-2。

表 8-2　　　　　　　　　　　　　供电源故障检修

技能标题	操作流程	说　明
空调器无电	① 故障现象：空调器通电后没有反应 ② 故障检修：测量空调器电源插座或断路器是否有电	通过电源检测判断是空调器自身电源问题还是外界供电问题
空调器供电不足	① 故障现象：制冷效果差或无效果 ② 故障检修 a. 压缩机没有工作时，检测空调器供电源电压偏低或基本正常 b. 压缩机启动运转后，检测空调器供电源电压偏低很多，电流超过额定电流 c. 手感压缩机外壳温度很高，运行一段时间后压缩机过载保护	空调器供电不足常见于夏季高温季节的用电高峰期，或家庭供电线路接点接触不良老化等 供电不足引起压降过大，严重时会引起压缩机不能启动，在启动时就过载保护，或空调器欠压检测保护
三相电源空调器检修	① 故障现象：空调器有电但不能工作 ② 故障检修 a. 检测三相线电压和相电压，判断是否缺相 b. 调节三相时序，还不能工作的话及时再调回来，以免影响后续检修 c. 若压缩机启动瞬间空调器停机的话，检测供控制电路的单相分相电压是否在压缩机启动瞬间电压降低很多，可能是相线接点接触不良	线路改造可能引起相序错误，线路接点接触不良或供电开关触点烧蚀，会引起缺相保护 实际维修过程中控制空调器电源的三相空气开关损坏较多，通常是有一相的开关触点烧坏不通

三、外机换热不良故障检修

外机换热不良故障检修见表 8-3。

表 8-3　　　　　　　　　　　　　　外机换热不良故障检修

技能标题	操作流程	说　明
故障现象	① 制冷效果差，开机运行一定时间内效果可以 ② 感觉外机吹风热气温度过高 ③ 外机工作一段时间后压缩机过载保护频繁 ④ 外机体温度较高	外风机风速风量正常，吹风热气温度过高，说明外机散热不良；风量小，说明盘管风循环通道不畅通
故障检修	① 检查外机吹出的热风是否前面有遮挡物，热风没有散走又回旋到外机里，造成外机越来越热 ② 外机所处环境是否拥挤通风不良，阳光直晒时间较长，遮阳雨蓬是否太低 ③ 外机和墙壁之间有杂物，影响风循环 ④ 外机环境较脏，盘管表面脏物、油污覆盖较多 ⑤ 外机所处位置有热源、烟油汽的熏染等	空调器外机不能装在走廊里、过道内。空调器外机一般不用遮阳物，以防通风不良 空调器外机安装位置要通风良好，四周环境良好 多个外机放到一起要注意吹风不要相互串气
调试	针对外机散热不良的原因，对空调器进行外机重新安装、调整位置、清理外机盘管等处理	实训过程可使用纸张遮挡外机后面的进风盘管表面试验

基本知识

一、空调器故障分析与检修

1．非机器故障和机器故障

空调器故障从广义上讲分为两大类：非机器故障和机器故障。空调器系统及其部件的损坏性故障称为机器故障。由于空调器外部原因引起的空调器出现故障，但还没有引起空调器本身的损坏称为非机器故障。对于非机器故障若不进行及时的发现和处理，则会导致机器故障。

虽然非机器故障并不一定导致空调器自身故障，但大部分非机器故障均和机器故障有着必然的因果关系。当然，也有相当一部分机器故障是由于空调器系统和部件自身质量原因引起，和非机器故障无关，属于自然损坏，在分析故障原因时要注意区别，以找到故障的本质。空调器产生故障的原因较多，主要有外部原因和机器自身原因，其中，外部原因占多数。由外部原因引起故障有两种情况：一是外部原因消除后，机器运转随即正常，而机器本身没有受到损坏；二是外部原因已经引起机器制冷系统、电控系统和通风系统部件损坏，排除内部系统和部件故障后，还得排除外部原因。

2．维修原则

在维修实践中，要首先排除非机器故障，后排除机器故障，这是维修工作的首要原则。从机器故障原因中再分析出是电控系统故障、制冷系统故障，还是通风系统故障。

比如，遇到机器插电无显示，不能一到现场就拆开机器，而要先检查用户的配电，结果是空调器专线保险丝断了，否则空调器大拆也没有找到原因。这样的例子在初学维修者之列不乏其人，在学过两年的维修员中也不能说没有。实际工作中一定要首先排除非机器故障，后检查机器故障，避免走弯路。

二、空调器通电试机

对于空调器故障的检修，一般要通电试机，通电试机主要进行以下几个方面的工作：通电，电源电压测量，电流测量，压力测量，目测空调器工作状态，感觉吹风及温度等。通电试机是维修空调器的基本操作，通过通电试机和配合空调器相关参数测量，可以快速准确地判断故障原因和故障部位。

1．咨询用户有关情况

空调器通电前要咨询一下用户，主要是了解一下空调器的故障现象、故障形成的一个过程、是否曾经维修过等。通过了解，使维修人员心中有数，要从什么地方着手，能否直接就通电试机，还是先简单检测一下是否有严重短路不能直接通电等。

2．工作状态判断

空调器通电试运行，观察空调器能否启动运转、运转状态是否正常、制冷效果是否正常、外机体是否温度过热等。根据空调器的运行工作状态，分析表现出的故障现象，判断故障可能的原因及损坏的部件等。

空调器通电试运行时，若发现明显的异常要及时断电，以免扩大故障或引起其他事故。

3．相关参数检测

（1）电源电压检测

用户交流电源的电压，单相电压范围在 200～240V 基本正常，若达到 380V，则是电网供电接错，不能通电试机。

三相电源测量三相电相电压是否是 220V，线电压是否是 380V，是否缺相。空调器若能通电但压缩机不能运转，可进行相序调节，若调节不能正常工作，再及时调回原样。

电源电压测量分为两个阶段，一是压缩机没运行之前，测量判断工作电压是否正常，二是压缩机运转以后测量电压是否明显降低很多。夏季是空调器用电高峰，即使电压正常通常也会引起供电电压不足，由于电路的接触不良，或线径较细、线路长等，压缩机运行后会引起线压降过大，使压缩机工作电压降低很多；实际检修时要注意分辨是电源的不足还是线路的问题。

空调器工作电压低，明显地导致压缩机工作电流增大，使压缩机工作一段时间后过热过载保护，过低的工作电压会引起压缩机不能启动，使启动电流相当于短路电流，引起过流过载保护。

（2）制冷系统压力检测

空调器试机若压缩机能够运转，但没有制冷效果或制冷效果差，则需要进行制冷系统压力检测。制冷时主要检测平衡压力和低压压力进行分析，制热时则检测平衡压力和高压压力进行分析，判断是制冷系统漏、堵、压缩效率低，还是缺少制冷剂。

（3）压缩机工作电流检测

通过对压缩机的电流测量，可以判断制冷系统是否工作正常，压缩机是否过载等。

压缩机电流过小，说明制冷系统制冷剂循环轻载，可配合压力检测判断是制冷系统漏、堵、压缩效率低，还是缺少制冷剂。压缩机工作电流大，通常制冷剂的量不会少，多是压缩机过载引起的，过载的主要原因有工作电压过高或过低、外机换热不良、内机过滤网脏堵、制冷剂过多等，多在夏季出现压缩机过载故障。

三、空调器常见非机器故障分析

1．由内机空气过滤网引起的故障

空调器内机过滤网的作用主要是滤除空气中的杂质，使空气洁净。当过滤网长时间使用没有清理时，在表面会形成厚厚的一层覆盖物，严重影响内机盘管和空气的热量交换，使空调器内机换热不良。

表现的主要故障现象有：制冷或制热效果差；内风机即使处于高速风，吹出风感觉也是很小；内机进风从过滤网周围进风形成"飕飕"声，而不是正常的穿过过滤网的"呼呼"声；夏季制冷时，由于换热不良机体温度偏低，易在出风口附近形成水滴积水、内机盘管整体结霜或结冰、外机气阀结霜等；冬季制热时外机经常性地制热卸荷，变频空调器频率提不上等。

在检修空调器故障时，若压缩机能够运转，则首先检查空气过滤网是否脏。

2．由外机换热不良引起的故障

外机换热不良主要是夏季制冷散热不良，冬季制热吸收热量不足，导致空调器出现制冷和制热效果差，夏季制冷时由于外机散热不良，通常引起高压压力过高和冷凝温度过高，压缩机过载保护。外机换热不良的主要原因是由安装环境引起的，空调器自身故障主要是外机风机转速变慢，或风机不转。

外机换热不良的非机器故障主要表现：外机所处位置空间狭小空气流动不通畅，夏季阳光直接照射，外机盘管灰尘或污垢多，外机盘管换热翅片之间被吸进很多杂物，外机和墙壁之间有鸟窝、废纸等大的障碍物，多个外机装在一起引起空气混串等。

夏季空调器出现压缩机过载故障，通常要先检查外机是否散热良好。

3．由电源引起的故障

空调器使用的电源经常出现故障，在供电正常的情况下，主要表现在线路接点的接触不良，在实际维修过程中这是最为常见的非机器故障，三相电源在供电线路改造或维修时还会引起相序颠倒的问题。

空调器电源故障表现的故障现象：空调器不能通电；空调器能通电，但压缩机一启动就停机；空调器能通电，但不能启动空调器；压缩机启动后电压降很多，引起压缩机过载保护。

出现上述故障现象，要先检查空调器的电源。

对于挂机若电源插头一直插在插座内，经过一个季节的停用，可能会引起插头和插座的接触不良，导致空调器不通电或压缩机启动时停机，可来回插拔几次，使接触面良好。插头和插座之间的接触不良还表现在内部打火，压缩机工作时，能听见插座内"呲呲"打火的声音，用手摸插头感觉发烫，引起压缩机欠压过流以至保护。

功率较大的空调器使用空气开关控制电源，若导线接点不紧密，会引起接点发热氧化发黑，最终导致接触不良。

三相电源的接点由于其中一相是分出供整机使用的，比另外两相电流大，此相相关接点容易出问题。对于三相电源的空调器若能通电，但不能启动运行，则先调节相序试试，若不能通电则测量线电压和相电压是否正常。

4．由安装引起的故障

由安装引起的明显故障，在安装后试机即可发现和解决，但也有一些后遗症会引起后来空调器故障。

去年使用正常，今年没有制冷效果了，每年都要加制冷剂。在检修时要考虑安装引起的，像配管安装质量较差、喇叭口出现泄漏、截止阀上的盖帽没有拧紧不能密封、内机气管喇叭口螺母有裂缝等。

任务二 空调器不制冷故障的检修

基本技能

一、空调器电源电路故障检修

空调器电源电路故障检修见表 8-4。

表 8-4   空调器电源电路故障检修

技能标题	操作流程	说　明
故障现象	空调器通电无反应	空调器不工作无制冷效果
故障检修	① 测量空调器电源插座供电正常，说明供电源无故障 ② 测量空调器电源插头阻值开路，判断空调器变压器是否能够接通 ③ 拆机，检查电路板保险丝 a. 保险丝断路，可直接更换保险丝，通电试机。空调器保险丝损坏偶然因素较多，电网电压不稳、雷击等，雷击通常伴随压敏电阻击穿损坏 b. 保险丝正常，测量变压器绕组。变压器故障常见初级绕组开路 ④ 检查变压器的插件是否接触良好	三相空调器测量三相对零线的某相阻值，判断空调器变压器是否能够接通 有的空调器使用开关电源，插座两端没有并联的变压器，不适合阻值测量判断 若空调器电源插头阻值等于变压器绕组，故障出在变压器后级空调器直流电源电路中
调试	a. 更换保险丝，更换变压器 b. 保险丝、变压器正常，更换电路板 c. 通电试机	若测量电路板直流电源+5V 正常，空调器没有反应，通常要更换电路板

二、压缩机外风机启动电容检修

压缩机外风机启动电容检修见表 8-5。

表 8-5   压缩机外风机启动电容检修

技能标题	操作流程	说　明
压缩机启动电容损坏检修	① 空调器通电遥控开机正常，但无制冷或制热效果 ② 检查外机：空调器断电，重新再通电开机，在压缩机启动开始细听外机内有"嗡嗡"声连续几秒钟，接着听见"哒"的一声，"嗡嗡"声消失，判断可能是压缩机启动电容损坏 ③ 断电拆卸电容一端所有接线，测量电容明显开路或短路，验证电容损坏 ④ 拆掉电容，更换新电容装好通电试机	压缩机启动有的空调器不延时，有的空调器延时 3min 压缩机因启动电容损坏不能启动运转，在启动过程中堵转产生"嗡嗡"电磁及震动声，启动电流很大，几秒后过载保护器"哒"自动断开 压缩机绕组损坏出现相同故障现象，通常先查电容
外风机启动电容损坏检修	① 空调器通电开机，开始有制冷效果，一会儿后制冷效果消失 ② 检查外机，压缩机运转，但风机没转，判断可能是风机启动电容损坏 ③ 断电拆卸电容连接线，测量电容明显开路或短路，更换新电容通电试机	电动机启动电容测量时，要断开电源，拔掉连接线 外风机不转还可能是风机本身损坏 外风机不转一段时间后，压缩机过载保护

三、制冷剂泄漏故障检修

制冷剂泄漏故障检修见表 8-6。

表 8-6　　　　　　　　　　　制冷剂泄漏故障检修

技能标题	操作流程	说　明
故障现象	空调器通电开机，没有制冷效果	空调器运转，因没有制冷剂导致无制冷效果
故障检修	① 空调器通电开机，外机压缩机、外风机运转 ② 手感外机液阀不凉或微凉 ③ 测量低压压力在 0 附近，空调器停机，测量平衡压力也接近为 0 ④ 判断空调器制冷系统漏，制冷剂泄漏	测量低压压力在 0 附近，若空调器平衡压力接近正常，说明制冷系统是堵故障；平衡压力为 0，则说明没有制冷剂
调试	① 查找漏点，解决问题 ② 空调器制冷系统排空，充注制冷剂 ③ 通电试机，调试制冷剂量，检测制冷效果	空调器常见的漏点是内机的喇叭口，要不怕费事拆开内机、拆开保温层进行到位检查

四、空调器外机不运转故障检修

空调器外机不运转故障检修见表 8-7。

表 8-7　　　　　　　　　　　空调器外机不运转故障检修

技能标题	操作流程	说　明
故障现象	空调器通电，操作有反应，但外机不工作，即压缩机、外风机不转	外机不工作，空调器无制冷效果
故障检修	① 检查判断外机的电路结构，分析控制继电器在内机还是在外机 ② 控制继电器在室外 a. 测量外机 220V 交流电源是否正常 b. 检测继电器工作直流电源+12V 是否正常 ③ 控制继电器在室内 a. 通电开机，听内机电路板上的压缩机功率继电器和外风机继电器是否吸合，若吸合，检查外机公共电源"N"线是否断路 b. 若没有听见继电器吸合的声音，检查室内环境温度传感器是否正常 ④ 检查外机和内机的连接线是否有开路性故障	外机压缩机和外风机一般不会同时损坏，外机不工作主要检查公共电源是否正常，温控是否正常，以及是否空调器进入了保护模式 听见继电器吸合声，说明内机环境温度传感器基本正常，在内机接线柱测量压缩机、外风机的输出电源，若正常，则外机对应的电压却没有，基本断定内外机之间的"N"线断路，常见于老鼠咬断
调试	① 解决空调器相关线路故障 ② 通电试机	本故障不含空调器保护故障的检修

基本知识

空调器不制冷是常见故障现象。检修空调器不制冷时要注意区分以下几点：空调器能否通电；空调器压缩机是否运转；空调器是否出现故障代码等。压缩机是否运转是故障分析的关键，压缩机没有运转，通常是电路故障；压缩机运转而不制冷，通常是制冷系统故障。

一、空调器不能通电故障分析

空调器加电，指示灯、蜂鸣器、显示屏没有反应，说明空调器不能通电，这时最好再用遥控器试机。若空调器没有接收反应，确定空调器不能通电。能够通电的空调器，在给空调器加电和遥控操作时，通常伴有蜂鸣声。

1. 供电源故障

空调器不通电故障，多是用户电源插座或接点接触不良、空调器保险丝断路、空调器变压器损坏、空调器内部电源电路有关接插件接触不良、空调器的弱电部分直流稳压电源损坏等。

修理这类故障时，首先对用户电源进行检查。用万用表测量插座或断路器输出电压，若电压正常，检查空调器；若没有电压，检查用户线路。

2. 空调器自身电源故障

空调器检查时，先用万用表测量空调器的电源线阻值，阻值在几百欧姆左右，说明变压器基本正常；反之，阻值无穷大，说明变压器绕组开路损坏或相关线路断路。由于空调器的电源保险丝在变压器初级回路中，测量空调器插头为无穷大时，可拆开空调器控制盒，初步检查空调器电路板的保险丝或变压器是否断路。变压器和保险丝在检修时看谁容易检测，就先测谁，然后再拆卸测量另一个。

在测量插头阻值基本正常的情况下，拔下变压器次级插头，测量变压器次级是否有电压输出，把空调器的电源维修分为变压器前和变压器后两部分。

二、外风机转，压缩机不运转

空调器外风机运转压缩机不转是常见故障，要先检查压缩机启动电容，电容正常则检测压缩机绕组是否损坏。若压缩机电源及启动电容正常，绕组也正常，说明压缩机卡缸堵转。压缩机不转要分清压缩机有电还是无电。压缩机启动电容损坏、绕组损坏以及卡缸堵转，具有相同的故障现象，即通电几秒后过电流保护。

1. 启动电容坏

外风机运转，压缩机不转，一般是压缩机启动电容损坏。可拆开外机顶盖，断电卸下启动电容，用万用表检查是否损坏。启动电容损坏一般在开机的时候，外机有"嗡嗡"声，几秒之后，压缩机过载"嗒"的一声断开保护，过一会儿过载冷却后，压缩机又通电，又重复上述过程。

电容损坏一般有3种情况：电容开路、电容短路、电容容量不足。这3种故障都可以用万用表进行测量。

2. 功率继电器坏

使用功率继电器控制接通和断开电源使压缩机不转，若测量压缩机电源没有，要测量功率继电器是否正常。首先检查继电器的线圈是否开路，再测量空调器开机时或延时启动后，线圈两端是否有+12V电压。线圈两端有+12V电压，继电器若没有闭合，一般是继电器线圈开路。可以断电测量继电器线圈端子两端电阻值进行验证。

功率继电器线圈断路及触点接触不良都会引起压缩机不工作。功率继电器还有一种损坏是内部触点接触不良，形成接触电阻，压缩机在启动时，导致启动电压降低，不能启动，或是压缩机启动运转后，处于欠压运行，压缩机很快过流保护，用手可以感觉功率继电器发烫。

3．接触器坏

对于使用交流接触器控制的压缩机，在开机时可检查交流接触器是否能动作，若不动作，测量线圈两端是否有 220V 交流电，若有，说明接触器线圈内部断路；若没有，则控制线路有故障。

对于三相压缩机的交流接触器还有两种触点的问题：一是触点不能同时全部接通，导致压缩机启动时，过流保护；二是触点粘连，通电后压缩机就处于通电状态，不受 CPU 控制，粘连导致压缩机通电即转，或触点粘连程度不同，导致压缩机过流，CPU 检测信号异常保护。

4．压缩机自身损坏

压缩机自身损坏也是空调器常见的故障。压缩机自身损坏，在空调器启动工作时，压缩机不能启动运转，外风机能运转。压缩机损坏情况常见为：绕组短路或开路；转子卡缸堵转。

转子卡缸堵转，单相压缩机可适当加大启动电容进行强制启动，若还不能恢复运转则判断损坏。

三、压缩机运转不制冷

空调器通电开机，压缩机运转，感觉内机吹风无制冷、制热效果。检查压缩机运转时要判断正确，外风机运转时，不一定代表压缩机也运转了，要从机体振动、压缩机运转声音、负荷电流等多方面判断，以免误判。

在确保是压缩机运转的情况下，若没有制冷、制热效果，要进行以下检查。

1．外风机没有运转

空调器外风机不运转压缩机运转，一般运行几分钟后，外机不能散热导致压缩机过载保护。现象是开机后一段时间内机吹风冷，然后不再吹冷风，没有制冷效果，反而吹出热风。

压缩机运转的同时要观察外风机是否运转，外风机若不运转，在开机的初始阶段室内可能还有一定的制冷效果，过一会儿室内就没有了效果，随即造成压缩机停机保护，空调器就没有了制冷、制热效果。所以在检查压缩机运转无效果时，一定要检查外风机是否运转。

外风机不运转，拆外机顶盖，通电压缩机启动的时候，用手快速转动风叶一下，若风机能持续转动，说明风机启动电路有问题，可用万用表检查风机电容是否损坏。若手转动后又停止下来，说明是风机的控制电源没有或电动机本身损坏。

外风机启动电容正常，外风机不转，但压缩机运转，可断电检测外风机的绕组是否损坏，或用手转动外机风叶是否灵活，若不灵活可能是电动机轴生锈或润滑油干涸。

外风机不转的主要原因有启动电容、电动机本身、控制继电器等。

多数的风机电容损坏，从外观上可以发现其鼓肚或烧穿，这种状态的电容不论测量好坏，都要换新。

2．制冷系统没有制冷剂

空调器压缩机、外风机运转正常，空调器无制冷、制热效果，首先要检查制冷系统是否没有了制冷剂。

测量空调器的低压压力和平衡压力，压力都接近为 0，可判断制冷系统有严重泄漏，制冷剂漏光。

制冷剂漏光要查找漏点解决，抽真空后，才能充注制冷剂。

3．制冷系统堵

压缩机外风机都运转但没有制冷效果，测量空调器的平衡压力基本正常，但低压压力为很低或为负压，判断制冷系统堵死。要查找堵的位置进行修复，抽空后，充注制冷剂。制冷系统堵死一般是过滤器堵，导致制冷、制热都无效果。

夏季制冷效果可以，但冬季制热效果没有。冬季进入制冷状态，测量有低压，但制热无效果，高压开始升高，然后降低接近平衡压力，一般为辅助毛细管堵死。

制冷系统堵死还有一个原因就是配管弯扁不通，在新装机、拆移机、外机放在地上的情况下容易出现。

4．制热四通阀没有换向

冬季空调器制热没有热风吹出，外机运转，内机不运转，要检查四通阀是否没有换向。四通阀没有换向一般是控制电路故障或四通阀本身线圈开路。

四通阀在制热开机的同时，就通电换向，可在开机时听四通阀的电磁阀是否动作。

制热工作状态中，在室外插拔四通阀的电源插头，听四通阀有无明显的电磁阀动作声，以及换向时的强烈气流冲击声，若以上两种声音都有，说明制冷系统基本正常。若只有四通阀的电磁阀换向声，但没有气流冲击声，说明四通阀损坏或制冷系统没有制冷剂。

制热开机四通阀没有换向声，可听控制板上开机时是否有继电器吸合，没有吸合声，说明控制没有启动；有吸合声但无四通阀的声音，说明控制信号已发出，断电检测四通阀线圈是否开路，通电检测线圈是否有电压。

四、空调器通电不工作故障分析

空调器通电不工作，主要是外机压缩机、外风机不工作。

1．外机电源故障

控制继电器在外机的空调器，可能是外机交流电源或继电器+12V 电源有问题。继电器在内机的空调器，可能是外机公共电源线"N"断路，否则一般不会同时出现外机两个部件不工作。

2．空调器操作故障

空调器通电不工作故障，可能是空调器的遥控及面板操作失灵。

故障空调器通电后，一般表现是电源指示灯亮，遥控不起作用，或空调器能接收遥控控制，但空调器不工作。

空调器通电不工作检修时，要先用遥控操作听空调器是否有接收的蜂鸣声。没有蜂鸣声要先检查遥控器是否正常工作，可使用好的遥控器进行试机；若空调器有蜂鸣声，说明原遥控器有问题；若遥控器正常，空调器还没有蜂鸣声，可拆开空调器检查遥控接收头及其相关电路。

3．空调器保护

空调器能够接受控制，但整机不工作，说明空调器通电后，对相关的保护参数检测出现了问题，使空调器进入保护状态。主要是空调器各类传感器、通信线路检测等不正常。传感器包括各路温度传感器、压力开关、检流线圈、过载开关等相关检测。温度传感器中的室内管温传感器损坏最为多见。

4．室内环境温度传感器故障

若内机工作，外机不工作，要检查内环温传感器是否变质，外机是否启动工作是由内环温传感器控制的。空调器的内环温传感器检测室内环境温度，控制空调器压缩机的通电和断电，当内环温传感器阻值漂移，超出 CPU 的控制范围时，压缩机和外风机就不会运转。例如，传感器阻值变大，CPU 误判温度很低，在夏季制冷时，压缩机和外风机就不会运行；同理，若传感器阻值变小，CPU 误判温度很高，在冬季制热时，压缩机和外风机也不会运转。

　　此类故障维修时，由于传感器阻值只是漂移，没有明显的开、短路，CPU 不会进行保护。可利用空调器的模式进行试机判断，将空调器工作模式设定到"自动"，检测空调器的真正工作状态。若夏季开始制热或冬季开始制冷，基本说明是内环温传感器阻值漂移过大，更换传感器即可。

任务三　空调器制冷效果差故障的检修

🔧 基本技能

一、空调器制冷系统制冷剂不足故障检修

空调器制冷系统制冷剂不足故障检修见表 8-8。

表 8-8　　　　　　　　　　　空调器制冷系统制冷剂不足故障检修

技能标题	操作流程	说　明
故障现象	空调器通电运行，制冷效果差	检查空气过滤网不脏，工作电压也正常
故障检修	① 检测空调器低压压力为 0.4 MPa，偏低 ② 空调器停机，10min 以后测量平衡压力为 0.8 MPa 左右，判断制冷剂不足	夏季空调器低压压力正常在 0.5MPa 左右，平衡压力在 1 MPa 左右
调试	① 空调器通电制冷运行，在工艺口连接表阀和制冷剂瓶，加注小流量液体，使低压压力达到 0.5 MPa ② 空调器停机，10min 以后测量平衡压力为 1 MPa 左右 ③ 空调器制冷效果调试	加注制冷剂提升低压压力到正常，若平衡压力也达到正常，说明原空调器是制冷剂不足，若平衡压力超过很多，可能是制冷系统有微堵故障

二、空调器制冷系统堵故障检修

空调器制冷系统堵故障检修见表 8-9。

表 8-9　　　　　　　　　　　空调器制冷系统堵故障检修

技能标题	操作流程	说　明
故障现象	空调器通电运行，制冷效果差	制冷系统微堵使制冷剂循环量降低，制冷量不足引起效果差
故障检修	① 检测空调器低压压力为 0.4MPa，偏低 ② 空调器停机，10min 以后测量平衡压力为 1 MPa 左右，说明制冷剂量基本正常，判断空调器制冷系统管路有微堵故障	平衡压力正常，低压压力偏低过多，则说明制冷系统有微堵故障，若堵死则低压压力为负压 　管路中有空气时，两个压力也是如此，但压力表指针抖动很厉害，可以区分堵还是有空气故障 　若加注到低压压力正常 0.5 MPa 后平衡压力还为 1MPa，说明原空调器内的制冷剂都是气态，属制冷剂量不足的故障
调试	① 空调器通电制冷运行，加注小流量液体，使低压压力达到 0.5 MPa，检测电流过大 ② 空调器停机，10min 以后测量平衡压力为 1.3MPa 左右，远大于 1MPa，说明空调器确实存在微堵故障 ③ 维修制冷系统管路，解决堵故障	

三、空调器制冷系统压缩效率低故障检修

空调器制冷系统压缩效率低故障检修见表 8-10。

表 8-10　　　　　　　空调器制冷系统压缩效率低故障检修

技能标题	操作流程	说　明
故障现象	空调器通电运行，制冷效果差	制冷压缩效率低使制冷量减少，低压压力升高引起效果差
故障检修	① 压缩机外风机运转正常，测量低压压力为 0.65MPa，偏高 ② 压缩机运转测量压缩机工作电流，小于铭牌标注的额定电流 ③ 测量空调器平衡压力为 1 Mpa 属正常 ④ 判断制冷系统压缩效率低	低压压力偏高若压缩机工作电流大于额定电流，一般是外机散热不良或制冷剂过多 制冷系统压缩效率低，使制冷剂循环动力不足，表现为低压压力高，高压压力低，引起制冷效果差
调试	① 在压缩机工作时，通过工艺口连接的表阀放掉制冷剂，调节到低压压力为 0.5MPa 正常值 ② 压缩机停机一段时间，测量平衡压力为 0.9MPa，小于正常的平衡压力值 ③ 说明制冷系统压缩效率低判断正确	压缩效率低在制冷时多是压缩机自身损坏，在冬季制热时可能是四通阀换向故障引起高低压串气，导致压缩效率低

四、外风机转速慢故障检修

外风机转速慢故障检修见表 8-11。

表 8-11　　　　　　　外风机转速慢故障检修

技能标题	操作流程	说　明
故障现象	空调器通电运行，制冷效果差	外机换热不良及压缩机时转时停引起制冷效果差
故障检修	① 空调器通电运行，压缩机一段时间后过载保护。压缩机不转，外风机运转 ② 观察外风机运转状态，明显可见转页在慢慢地转动，和其他空调器比较明显的转速慢 ③ 外风机没有强烈的风流感，判断外风机启动电容损坏	外风机转速慢，导致外机散热不良，使压缩机过载保护。压缩机时转时停，空调器制冷效果差 外风机转速慢通常是由启动电容鼓肚、容量变小引起的
调试	① 更换新的启动电容，通电试机 ② 外风机风流量明显加大，长时间运行压缩机不再过载保护，制冷效果正常	不能随意加大电容容量，以免烧坏外风机电动机

基本知识

制冷效果差主要表现是空调器运行没有明显的吹出强冷风，空调器工作很长时间室内温度没有明显的下降，人体没有感到明显的凉爽，但空调器有一定的制冷效果。空调器制冷、制热效果差的原因主要有制冷系统故障、风循环及换热问题、使用环境恶劣、空调器控制异常等几个方面。在实际维修过程中，要根据观察到的相关现象，配合一定的检测手段，找到故障的原因进行处理。

一、制冷系统故障检修

空调器制冷系统常见的故障主要是漏、堵、压缩机效率降低、四通阀换向异常等。制冷

系统故障现象，在开机试机的短时间内，通过观察工作现象和进行相关参数测量，就可以基本判断出故障原因。空调器制冷、制热效果差，主要问题是缺少制冷剂或管路有堵。

检测的手段一般是压力测量，压缩机电流测量，空调器吹出风温差测量等。观察的主要方面是：外机的截止阀制冷结霜、结露情况；制热时阀体温度高低；制冷外机散热的吹风温度、散热条件、外风机运转状态等；制热时外机盘管的结霜情况；室内空气过滤网是否脏堵等。

1．制冷效果差现象及分析

（1）截止阀现象观察

空调器通电试机，大约在 10min 以后，观察室外两个截止阀及连接管道是否结霜。空调器在制冷状态下，管路的任何位置都不能结霜，只要有结霜就说明制冷系统有问题，一般是堵或制冷剂少。制冷系统堵但没堵死，导致节流降压，蒸发温度降低，所以在堵的位置要结霜。制冷剂少，导致制冷剂提前蒸发和压力低，使蒸发温度也低，导致结霜。若空调器液阀有结霜现象，基本可判断两个方面可能有问题，一是缺少制冷剂，二是制冷系统有堵故障。

若空调器气阀有结霜，说明制冷剂偏多，或内机空气过滤网脏堵，内机盘管表面已结冰等。

对于挂机来说，由于节流毛细管在室外，若室外液阀和气阀都结露，有冷凝水，说明制冷系统基本正常。若液阀很干燥，说明制冷剂基本没有或外机堵死。对于柜机来说，由于节流毛细管在室内，正常制冷系统工作时，一般外机液阀不结霜、不结露，有的空调器液阀还有一定的热度，但气阀是结露的。气阀不结露，说明制冷剂缺少。液阀有一定的高温感，但若温度过高，说明制冷剂偏多或室外散热不良。

（2）外机吹风温度判断

空调器通电试机过程中，可以感受外机吹风的温度。

若吹风无力，温度偏高，说明外风机转速慢，散热不良。若吹风温度偏低，基本说明制冷系统有堵或制冷剂缺少。若吹风温度很高，说明外机散热不良、制冷系统过载、制冷剂偏多等。

效果好的空调器在压缩机工作后，很短时间内，外机的吹风温度就会较高。通过外机吹风温度，主要可以进行制冷系统故障和散热不良故障判断。

（3）内机盘管结露观察

空调器制冷效果好差，可以在室内盘管上表现出来。

制冷效果正常的空调器，用手掌贴在盘管的表面，可以明显感到冰凉。观察整个盘管，没有结霜的位置，凝结的露水均匀挂满盘管的翅片，并且不停地向下流淌。用耳朵听可以听见盘管内制冷剂均匀流动的声音。

若发现室内盘管有部分结霜，或盘管有的地方结冰，有的地方干燥，说明制冷系统有问题，可判断管路制冷剂量少或有堵。若维修时发现室内盘管结冰或部分结冰，一般是空气过滤网太脏，或同时制冷系统有问题，导致室内蒸发温度降低，多是制冷剂不足。

2．制热效果差现象及分析

（1）内风机运转观察

冬季空调器制热通电试机，一般空调器的内风机开始是不转的。压缩机运转后，室内盘管温度升高。升高到一定温度后，内风机运转。在内风机运转前，压缩机运转后的这个时间内，测量外机的工艺口，压力从平衡压力 0.7MPa 左右，上升到高压压力 2.2 MPa 左右。压力在内风机运转后，开始逐渐下降到 1.8 MPa 左右，进入稳定工作状态。

内风机的上述运转是受室内管温传感器控制的。空调器制热效果差，导致室内盘管温度较低，使室内风机风速不能达到最大风速。制热 20min 达到稳定运转后，调节风速最大，若吹风还是很小，说明制热效果差。

制热室内机吹风温度和室内环境温度的温差，一般要求要大于15℃。达不到这个温差可以判断制热效果差。

在天气较为寒冷的时候，由于室内吹风后，导致室内管温降低到内风机停机的限制，所以内风机停机。停机后，压缩机由于继续工作，使室内管温有快速升高，内风机又开始吹热风。空调器开机后的较长的时间内，室内风机有可能处于这种内风机断续吹热风的状态。若在吹热风时，温度较高，风速较大，可说明空调器制热效果可以。

（2）外机截止阀现象观察

用手感觉气阀，气阀温度应该烫手，说明制热效果好，否则，说明制冷系统有问题。压缩机温度高，但气阀温度不高，说明制冷系统有问题。

（3）空调器室外盘管观察

空调器制热状态下，室外盘管是蒸发吸热的，完成的是蒸发器的功能。在冬季制热时，室外盘管在低温下要结霜，外机盘管结霜均匀说明制冷效果可以。若部分结霜或部分不结霜，说明制冷效果差，可能是制冷系统有故障。

空调器制热时，经常对外机盘管进行自动化霜处理，所以盘管的霜层不会太厚。若发现外机盘管霜层很厚，且结霜均匀，必将导致制热效果差，说明是自动化霜控制有问题。

天气寒冷若外机中底部结冰，则空调器要停机，不能再用。

（4）室外风机观察

空调器制热时，若环境温度较高，为了避免室内盘管温度过高，当室内管温达到56℃左右，外风机自动停机，减少室外蒸发吸热量，这是制热卸荷保护。若环境温度很低，室内温度也较低，还出现制热卸荷的现象，则会导致制热效果差。这属于控制问题，多是内机管道温度传感器故障，在维修中是很常见的。

（5）室内电热的使用

冬季温度较低的环境，空调器制热效果差是正常的，为了弥补制冷的不足，通常使用电加热进行辅助加热。若电加热电路或电热器损坏，也会导致制热效果差。

3. 制热效果差压力测量分析

根据空调器工作制热时观察的现象，配合有关压力的测量，可以准确判断空调器制热效果差的故障原因。空调器制热时，主要进行高压压力和平衡压力的测量。高压压力一般有3种情况出现：偏高、偏低、很低接近平衡压力。

空调器制热时，稳定的高压压力基本维持在1.8MPa。外界环境温度偏低，压力相应低一点，外界环境温度偏高，压力相应高一点，一般可以在1.7～1.9MPa这个范围内。冬季的空调器平衡压力由于温度的关系，也下降到0.7MPa左右。

当空调器出现制热效果差时，高压压力一般不正常。

（1）高压压力偏高

空调器制热效果差，测量高压压力若偏高，可首先检查内机过滤网是否很脏，若不脏，检查风机是否能高速运转，若不能高速运转，检查室内管温传感器阻值是否偏离正常值。

冬季实际检修时，在内风机运转正常的情况下，一般不会出现高压压力偏高。高压偏高的主要原因是内机空气过滤网脏，内机管温传感器阻值变大（CPU误判管温，使内风机转速低或不转）。

若高压压力上升很快不降，持续上升，造成压缩机过流，说明高压管路有堵或堵死，主要是气管有扁堵问题，尤其是柜机气管在弯曲的地方很常见。

（2）高压压力偏低

冬季空调器制热时，外机是蒸发器，吸收外界的热量，吸收热量的少就导致高压压力降低。

冬季空调器高压偏低是制热效果差的主要原因，若平衡压力也偏低很多，说明缺少制冷剂。若平衡压力基本正常，在环境温度很低（-5℃以下）的情况下，高压偏低也是正常的。

若平衡压力基本正常，在环境温度一般（0℃以上）的情况下，高压偏低说明空调器制冷系统有故障，多为压缩机效率差或四通阀串气。

四通阀正常状态下，有两根是高压高温的管道，有两根是低压低温的管道，有很明显的温差。四通阀若换向不到位，或换向阀芯变形，则会导致四通阀内的 4 根管道的高压、低压制冷剂气体串在一起，使高压向低压泻放，造成高压降低。四通阀表现的直观现象就是四通阀的低压的两根管道温度升高，不再是明显的低温了。

压缩机排气性能变差，导致低压回气能力差，低压变高，使高压压力升不高，相当于压缩变差或不能压缩。压缩机在开机时就排气性能差，空调器开始就制热效果差。压缩机在开机时排气性能正常，但工作到一定的时间后，压缩机的压缩机性能就变差了，导致空调器开机制热效果基本正常，但开机一段时间后，制热效果变差。

若外风机不转，导致室外盘管蒸发吸收的热量减少，也会引起高压压力偏低，原因可能是外风机损坏，或内机管温传感器阻值偏小，CPU 误判过热进行过热卸荷保护。

外机所在的环境只有很好地和大气进行循环通风，才能保证获得一定的热量，若外机环境导致吸热效果差，也会引起高压压力偏低。

外机盘管结满霜，无化霜工作过程，使外机不能很好地吸收外界的热量，也会导致高压压力低，使空调器制热效果差。可检查有关化霜检测电路控制，常见的故障是室外盘管化霜温控器、外管温传感器损坏，或专用化霜电路板损坏。若结霜不均匀，说明制冷系统有问题。

（3）高压压力很低接近平衡压力

空调器制热效果很差或基本没有制热效果，测量高压压力很低或接近平衡压力。此类故障要从以下几个方面进行检修，实际维修试机时，要把握好开机时高压和时间的关系。

压缩机或四通阀问题：若制热开机，压缩机运转后，高压不能产生，空调器高压压力很低接近平衡压力，多为压缩机效率差或四通阀串气，损坏情况较为严重。压缩机基本没有吸、排气能力，或者四通阀串气厉害。

压缩机软故障：若开机一段时间后高压压力明显下降到平衡压力数据，在这之前高压一直正常，或制热效果一直正常，基本可判断压缩机效率不行。

制冷系统堵：若开机后高压压力能正常升高，随后很快明显下降到很低，基本可判断制冷系统有堵故障。辅助毛细管堵死，在制冷的时候正常，制热的时候无制热效果。原因是单向阀和辅助毛细管是并联使用的。制冷时循环经过单向阀，和辅助毛细管无关。制热单向阀反向关断，要经过辅助毛细管。冬季实际维修时，在制热状态下，可断开四通阀的电源，使空调器进行制冷运转，若制冷循环正常不堵，只有制热时堵，说明是辅助毛细管堵死。

4．制冷效果差压力测量分析

制冷效果差压力测量分析，可参考上述"制热效果差压力测量分析"及"基本技能"训练内容，自行分析。

二、风循环及换热问题

空调器制冷、制热效果差，除了制冷系统故障外，内机或外机的换热出现问题也是一个主要的方面，即冷凝散热或蒸发吸热是否能正常进行。换热都是通过风循环来完成的，换热效果差有风循环问题和换热器本身问题。

换热问题在维修时，要先对室内空气过滤网进行检查，若很脏，进行清理，可收到事半功倍的维修效果，再检查内、外风机的运转是否正常。

1. 制冷效果差内机检查

（1）内机风机检查

空调器开机制冷，调节内机风速到最大，感觉内机吹风是否很大或吹得很远，若没有这个效果，要先查看空气过滤网，当空气过滤网清洗干净以后，再进行其他调试。

检查电动机转速是否正常，内机风速是否能最大，若转速不理想，要检查内风机启动电容。

观察内机的风机叶片是否有脏物。由于使用环境潮湿，空调器的内机风叶会结一层毛茸茸的霉菌，此时，虽然风机运转和控制正常，但感到风不强劲，导致制冷、制热效果下降很多。这是一个很隐蔽的故障，维修时要注意。

（2）内机盘管检查

内机盘管表面是否很脏或发霉，尤其是空气过滤网拿掉不用的内机。换热翅片上和翅片之间是否有明显的脏物。

若空气过滤网不脏，但感觉风量不大，不过内机吹风很冷，用手感觉内机盘管温度很低，这种情况多是内机盘管进风面的换热片被脏物堵塞。挂机可以从前、上表面明显看见。柜机则较为隐蔽，要用手摸或拆掉盘管才能发现。

（3）内机风循环通道检查

空调器制冷效果差，很多情况下是由于内机风循环不畅造成的。

最为常见的问题就是内机空气过滤网脏堵，作为一个空调器技术人员，要养成一个良好的习惯，就是不论空调器是什么问题，在动手维修的时候，要先检查和清洗内机空气过滤网。

空调器的内机风循环，要确保进风和出风流畅，不能在空调器的进风口和出风口位置有障碍物，尤其是柜机的下部进风位置不能堆积杂物等。

2. 制冷效果差外机检查

空调器制冷效果差，要对外机进行及时的观察和检查。

外机风机是否运转，若不运转，多数是启动电容损坏或电动机损坏。外机风机的转速是否偏慢，若偏慢，多数是风机启动电容容量不足或漏电。

外机散热环境是否很开阔，感觉是否空气流动不畅，或导致热风又回流到散热通道，造成外机热气串气短路，散热不良，应想办法解决。外机的遮阳篷是否太低和包得过严，导致散热通风不畅。

是否有很多外机装在一起，造成热气串联和散热不良。

外机冷凝器是否很脏，尤其是在油烟或粉尘较多的环境使用的空调器。

外机是否长时间曝晒在中午或下午的阳光下，要适当进行遮阳。

3. 制热效果差检修

（1）内机检查

通电开机检查，因为空调器有防冷风吹出保护，若开机内风机即转，多为室内管温传感器问题。压缩机运行一段时间后，内风机运转，属于正常控制，是防冷风吹出保护。

若压缩机工作一段时间，内风机运转，但风速很小，可吹风温度很高，调节风速不起作用，判断是内机管温传感器问题。

若内风机吹风可调大小，但感觉吹的风不大和吹得不远，要检查内机空气过滤网。

（2）外机检查

检查外机盘管是否有很多的霜、冰堵塞翅片，尤其是在温度很低的冬天。

检查外机底座排水是否通畅，若不通畅，化霜水则会在外机底部开始结冰，至使外机盘管下半部结冰，不能进行很好的热量吸收，使制热效果越来越差。

环境温度很低（−5℃以下），不能再使用一般的热泵空调器进行取暖，要使用其他的取暖方法。

4．使用环境的检查

空调器的使用环境，对空调器的制冷、制热效果影响很大。在检查时一般从以下几个方面进行。

空调器的功率和使用的空间是否匹配，房间是否过大、过高。

使用空调器的房间保温和隔热性能是否良好，主要是房间的玻璃门窗是否受阳光长时间的曝晒，窗帘能否隔热，房顶是否隔热。

空调器工作的环境是否空气干净，尤其是油烟、粉尘、丝绒较多的工业、矿业、商业的环境。这种环境下，空调器的内机和外机盘管的换热翅片易脏堵，导致换热不良，有时损坏严重，清洗也无法进行，要整体更换盘管。

三、空调器控制异常

空调器控制异常，表现在制冷、制热的效果上，主要是压缩机的不正常停机，压缩机的停机包括温度控制停机和保护性停机。

1．温度控制停机

室内环境温度传感器检测空调器工作引起的环境温度变化，和控制设定的温度进行比较，控制压缩机的开停。

若室内环境温度传感器阻值漂移，则会引起压缩机不正常停机。例如，在制冷状态，若阻值较正常值变大，CPU就会误判温度低，压缩机工作室内降温后，还没达到设定的温度，压缩机就会停机，这样就会导致空调器制冷效果差；同理在制热状态下，若阻值较正常值变小，CPU就会误判温度高，压缩机工作室内升温后，还没达到设定的温度，压缩机也会停机，这样就会导致空调器制热效果差。

有室内温度显示的柜机，可以根据显示的温度基本判断是否为室内环境温度传感器的问题。例如，夏季明显温度很高，室内环境温度有32℃，可空调器显示的温度只有26℃，可以肯定是环境温度传感器问题。也可以利用空调器的自动工作功能，来对环境温度传感器进行检测。在夏季使用自动功能应该制冷，在冬季使用自动功能应该制热，若出现相反的情况，说明室内环境温度传感器有问题。

2．保护性停机

这里说空调器保护性停机，是指保护参数恢复正常后，压缩机还能启动工作，这样由于压缩机的经常性保护停机，导致空调器效果差，但这种保护一般都是检测误判引起的较多。一般的空调器保护都是压缩机不能再启动，属于空调器无效果故障。

（1）制冷的过冷保护

制冷的过冷保护是指空调器制冷状态下，由于室内风循环及换热出现问题，导致内机盘管温度过低，为防止盘管结霜、结冰，压缩机保护停机，当盘管温度回升后，压缩机还能正常启动。

排除室内风循环及换热问题，若还出现压缩机过冷停机，一般是室内管温传感器阻值变质引起的。阻值较正常值偏大，CPU 误判温度降低，内机盘管没有达到保护的温度时，出现保护，压缩机停机，导致空调器制冷效果下降。

（2）制热的过热保护

制热的过热保护是指空调器制热状态下，由于室内风循环及换热出现问题，导致内机盘管温度过高，首先外风机停机卸荷，若温度还在上升，压缩机保护停机，当盘管温度回升后，压缩机还能正常启动。

排除室内风循环及换热问题，若还出现外风机、压缩机停机，一般是由室内管温传感器阻值变质引起的。阻值较正常值偏小，CPU 误判温度升高，内机盘管没有达到保护的温度时，出现外风机停机保护，导致外界吸收热量降低，影响制热效果。

维修此类故障时，若感到制热效果很差，可观察外机风机是否不转或自动停转和工作，检查内机空气过滤网若不脏，就要检查或更换内机管温传感器。

3．制热化霜控制

空调器制热时，外机是蒸发吸热的，由于冬季温度较低，所以空调器工作一段时间后，外机盘管会结霜，结霜后会影响外界热量的交换，因此，外机会自动化霜。若发现空调器外机有厚厚的霜层，说明自动化霜有问题。

外机不化霜使制热效果变得很差，制热化霜由室外管温传感器检测管温，CPU 自动控制完成，这种故障要试几个小时才明显，一般问题都是外机管温传感器故障。有的空调器外机有专用的化霜电路板，若传感器正常，则需要更换化霜电路板。

4．制热电热控制

有电热功能的空调器，要检查电热是否通电，电热一般在遥控器或空调器内机控制面板上有一个专用的按钮。若使用电热功能，而电热丝没有发热，检查电热控制电路的保护器和电热丝是否断路。

电热控制还和内机风速、环境温度、内机管温有关，在启动电热工作时，电热丝不发热时，若电热控制电路没有开路，要检查相关传感器。

电热控制主要故障是电热丝断路，电加热限温熔断器断路，电加热控制继电器损坏等。

5．制热防冷风吹出控制

空调器制热内机风机有防冷风吹出保护，内风机在制热开机开始时是不转的，当内机管温达到 30℃ 左右时，内风机才开始运转。

若压缩机工作一段时间，内风机运转，但风速很小，可吹风温度很高，调节风速不起作用，判断是内机管温传感器问题。若内风机没有运转，可用手感觉吹风口是否有热度，或者拆开空调器，用手感觉室内盘管的温度，若有热度而内风机不工作，说明内机管温传感器或风机控制有问题。若空调器开机制热，内风机开机即转，吹出不是热风，也说明内机管温传感器或风机控制有问题。

任务四　空调器保护故障的检修

基本技能

一、保护代码故障检修

保护代码故障检修见表 8-12。

表 8-12　　　　　　　　　　　　　　　保护代码故障检修

技能标题	操作流程	说　明
读取故障代码	① 故障现象：空调器通电开机，外机不运行 ② 读取故障代码：观察内机显示屏或相关指示灯，释读显示的故障代码信息	故障指示灯闪烁几下，间隔几秒代表不同的故障信息
分析故障代码含义	① 读取故障代码为"E4" ② 查阅空调器技术资料，"E4"故障代码含义为室内管道温度传感器故障 ③ 故障代码含义分析 a. 室内管道温度传感器开路性故障 b. 室内管道温度传感器短路性故障 c. 室内管道温度传感器工作电路元件损坏，导致温度传感器电压值错误	显示屏显示的字母"E0～E9"可以代表 10 种故障信息 以故障代码"E4"为例，说明故障代码的检修过程 不同的空调器故障代码的含义不一定相同，不能生搬硬套，但可以作为参考
故障检修	① 拆内机露出控制电路板，根据线路走向找到内机管道温度传感器引线在电路板上的插头插座 ② 拔下温度传感器插头，在插头的插簧片上测量温度传感器的阻值为 180Ω，说明温度传感器短路性损坏 ③ 更换新的温度传感器，将传感器的感温探头按照原传感器位置和方式安装到检测附管里 ④ 通电试机，外机运行，故障修复	空调器常见温度传感器的标称阻值一般为 5kΩ 或 10kΩ。当阻值超过 100kΩ 时，基本属于开路性，阻值小于 300Ω 时，基本属于短路性 空调器的内机环境温度和管道温度两个传感器，通常阻值一样大，在检修时可相互比较参考
维修实例解读	① 调试空调器故障现象：某品牌空调器通电开机制冷，内外机运转正常，制冷效果正常，但工作 20min 左右，内机没有制冷效果，查看外机压缩机、风机不转，内机面板黄色睡眠指示灯 1s 闪烁一下 ② 读取故障代码：内机面板黄色睡眠指示灯 1s 闪烁一下。空调器正常工作时，睡眠指示灯不工作 ③ 查阅故障代码含义：缺氟保护 ④ 故障代码含义分析：缺氟说明空调器缺少制冷剂，制冷剂缺少导致内机管道温度降不到 CPU 设定的制冷低温点，CPU 设定内机管道温度即蒸发器的温度大致在 3～10℃。在压缩机运转后 3～15min 内，若内机管道温度高于这个温度，则 CPU 判断制冷系统缺氟，进行停机保护 ⑤ 故障分析：缺氟保护在检修时要判断出是真的缺少制冷剂，还是检测内机管道温度的传感器出现问题，这是故障分析的重点 ⑥ 故障检修 a. 重新通电试机，空调器在保护前制冷效果正常，测量空调器工作电流接近额定工作电流，判断不缺制冷剂 b. 拆内机检查内机管道温度传感器。由于内机管道制冷运转变的温度很低，温度传感器阻值无法判断是否正常，先测量内机环境温度传感器阻值为 7.6kΩ，再将管道温度传感器从检测管道中拔出来，使之升高到环境温度，测量其阻值为 4.3kΩ，阻值偏小很多，可能已经损坏 c. 测量新的管道传感器阻值和原机环境温度传感器一样，说明原机管道温度传感器损坏 d. 更换新的管道温度传感器，通电试机，不再出现保护现象	空调器保护不会自动恢复开机。当拔掉空调器电源重新上电开机后，空调器又可以制冷 20min，再次保护停机 缺氟保护：空调器在缺少制冷剂的情况下运行，不仅制冷效果差，而且由于制冷剂量减少导致压缩机散热不良，最终会引起压缩机过热，若保护不及时，可能损坏压缩机 缺氟保护是由内机管道温度传感器进行检测的。若传感器变质导致阻值随温度变化的参数不准，即使制冷剂量不缺，则也会引起缺氟保护 内机管道温度传感器没有明显的开路或短路，空调器不会开机保护，只有在压缩机运转后通过内机管道温度的检测，给 CPU 送去错误的数据，才能出现保护 温度降低传感器阻值增大，由于损坏的传感器阻值比正常传感器偏低很多，所以即使制冷使内机管道降下来，电阻值增大也达不到设定的阻值，而检测到的电压信号送给 CPU 相当于是温度没有降低到设定值，所以要缺氟保护，其实不是真的缺氟

二、不知故障代码含义故障检修

不知故障代码含义故障检修见表 8-13。

表 8-13　　　　　　　　　不知故障代码含义故障检修

技能标题	操作流程	说　　明
电源检修	① 三相电源空调器检测三相电压是否正常 ② 调节三相相序进行试机 ③ 内外机电源连接 L、N 是否颠倒	三相空调器故障常见缺相保护和相序保护
温度传感器检修	① 检测内机管道温度传感器是否明显开路或短路 ② 检测其他温度传感器是否明显开路或短路	内机管道温度传感器损坏最为多见。环境温度传感器损坏较少
内风机故障检修	① 开机后内风机是否转速异常很快，然后保护 ② 判断内风机损坏	通常是电动机内检速元件损坏，需要更换整个电动机
常规检修	① 电路板是否潮湿、霉变 ② 空调器内、外有无明显的断线 ③ 查看空调器电路板上是否有压缩机检流线圈 ④ 压缩机是否启动过载保护 ⑤ 保护是开机就有还是工作一段时间后出现 ⑥ 若能工作运转，制冷效果是否正常 ⑦ 排查控制电路板外相关连接线路是否有异常 ⑧ 更换控制电路板排除电路板本身故障	有检流线圈的过流保护通常在压缩机运转以后才出现，不会通电开机就保护，但若其结构电路损坏则通电开机就保护 断线故障主要是导线被挤断、老鼠咬断、插头接触不良 线路板受潮会使电路板内部及板上元件漏电，造成保护

基本知识

空调器故障中，空调器保护不工作很常见。带有显示屏的空调器保护时，一般显示数字或字母表示故障信息，没有显示屏的空调器保护时，一般由指示灯进行显示。

一、故障代码检修

由于空调器使用了 CPU 控制，空调器本身若出现问题，CPU 能够进行自检，对空调器自身进行保护，并且通过指示或显示，告诉技术人员的故障原因。空调器自身指示或显示的信息，就是空调器的故障代码。空调器保护不工作，但空调器是有电的，挂机通常使用指示灯的亮、灭、闪等状态，使用不同的指示灯或颜色，显示故障代码；柜机通常使用显示屏显示字母、数字等文字符号，表示空调器的故障代码。

实际维修时，要注意观察空调器提供的故障信息，准确判断故障原因和故障位置。

故障代码所包括的含义，基本包括了空调器保护维修中的所有各类保护，各类空调器保护，基本都有对应的代码显示。空调器出现故障代码时，基本是处于保护停机状态，空调器不工作。

空调器的故障代码，由于不同的空调器控制技术，所代表的含义是不同的。空调器的故障代码含义，各生产厂家都有相关的维修手册，可供对照。

故障代码给技术人员故障信息，提供和故障相关的电路或制冷系统，即使含义是某个位置故障，实际可能是与其相关的电路或系统有问题，所以在实际维修过程中，知道了故障代码的含义，还要会分析故障的具体原因，进行动手检查。

二、空调器保护情况分析

空调器的保护很多，根据空调器的实际保护和常见的空调器保护，可以总结出以下几点：传感器问题、制冷系统问题、电源问题、工作状态检测异常等。空调器的保护主要有两种情况，一种是空调器通电后，就出现保护现象；另外一种就是空调器开机，运行一段时间后保护。

空调器检测保护的特点是，通电即进行电路自检，检查电路是否有明显的开路、短路，不必进入运行工作状态。开机运行后，在空调器运行过程中不断对空调器各个检测点进行参数扫描。若出现异常，通常进行 3 次自动校正，不能恢复正常则停机保护。

1．传感器开、短路

空调器常见传感器有室内管温传感器、室内环温传感器、室外管温传感器、室外环温传感器、压缩机排气温度传感器等，其中，室内管温传感器控制较为复杂，引起的故障也较多，其损坏的几率也最高。

在实际维修中可知，传感器损坏的故障较多，除了阻值漂移引起的故障外，当传感器阻值接近 0 或 ∞ 时，空调器 CPU 判断传感器短路或断路损坏，进行整机停机保护。

传感器开路的原因有引线断线、插件接触不良、插座脱焊等，短路的原因有阻值变小到 200 Ω 以下，电路板有漏电的地方或元件漏电等。

传感器开、短路，空调器通电后，即使不进行运行操作，也出现保护代码。

2．制冷系统故障

（1）高压压力、低压压力保护

空调器高压压力过高会引起压缩机过载，工作电流增大、发热超过额定温度，损坏压缩机，所以通过高压压力开关进行检测保护。高压压力过高的原因主要是冷凝散热不良。

空调器的低压压力过低，说明制冷系统有堵故障或没有制冷剂，若压缩机运转则会引起压缩机不能散热而温度过高，损坏绕组，所以通过低压压力开关进行检测保护。

压力检测保护主要在空调器的柜机中使用，通过压力开关的闭合和断开，产生信号给 CPU 检测端子。

作为柜机，有一个典型的故障"空调器无制冷剂不能开机"，就是和低压压力开关的保护有关。空调器没有制冷剂，压力为 0，低压压力开关处于断开状态，空调器 CPU 检测低压压力开关开路，进行保护。

（2）四通阀转换故障保护

四通阀转换故障保护，多为制热状态下由于四通阀失灵导致制冷，室内管温传感器检测管温没有升温进行保护。

（3）效果差保护

制冷系统缺少制冷剂、无制冷剂，也包括管路的堵或漏引起的工作效果下降或消失。虽是空调器制冷系统的故障，但这是通过电路检测保护来实现的。在空调器制冷、制热过程检测中，规定的时间内 CPU 没有得到相应的工作参数，进行停机保护。一般都是由室内管温传感器检测室内盘管的温度变化。

若是室内管温传感器的阻值变化特性变坏，也是和上述一样的故障现象。所以，在空调器故障维修过程中，要根据具体的故障现象和检测数据，区分清楚是制冷系统的故障还是电路控制的故障。

3. 电源故障

大柜机电源三相相序或缺相保护。

空调器工作电压过电压或欠电压保护，正常电压范围为±10%。

4. 运行检测参数不正常

制冷室内热交盘管温度过高或过冷保护；制热室内热交盘管温度过低或过热保护；室内外通信故障，室内板间通信故障；压缩机热过载开关动作，产生保护信号送往CPU；压缩机工作电流的检流保护（也包括检流线圈断路、短路，导线没有穿过等），压缩机工作后没有电流返回或电流过大，CPU都检测保护； 内风机的检测风机转速电路损坏、电动机故障（也包括内风机、外风机停转、不正常运转保护等），空调器开机，若不能得到风机的正常工作信号，CPU保护。

三、空调器保护检修的思路

空调器保护一般在空调器本身都有故障显示，但是空调器的品种和品牌繁杂，不可能对空调器的故障显示都知道是什么问题，所以，我们要掌握对空调器保护故障检修的通用方法，才能在实际维修过程中，在没有资料的情况下，完成常见故障的维修。

1. 故障率高的特点

根据空调器的维修总结，发现下面几种情况是空调器故障的主要原因，在实际维修过程中，故障率最高。

（1）室内热交换器盘管温度传感器损坏率最高，即使没坏，由它检测到的故障率也是比较高的。因此，若你认为可能是传感器问题的话，不妨对其进行检查和代换。

（2）缺氟也是常见的故障，在空调器工作一段时间后保护的情况下，首先就应该检查制冷效果是否良好，不好的话一定要进行空调器3个压力的测量，制冷进行平衡压力和低压压力的测量，制热进行平衡压力和高压压力的测量。

（3）电源电压的问题也是很突出的，尤其是用电高峰。对于三相空调器不能启动的首查对象是相序。

空调器电源检查的重点是接点（空调器和总电源开关的）是否打火烧蚀，接触不良，总电源开关内部是否接触良好，耐电流能力是否满足，总电源线是否过长过细，电压是否低于200V。

零线和地线是否混接，三相的相线和零线是否混接等。

（4）高压压力的保护，尤其在夏季制冷室外散热不好时。压缩机过载保护，在夏季温度较高和用电高峰比较常见。

（5）遥控接收和显示板电路也是多发故障，电压测量和代换为最优选择。

（6）对于环境较差的地方，要主查内外连接、室内各线是否有老鼠咬断的地方，这是较为多发的故障，还有电路板和按钮是否受潮。

（7）内外机之间有加长管路和线路的接头处也是故障的多发点，导线接头的要求是焊接后用防水绝缘胶布包裹，而部分安装者只是拧在一起用普通的胶布一包了事。

（8）空调器的各接插件接触不良也是多发故障原因之一。

2. 故障保护时间的判断

根据空调器保护的时间来进行故障分析也是一种好办法，空调器的保护基本可分为通电不能启动保护、启动后短时间内保护、启动后3~15min保护和不定时间保护4大类。

（1）通电不能启动的保护。这种情况主要有传感器开路或短路、压力开关断路、电源异常、CPU 外围电路异常、通信故障、电路板故障等。

（2）启动后短时间内保护主要是内、外风机旋转异常或不转，霍尔测速元件损坏，检流线圈回路故障等，使 CPU 检测不到正常的工作电压信号、压缩机漏电、堵转、线圈短路、欠压启动、启动电容问题等。

（3）启动后 3～15min 保护，主要是检查制冷系统是否正常，制冷效果是否正常，是否缺氟，或室内热交换器盘管温度传感器是否变质偏离正常阻值。

（4）不定时的保护主要有制冷过冷、制热过热、工作压力、工作电流、压缩机处于低电压运行、空调器电源线接触问题、室外热交换不良、变频模块过热过流等。

3. 排查电路板内外原因

熟悉电路结构，先分清控制板的内外电路、外部检测、外部控制等，分清故障产生是内因还是外因，确定是电路控制故障还是制冷系统故障，判断室内故障还是室外故障。

（1）分析电路

分析出和电路板相连的每根线或插头的作用，找出用于检测空调器性能的外接线路，检查这些线路是否存在明显的开、短路故障。

（2）判断板内外故障

电路板外围线路基本正常，可大致判断电路板存在故障。可通过电压检测和功能调试进行故障检查。

像能够遥控接收有蜂鸣、内风机能正常运转、制热操作四通阀有工作声等可基本判断控制板正常。

通电遥控不接收、蜂鸣异常、不操作自身工作、工作程序紊乱等可判断电路板自身有故障，或+12V 及+5V 电源异常、公共电源回路有断路等。

可观察电路板有无明显的断线、断裂、脱线、脏污、霉变、潮湿等。

条件允许的话，可以更换电路板快速判断是板外还是板内故障。

四、空调器保护故障的维修

空调器保护故障的检修，本着先简后繁、先易后难的常规检查手段，进行各关键点的压力、电压、电流、阻值的测量，以达到快速排除故障的目的。

1. 整机常规检查

观察保护和开机时间的关系进行故障诊断，观察保护前的征兆。

室内机过滤网是否脏堵，室外机是否散热不良、通气不畅。

用户电源检查包括相序、电压高低、电源线径、接点等；220V 电压、工作电流的测量。

压力开关是否断路。

室外机四通阀能否制热动作，压缩机和外风机是否有一个不工作；室内、外风机是否运转。

遥控能否工作，接收头 3 点的电压是否正常。

各传感器有无明显的开路、短路性。

拧开外机接线盖板测量 220V 通信电压，接点是否接触不良；变频空调器还要测量外机 PN 电压，变频模板输出电压等。

检查压缩机电容，风机电容。

2. 制冷系统常规检查

制冷系统平衡压力，低压或高压压力测量。

电流测量，观察气、液阀的结露结霜情况，两阀的开启度。

检查出墙洞管子的弯曲情况，内外之间是否加长管路和导线。

3．电路板的常规检查

电路板正反面上是否有水浸、腐蚀、脏物、霉变等痕迹。

检流线圈的导线是否穿过骨架。

各线头有无松动、脱落。

4．检修技巧

根据实际维修实践，在维修空调器过程中，掌握以下相关维修技巧，可以迅速准确地排查出故障。

（1）假若是三相控制一定要先调相序。

（2）插电及开机无鸣声或指示、显示的，或鸣声异常的，一定要查电源，包括用户电源、本机电源等，有的电源是由室外向室内提供的，室外有变压器和保险丝。

（3）CPU的工作条件检查。CPU的工作条件包括+5V、复位电压、代换晶体、外围电路有无漏电或短路。

（4）插电有鸣声，遥控无鸣声，遥控器或接收头故障。

（5）插电、遥控有鸣声，过若干秒保护，检查传感器是否出现开路、短路，压力开关、温度开关是否断路等，内机管温传感器故障最多。

（6）压缩机能够运行，若还出现保护，则在压缩机工作时检测低压或高压、空调器内机的吹出温度，以及压缩机的工作电流、停机时检测平衡压力，判断制冷效果是否正常，依此诊断是压缩机过热、过流、压缩能力，还是制冷管路堵或缺氟，以及是工作环境或电源等。

（7）利用调试功能判断传感器故障。调试功能一般有自动和强制制冷。利用自动功能可以判断室内环温传感器故障，利用强制制冷可以判断是否是传感器故障，因为，强制制冷条件只受控压缩机温度限制，其他温度不起作用。

（8）柜机面板按钮或挂机按钮确保不漏电。空调器的按钮由于工作于潮湿环境或使用磨损，会导致按钮有粘连或漏电，引起CPU保护，对于疑难问题可以用烙铁烫端子或焊下再试机。

项目学习评价

一、思考练习题

（1）空调器非机器故障通常有哪些？

（2）三相电源空调器能通电但空调器不工作，如何进行初步检修？

（3）一般空调器不通电故障在检修时，为什么要先测量空调器电源线插头？

（4）压缩机运转，外风机不转或转速慢会导致空调器什么故障？通常是什么损坏？

（5）空调器压缩机开机启动出现过载保护，简述应该如何检修。

（6）空调器压缩机、外风机、内风机运转正常，但空调器没有制冷效果，分析故障可能的原因。

（7）如何判断一台空调器制冷效果差？对制冷效果差故障如何检修？

（8）简述空调器制热效果差可能的原因。

（9）冬季空调器制热时，外风机时转时停，是否有故障？请加以分析。

（10）空调器制冷效果差，检查外机液阀有霜层，判断空调器可能是什么故障？

（11）空调器制冷效率低多是由压缩机吸排气性能变差引起的，如何判断此类故障？

（12）试说明常见的空调器保护故障。

（13）如何分析常见的缺氟故障代码的故障原因？

（14）若不知道空调器故障代码，通常如何检修保护故障？

二、自我评价、小组互评及教师评价

评价项目	项目评价内容	分值	自我评价	小组评价	教师评价	得分
理论知识	① 制冷系统工作原理					
	② 控制系统工作原理					
	③ 空调器检测与保护原理					
	④ 机器与非机器故障分析					
	⑤ 制冷压力分析					
实操技能	① 空调器不通电检修					
	② 空调器保护故障检修					
	③ 空调器故障代码检修					
	④ 空调器没有制冷效果检修					
	⑤ 空调器制冷效果差检修					
	⑥ 综合故障检修					
安全文明生产	① 安全用电					
	② 爱护保养设备					
	③ 职业与专业素养					
	④ 通电试机规范					
学习态度	① 出勤情况					
	② 车间纪律					
	③ 团队协作精神					

三、个人学习总结

成功之处	
不足之处	
改进方法	

世纪英才·中职教材目录（机械、电子类）

书　名	书　号	定　价
模块式技能实训·中职系列教材（电工电子类）		
电工基本理论	978-7-115-15078	15.00 元
电工电子元器件基础（第 2 版）	978-7-115-20881	20.00 元
电工实训基本功	978-7-115-15006	16.50 元
电子实训基本功	978-7-115-15066	17.00 元
电子元器件的识别与检测	978-7-115-15071	21.00 元
模拟电子技术	978-7-115-14932	19.00 元
电路数学	978-7-115-14755	16.50 元
复印机维修技能实训	978-7-115-16611	21.00 元
脉冲与数字电子技术	978-7-115-17236	19.00 元
家用电动电热器具原理与维修实训	978-7-115-17882	18.00 元
彩色电视机原理与维修实训	978-7-115-17687	22.00 元
手机原理与维修实训	978-7-115-18305	21.00 元
制冷设备原理与维修实训	978-7-115-18304	22.00 元
电子电器产品营销实务	978-7-115-18906	22.00 元
电气测量仪表使用实训	978-7-115-18916	21.00 元
单片机基础知识与技能实训	978-7-115-19424	17.00 元
传感器应用技能实训	978-7-115-23058	21.00 元
模块式技能实训·中职系列教材（机电类）		
电工电子技术基础	978-7-115-16768	22.00 元
可编程控制器应用基础（第 2 版）	978-7-115-22187	23.00 元
数学	978-7-115-16163	20.00 元
机械制图	978-7-115-16583	24.00 元
机械制图习题集	978-7-115-16582	17.00 元
AutoCAD 实用教程（第 2 版）	978-7-115-20729	25.00 元
车工技能实训	978-7-115-16799	20.00 元
数控车床加工技能实训	978-7-115-16283	23.00 元
钳工技能实训	978-7-115-19320	17.00 元
电力拖动与控制技能实训	978-7-115-19123	25.00 元
低压电器及 PLC 技术	978-7-115-19647	22.00 元
S7-200 系列 PLC 应用基础	978-7-115-20855	22.00 元

书　名	书　号	定　价
中职项目教学系列规划教材		
机械基础	978-7-115-24459	21.00 元
电工电子技术基本功	978-7-115-23709	24.00 元
数控车床编程与操作基本功	978-7-115-20589	23.00 元
数控铣削加工技术基本功	978-7-115-23735	24.00 元
气焊与电焊基本功	978-7-115-24105	20.00 元
车工技术基本功	978-7-115-23957	29.00 元
CAD/CAM 软件应用技术基础——CAXA 数控车 2008	978-7-115-24106	25.00 元
电动机与控制技术基本功	978-7-115-24739	18.00 元
钳工技术基本功	978-7-115-24101	26.00 元
数控编程	978-7-115-24331	26.00 元
气动与液压技术基本功	978-7-115-25156	26.00 元
铣工基本功	978-7-115-25315	21.00 元
PLC 控制技术基本功	978-7-115-25440	15.00 元
电路数学（第 2 版）	978-7-115-24761	22.00 元
电子技术基本功	978-7-115-20996	24.00 元
电工技术基本功	978-7-115-20879	21.00 元
单片机应用技术基本功	978-7-115-20591	19.00 元
电热电动器具维修技术基本功	978-7-115-20852	19.00 元
电子线路 CAD 基本功	978-7-115-20813	26.00 元
彩色电视机维修技术基本功	978-7-115-21640	23.00 元
手机维修技术基本功	978-7-115-21702	19.00 元
制冷设备维修技术基本功	978-7-115-21729	24.00 元
变频器与 PLC 应用技术基本功	978-7-115-23140	19.00 元
电子电器产品市场与经营基本功	978-7-115-23795	17.00 元
电动机维修技术基本功	978-7-115-23781	23.00 元
机械常识与钳工技术基本功	978-7-115-23193	25.00 元
中职示范校建设课改系列规划教材		
模拟电子技术（第 2 版）	978-7-115-25661	24.00 元
电工电子技术基础（第 2 版）	978-7-115-26203	25.00 元
手机原理与维修实训（第 2 版）	978-7-115-26204	25.00 元
空调器维修技术基本功	978-7-115-26310	26.00 元
新编电工实训基本功	978-7-115-26386	21.00 元